生物质炭的农田土壤环境效应

张玉虎　赵　远　蒲　晓　王　鹏　郭逍宇　编著

U0264257

中国石化出版社

内 容 提 要

本书以生物质炭为主要研究对象，研究生物质炭对农田土壤环境、温室气体以及农业生产等方面的影响。全书从生物质炭概念、制备工艺、性质、土壤环境效应和农业生产应用等方面介绍。主要内容包括：生物质炭是什么以及它是如何制备的；生物质炭的添加对土壤理化性质的影响；生物质炭的添加对土壤酶活性的影响；生物质炭的添加对土壤微生物群落结构的影响；生物质炭的添加对温室气体排放的影响；生物质炭的添加对农业生产的影响。

本书可供高等院校和科研院所从事应对气候变化减缓技术、农业固碳减排技术以及环境科学与工程、土壤化学等专业的师生和研究人员阅读使用，也可供对生物质炭感兴趣的读者阅读参考。

图书在版编目(CIP)数据

生物质炭的农田土壤环境效应 / 张玉虎等编著. —
北京：中国石化出版社，2022.3
ISBN 978-7-5114-6611-2

Ⅰ.①生… Ⅱ.①张… Ⅲ.①生物质-碳-影响-耕
作土壤-土壤环境-研究 Ⅳ.①S155.4

中国版本图书馆 CIP 数据核字（2022）第 044711 号

中国石化出版社出版发行
地址：北京市东城区安定门外大街 58 号
邮编：100011 电话：(010)57512500
发行部电话：(010)57512575
http://www.sinopec-press.com
E-mail：press@ sinopec.com
北京科信印刷有限公司印刷
全国各地新华书店经销
＊
710×1000 毫米 16 开本 16.5 印张 265 千字
2022 年 5 月第 1 版 2022 年 5 月第 1 次印刷
定价：85.00 元

　　土壤是重要的环境介质，是一个开放的体系，是地球表面物质和能量交换最活跃的区域之一，它不仅和环境中的物质相互作用，而且作为源向其他介质输出物质，土壤与人类关系密不可分，与环境保护工作密切相关。

　　自从对亚马孙黑土良好的肥力认识伊始，生物质炭的研究已历经数十载。人们起初发现，农业废弃物炭化之后的产物还田可以改良土壤肥力，这意外激发了人们对生物质炭研究的兴趣，从而生物质炭开始进入学术界的视野。生物质炭从农业应用研究逐渐向微观结构性质研究，进而向生物质炭的多功能应用潜力拓展研究发展，生物质炭的研究蓬勃发展，取得了令人瞩目的成果，对生物质炭的认识和应用开始从科学研究逐步向产业化发展，越来越多的人开始认识和应用生物质炭。我国是农业大国，农业的发展对社会发展具有举足轻重的作用，当然，生物质炭的研究和应用主要还是以学术界为主流，这种高附加值的产品仍然没有被社会大众(尤其农业领域)认识和接受，生物质炭在农业领域的普及仍然还有很长的路要走。

　　本书为生物质炭与土壤领域提供了一本通俗易懂、可读性较强的实用读物。该书力求翔实，注重实际应用，既有必要的相关基础科学的基本知识，又包含了课题组开展多年生物质炭田间应用的实例。此外，该读物参考了大量当前相关领域的国内外一些最新的研究成果和进展，对生物质炭从概念、制备工艺、性质、土壤效应和农业应用做了系统性的梳理。

　　该书具有很强的实用性，既能为研究人员提供一定的指导，同时也能对社会民众起到科普作用。该书是集体辛勤劳动和智慧的结晶。阅读和学习归根结底是要我们的灵魂得到安顿，心智得到开启，精神和情操得以升华。因此，我作此推荐，我相信该书能为生物质炭的普及乃至社会的发展作出贡献，科研和学术始终都要服务于社会，造福于人民，再高深的科学学术研究，也不该束之高阁，让人仰望，而应该像朋友一样，应该"平民化"，努力实现"旧时王谢堂前燕"能够"飞入寻常百姓家"。这大概是学术的一个不寻常意义吧。

张玉虎

2022 年 1 月

近年来，生物质炭作为土壤改良剂、肥料缓释载体及碳封存剂备受重视。其在土壤中能够保持数百年至数千年，实现碳的封存固定，生物质炭还可以改善土壤理化性质及微生物的活性，增加土壤肥力，延缓肥料养分释放，降低肥料及土壤养分的损失，减轻土壤污染。生物质炭到目前已被研究几十余年，其对农业环境的积极作用已被很多文献证实。但是除研究该领域的相关学者外，大多数人不了解甚至不知道生物质炭。本书通过叙述生物质炭对农业土壤带来的影响，希望可以让更多人了解并熟悉生物质炭这项技术，继而进行更多、更高质量的研究。

本书分为六章，其中第一章是全书的铺垫，重点介绍生物质炭是什么以及它是如何制备的，可为读者提供生物质炭的基础知识，方便后续阅读。第二~第六章详细介绍了生物质炭对农业稻田土壤的影响。其中，第二章介绍了生物质炭的添加对土壤理化性质的影响；第三章介绍了生物质炭的添加对土壤酶活性的影响；第四章介绍了生物质炭的添加对土壤微生物群落结构的影响；第五章介绍了生物质炭的添加对温室气体排放的影响；第六章介绍了生物质炭的添加对农业生产的影响。

本书由张玉虎、赵远主编，由张玉虎、赵远编写提纲、统稿定稿。本书各章节编写分工如下：第一章由张玉虎、赵远、黄云洁、代佳伟编写；第二章由张玉虎、荆玉琳、侯国军、蒲晓编写；第三章由赵远、荆玉琳、张艺编写；第四章由胡茜、荆玉琳、郭逍宇编写；第五章由张玉虎、张向前、胡茜、赵远编写；第六章由张玉虎、黄云洁、王鹏编写。

本书的研究工作得到了"十二五"国家科技支撑计划课题、中国清洁生产机制基金项目、国家自然科学基金等项目的支持，以及常州大学赵远教授团队的帮助，特此向支持和关心本研究工作的所有单位和个人表示衷心的感谢。特别感谢研究生杨博文、吴京蔚同学的认真校稿。作者还要感谢此领域前辈的帮助，感谢出版社同仁为本书出版付出的辛勤劳动。书中部分内容参考了有关单位或个人的研究成果，均已在参考文献中列出，在此一并致谢。

由于《生物质炭的农田土壤环境效应》一书追求的目标是介绍现在较新的理论和方法，这给编撰本书增添了难度。加之作者水平有限，虽几经改稿，书中错误和缺点在所难免，欢迎广大读者不吝赐教。

目录

I

第1章 ▶ 生物质炭特性及应用

1.1 生物质炭的定义与分类

1.1.1 生物质炭的定义

近年来，biochar 一词不断地出现在科学期刊及媒体中，是 bio-charcoal 的缩写。这个词是在 2007 年澳大利亚第一届国际生物质炭会议上取得的统一命名（Spokas et al，2010；何绪生等，2011）。该材料与木炭或其他碳（C）产品的区别在于，它更侧重于农业土壤改良或环境管理方面的应用。国内将 biochar 译为生物炭、生物质炭或生物质焦等名称，本文统一称之为"生物质炭"。科学家对生物质炭的研究起源于对亚马孙流域黑土的认识：数百年前，亚马孙流域印第安人发现在土壤中掺入某种黑色物质和有机质，会创造出肥沃的黑色土壤，使作物旺盛生长（Lehmann et al，2015；MOSS，1967）。研究表明，该类黑色物质就是生物质炭（微观结构见图 1-1），它已在土壤中保存 1000 多年，在维持土壤生产能力和肥力中一直发挥着重要作用（吴伟祥等，2015）。生物质炭是指生物有机材料（生物质如秸秆、落叶和木屑等）在缺氧条件下加热（<700℃）分解所得的富 C 的多孔固体颗粒物质（Lehmann&Joseph，2015；孙红文，2013），是一种 C 含量高、多孔性、吸附能力强、多用途的碳材料（图 1-2），国内外早已广泛应用于吸湿剂、除味剂、土壤改良剂、重金属吸附稳定剂和固碳剂等（林珈羽等，2015）。

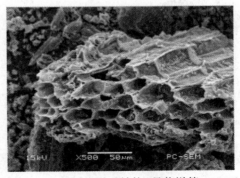

图 1-1 生物质炭微观结构（吴伟祥等，2015）

将生物质炭应用于农业生态系统是缓解气候变化和保障粮食安全的潜

1

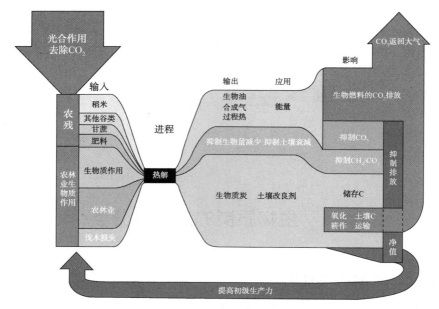

图 1-2　生物质炭的热解过程（Woolf et al，2010）

在解决方案。生物质炭含有大量的碳和植物营养物质，具有丰富的孔隙结构、较大的比表面积且表面含有较多的含氧活性基团，是一种多功能材料。它不仅可以改良土壤、增加肥力、吸附土壤或污水中的重金属及有机污染物，而且对 C、N 具有较好的固定作用，施加于土壤中可以减少 CO_2、N_2O、CH_4 等温室气体的排放，减缓全球变暖（Lehmann et al，2011；孙红文，2013）。Liu 等（2019）根据来自 28 个同行评审研究的数据进行了汇总分析，通过量化的温室气体强度（GHGI），进而研究生物质炭对温室气体排放和作物产量的影响，探索生物质炭对产量规模的 GHGI 影响的潜在因素（实验条件、土壤及生物质炭的性质）。结果表明，总体而言，生物质炭可将产量规模的 GHGI 降低 29%（图 1-3），生物质炭引起的规模

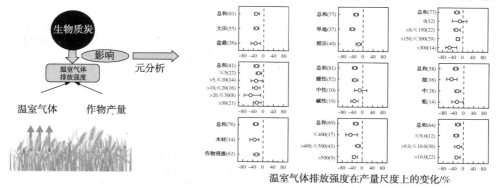

图 1-3　生物质炭与温室气体（Liu et al，2019）

化 GHGI 的降低量随不同的实验条件以及土壤和生物质炭的特性而变化。基于上述内容，生物质炭的研究与应用有益于农业、环境和能源的发展，可谓"一箭三雕"。

1.1.2　生物质炭的分类

生物质炭的性质能够在很大程度上发生改变，如生物质炭的元素组成、灰分、密度、持水性、pH 值、表面电荷、比表面积、孔径、毒性、离子的吸附与释放以及对微生物或非生物质的抗腐蚀性等。这些生物质炭性质影响因素的多少以及相关性质改变的多少使得我们有必要对生物质炭进行分类。

（1）木炭、活性炭和焦炭的分类体系　对燃料木炭以及其他含碳物质如活性炭，使用所谓的挥发性物质、固定碳和灰分进行分类。可以用挥发性物质和固定碳表示高温下碳的稳定（固定碳）和不稳定组分。这主要是用来估计燃烧值，也适用于估计在土壤中的稳定性。灰分即为所有的有机元素 C、H、N 已经被氧化后的残余固体。这些性质可根据美国材料与试验协会（American Society for Testing Materials，简称 ASTM）标准 D1762－84（2007）中的"近似分析法"来测定。这些测试方法中使用的是多数实验室都具备的仪器，并应用于大量样品的常规分析。

活性炭和焦炭也是根据它们的比表面积、平均尺寸和孔径分布、吸附性（对于不同类型的气体和液体）、破碎强度、含湿度和水溶性组分来分类的。ASTM D2652—94（2006）的有关活性炭标准术语描述了不同类型的活性炭。根据特定物质的性质，ASTM 制定了一系列的测试方法。生产商将据此进行略微调整，以生产出具有专门用途的活性炭。

新南威尔士州环保局（The New South Wales Environment Protection Authority，NSW EPA，1997）为生物固体（biosolids）制定了一个分类体系，根据污染和稳定等级划分为 5 类。考虑到生物质炭是由废弃物如绿色垃圾和城市污泥制得，就需要一种类似的分类体系以满足有关农业废弃物使用的规章制度。"稳定性分级法"是一种基于生物固体产品的病菌减少水平、对带菌物的吸引减少水平和恶臭气味的减少水平而描述其质量的分类方法。无论是污染分级法还是稳定性分级法，都是用来评价生物固体"等级"的，这反过来确定了允许的使用范围和条件。

Brame 和 King 于 1961 年对焦炭提出了更为复杂的分类体系。这些体系用碳和挥发性物质含量以及热量值作为划分焦炭的最基本特性，并用一系列其他的化学和物理性质来进行进一步划分（吴伟祥等，2015）。这样，烟煤就是固定碳含量（无灰基质）为 69%～78%、挥发性物质含量为 14%～31%，热量值为 10700～14400Btu/lb（英热单位每磅，一种比能单位）的物质。这种烟煤之后又可再次划分为强、中、弱或不粘煤。

划分用于农业目的的有机物已有很多种分类体系。从规章制度制定的角度而言，由废弃物生产的生物质炭有必要遵循全部或部分化合物和生物固体有关的分类方法。对这些标准简单描述就是澳大利亚循环性有机物的分类标准：土壤条件、覆盖物、细小的覆盖物或蚯蚓粪便。这个标准还详细描述了每种分类的性质：pH 值、导电性、溶解性、氨氮、硝酸盐氮、总氮、有机物含量、硼含量、钠含量、毒性、颗粒物大小、碳酸钙含量、化学污染物（重金属、有机污染物和病原体）、玻璃、塑料、石头或黏土混合物、自动加热等级、植物的繁殖体和蚯蚓粪便的筛分测试。

（2）生物质炭的分类体系 生物质炭的特性基于原料特性和处理的时间、温度和压力条件，当暴露于大气和土壤中时，这些特性会随着时间而改变。在生物质炭的这些特性中最主要的区别就是生物质炭会有很低或很高的 C 含量和矿物质。一些研究表明，与低矿物质含量的生物质炭相比，高矿物质含量的生物质炭对植物生长的短期效应更大。然而，对土壤而言，没有数据表明高矿物灰分生物质炭比低矿物灰分生物质炭有更大的长期效应（吴伟祥等，2015）。

1.2　生物质炭的制备

从狭义上讲，生物质炭是一种材料的名称。但实际上，生物质炭的生产和使用所能产生的任何好处只有在生物质炭被视为一种系统方法时才能实现。各种各样的生物质材料都可以用来生产生物质炭，每种材料都有自己本身的用途和制约因素。由生物质炭的定义可知，生物质炭是由热解生物质原料得到的。制备生物质炭的生物质原料种类不一，组成也存在不同；而随着科技的发展也产生了许多不同的热解技术；同时，生物质炭制备还有不同的制备条件。因此，生物质原料、热解技术和热解条件这些因素都可能影响生物质炭的性质，进而影响生物质炭的用途（刘国成，2014）。

1.2.1　生物质炭制备原料

原料是制备生物质炭的主要影响因素之一，可以称为生物质炭的"先天"因素。理论上，几乎所有的生物质材料都可以用于生物质炭的制备。不同生物质其组成成分和工业分析结果肯定不同，其中几类常见生物质炭化原料的数据见表1-1（王雅君等，2017）。根据生物质炭原料的来源，我们可以将其分为木材或木材衍生物、农业废弃物、水生生物质材料以及其他有机废物，比如：工业生产过程中的废物、生活垃圾以及污泥（王晓丹，2018）。其中，木质纤维类生物质是最为主要的制备原料，也是被研究最多的原料。这类生物质原料是由木质素、纤维素、半纤维素和无机成分组成的（刘国成，2014）。木材中木质素含量较高，在20%~40%之间，草本植物的木质素含量有10%~40%。木质素的热解温度621℃，稳定值约为26%，而纤维素的稳定温度704℃，稳定值为1.5%。虽然纤维素的热解稳定温度高于木质素，但是相对于生物质炭的热解温度（<700℃），木质素热解稳定值远大于纤维素，说明木质素的热解更难。与木质素、纤维素相比，半纤维素的热解稳定温度较低（<450℃），更容易被热解。此外，草本类生物质与农业副产物（例如：秸秆、玉米芯、花生壳等）中灰分较高，灰分含量最多的生物质炭原料属于动物粪便和污泥类生物质。生物质原料中各组分的含量决定了在特定的温度下其产物的含量。在同等热解条件下，木质素含量高的生物质原料制备的生物质炭有更高的产率，如橄榄壳生物质炭。生物质炭中灰分含量取决于生物质原料的灰分含量。相同的制备条件下，草本植物制备的生物质炭灰分含量高于木材废弃物制备的生物质炭，而低于动物粪便或污泥类生物质制备的生物质炭。生物质原料的物理化学性质、各组分含量是影响其制备的生物质炭的物理化学性质和成分组成的关键，最终影响到其制备的生物质炭在环境中的行为、功能以及归趋。因此，在生物质炭的制备中，生物质原料的选择至关重要。针对生物质炭的不同用途，如何合理选择特定的生物质原料来制备特定的生物质炭是生物质炭技术成功推广、广泛应用的关键。

表1-1　原料组成成分与工业分析（王雅君等，2017）　　　　　%

原料种类	组成成分				工业分析			
	木质素	半纤维素	纤维素	其他	水分	灰分	挥发分	固定碳
玉米秸秆	4.6	32.5	32.9	30.0	4.87	5.93	75.90	13.30
麦秆	9.5	22.4	43.2	24.9	4.93	8.90	67.36	19.35
高粱秆	7.6	31.6	42.2	18.6	4.71	8.91	68.90	17.48
稻草	6.3	34.3	39.6	19.8	4.97	13.86	65.11	16.06
核桃壳	53.8	19.9	22.1	4.2	2.25	1.46	82.23	14.06
松针	23.0	6.8	29.7	—	4.54	1.47	77.75	14.10
毛竹	19.6	17.3	35.8	—	6.65	1.07	80.46	11.82

　　生物质炭原料的种类相当丰富，但是当考虑材料成本、有关标准以及相关法规的具体要求时，某一区域内可利用的生物质炭原料往往局限于某种或者某几种生物质。就农业废弃物而言，全国各地的秸秆资源的总量和组成存在较大的差异（如图1-4所示）：其中华北以及长江中下游地区秸秆资源量占全国秸秆资源总量的一半以上；此外，华北地区秸秆资源主要以玉米和小麦为主，而长江中下游地区秸秆资源主要以水稻为主。因此，在华北地区和长江中下游地区，分别选取

玉米/小麦秸秆和水稻作为生物质炭的原料更具有优势(毕于运,2010)。

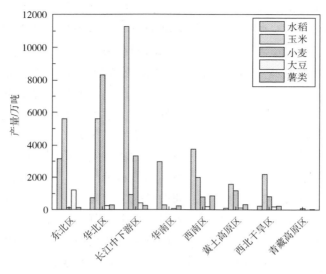

图1-4　全国秸秆区域分布(毕于运,2010)

1.2.2　生物质炭制备技术

传统的生物质炭制备技术采用炭化技术,优点是操作简便及成本低,缺点是能耗大和高污染,至今仍被发展中国家及欠发达国家大量运用。如果能够改善并很好地应用生物质炭制备技术,不仅能够制备出适合农业应用的生物质炭,还能促进碳储存的应用进程。良好的生物质炭制备技术应当包括以下几点:①连续进料,提高能效,并减少污染物的排放;②没有空气进入的放热操作,以提高能效和生物质炭产率;③回收副产品减少污染排放,提高经济性;④控制制备条件来提高生物质炭的特性,并改变副产品的产率;⑤对热解原料不限制。满足以上条件的制备技术目前包括:回转窑、气化炉、慢速热解、快速热解、水热反应、螺旋热解、Flash炭化器等,所有这些技术制备生物质炭时所产生的气体和液体的量也会有所不同(杨广西,2014)。

所谓热解技术是指生物质在限氧供给条件下,利用热能来切断生物质大分子中碳氢化合物的化学键,将之转化为小分子物质的热解过程,这种热解过程最终生成生物油、固体生物质炭和可燃气体三种产物。根据裂解时间以及升温速率的不同,可以将生物质热解技术分为慢速热解、中速热解、快速热解以及闪热(王群,2013)。一般来说低温慢速热裂解(小于500℃)的产物以生物质炭为主,中温快速热裂解(500~650℃)的产物以生物油为主,高温闪速热裂解(700~1100℃)主要以可燃气体为主。尽管存在诸如较低的能源利用率以及较长反应时间等不足，慢速热解仍然是目前广泛采用的生物质炭制备技术，这与其较高的生物质炭产率、较低的投入以及较低的技术要求等优势有关(肖然，2017)。下面介绍几种常见热解技术方法：

（1）慢速热解法　慢速热解法，也称传统炭化法，是生物质在一个相对较低的加热速率条件下，经过较长的热解时间(几小时至数天)制备生物质炭。传统的炭化方法制备木炭已有数百年的历史，由于慢速热解制备生物质炭对设备和条件要求不是很高，许多研究直接利用普通的马弗炉通过控制温度就可以实现。例如，Xiao(2014)等在 N_2 保护环境下，用马弗炉以 5℃/min 的升温速率分别升至 150℃、250℃、350℃、500℃ 和 700℃，并且保持 6h 得到的稻秆生物质炭，产率依次为 93.9%、64.6%、44.0%、38.7% 和 37.0%。Jamieson 等(2013)以慢速热解温度(升温速率 2℃/min 和 2.5℃/min)方式分别在 353℃ 和 380℃ 下炭化 2.75h 和 2.5h，制备了黄桦树生物质炭和枫糖树生物质炭。Keiluweit 等(2010)利用慢速热解法在不同温度下(100~700℃)分别制备了松木屑和高羊茅草两种不同种类的生物质炭。Brewer 等(2009)将玉米秆装入密封罐之后，再放入马弗炉内，以 15℃/min 的升温速率升至 500℃，慢速热解炭化 30min 制备得到的玉米秆生物质炭，其生物质炭的产率为 33.2%，再以同样的升温速率升至 500℃ 后将柳枝稷慢速炭化 2h 得到的产率高达 41.0%。通常情况下，慢速热解制备生物质炭是在相对较低的反应温度和较长的反应时间条件下进行的，其生物质炭的产率比较高。由于需要的设备简单、易于操作和控制等优点，应用比较广泛(韦思业，2017)。

（2）快速热解法　快速热解法是指生物质在无氧环境下快速加热到较高反应温度，从而将生物质大分子进行热解转化，生成小分子气体产物、挥发分以及焦油等产物。可凝性挥发分被快速冷却成可流动的液体，称之为生物油或焦油。在快速热解系统中，无氧环境下干的生物质加热速率非常快，并且产物通常需要用猝灭的方式来以减少生物油的产量。与慢速热解法不同，快速热解通常得到较高的生物油产率和较低的生物质炭产率，并且制得的生物质炭密度较高、偏酸性(pH 值＝2.8~3.8)、具有较高的含水量(15%~30%)以及较低的发热量。

快速热解通常是在流化床反应器内进行的。为了考察炭化温度对生物质炭的物理化学性质和结构的影响，Kim 等(2012)在流化床反应器(无氧环境)中，分别在 300℃、400℃ 和 500℃ 将北美脂松进行快速炭化(2s)制备其生物质炭产品。当热解温度从 300℃ 升至 500℃ 时，生物质炭的产率从 60.7% 大幅度减少至 14.4%。相似的研究中，Azargohar 等(2014)通过在不同的热解温度下(400~550℃)快速热解加拿大地区的固体废弃物(包括农业废弃物，如麦秆和亚麻秸秆、森林残留物如木屑和家禽垃圾等)以制备不同种类的生物质炭，研究了热解温度对生物质炭的物理化学特性的影响。结果表明：生物质炭的含碳量要远远高于原料中的碳含量(达 70%~80%),并且随着热解温度的升高而增加,生物质炭的 pH 值也会呈现类似的趋势(韦思业,2017)。

(3)气化法 气化热解法是在较高温度下(>700℃)控制氧化剂含量,先将生物质转化为气体混合(包括 CO、H_2、CO_2、CH_4 等气体产物以及少量碳水化合物)的过程。气化热解得到生物质炭的产率通常是生物质原料的 5%~10%。在气化过程中所使用的氧化剂可以是氧气、空气,或者这两种气体的混合物。空气气化产生的合成气热值较低 4~7MJ/Nm^3,而混合气气化合成气热值较高 10~14MJ/Nm^3。Brewer 等(2009)在一个容量为 3kg/h 的鼓泡流化床反应器中利用空气/N_2 作为流化气,分别在平均稳定温度为 760℃ 和 730℃ 气化热解制备柳枝稷和玉米秆生物质炭,其产率是生物质原料的 5%~10%。由于气化热解温度较高,与快速热解类似,该方法制备得到的生物质炭的产率要明显低于慢速热解的产率,获得的主要产品为气体(韦思业,2017)。

(4)水热炭化法 水热炭化是在一定温度和压强下,生物质以饱和水为反应介质,在催化剂的作用下发生水解、脱水、脱羧、缩聚和芳香化等反应生成生物质炭的过程。该方法按照炭化温度的不同,又可以分为低温水热炭化法(<300℃)和高温水热炭化法(300~800℃)。由于高温水热炭化的反应所需要的条件要远高于大多数有机物质的稳定条件,所以在这阶段水热反应主要产物为气体产物,如 CH_4 和 H_2。当前,大多数水热法是在温度为 180~250℃、压力为 2~10MPa 的条件下进行的。不同生物质炭制备技术得到生物质炭的产率、碳含量及炭化率如表 1-2 所示。

表 1-2 不同生物质炭制备技术得到生物质炭的产率、碳含量及炭化率(韦思业,2017)

制备过程	制备温度/℃	保留时间	固体产率/%	碳含量/%	碳产率/%
烘焙	~290	10~60min	61~84	51~55	67~85
慢速热解	~400	minutes to days	≈30	95	≈58
快速热解	~500	~1s	12~26	74	20~26
热解气化	~800	~10~20s	≈10		
水热法	~180~250	1~12h	<66	<70	≈88
闪蒸炭化	~300~600	<30min	37	≈85	≈65

近几年,国内外开展了对生物质的水热炭化研究,采用的原材料有农业固体废弃物如青贮玉米、麦秆、玉米秆、木屑、家禽粪便、稻草等(黄玉莹等,2013),及柳枝、松木屑和杉树枝等森林废弃物(Ling-Ping et al,2012)。与热解法相比,水热炭化法反应条件通常比较温和,其炭化率比较低,因而生物质炭内部芳香结构较少并且生物质炭的稳定性也比较差。但是水热炭化法制备生物质炭

的工艺较为简单、获得的生物质炭产率比较高、官能团丰富，加之该方法是在水环境中进行，受生物质原料含水率的影响较小、比较适合于高含水率生物质炭化，对于资源充分利用、减少资源浪费和缓解环境污染等问题有着巨大的应用潜力（孙克静等，2014；韦思业，2017）。

1.2.3 生物质热解反应机理

一般认为在热解反应过程中，会发生一系列物理变化和化学变化，前者包括热量传递和物质传递等，后者包括一系列复杂的（一级、二级）化学反应。热解是一个复杂的化学反应过程，包括脱水、热解、脱氢、热缩合、加氢、焦化等反应（刘璇，2015）。不同生物质的热解过程虽各有差别，但一般均可分为三个阶段：

脱水分解过程。热解操作初期，温度相对较低，有机物首先脱水，随着温度升高，逐渐分解为低分子挥发物。

热裂解过程。随着热解温度的继续升高，有机物中的大分子发生键的断裂，即发生热解，得到液体有机物（包括焦油）。

缩合及炭化过程。当热解温度进一步提升，随着水和有机蒸气从热解原料中析出，剩余的固体物质受热发生缩合形成胶体状物质。同时，随着原料中可析出的挥发物含量逐渐降低，上述胶体逐渐发生炭化。随着热解温度升高以及加热时间的延长，热解反应生成的固体产物中碳含量逐步增多，而产物中 O、H 和 S 等其他元素含量则逐渐减少。生物质热解反应过程如图 1-5 所示。

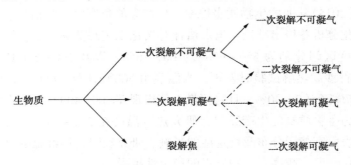

—— 一次裂解反应　　　—·—·— 二次裂解反应

图 1-5　生物质热解反应过程示意图

生物质炭的热解过程可以用公式（1-1）表示：

$$(C_6H_6O_6)_n \longrightarrow (H_2 + CO + CH_4 + \cdots C_5H_{12}) + (H_2O + CH_3OH + CH_3COOH + \cdots) + C$$

Feedstock　　　　　　　Bio-gas　　　　　　　　　　　　Bio-oil　　　　　Biochar

$$(1-1)$$

9

1.3 生物质炭的生产工艺及设备

随着经济发展，生物质总量随着粮食作物产量的提高而增加。由于直接焚烧会出现污染环境、危害健康、影响交通等不良后果，因此对于农业废弃物的优质转换利用已成为新能源研究领域的重要一环。生物质炭化的生产工艺是受原料自身和炭化装置影响的，对于木质类的生物质废弃物，由于其木质素含量较高、灰分及水分含量较少，故其生物质炭本身的质量与炭得率比秸秆要高，可以通过较高的炭化温度热解制得。生物质秸秆是生物质资源的主要组成部分，虽然农作物秸秆的炭得率普遍低于木质类生物质，但其优越性体现在本身的资源量很大，且有处理需求。

1.3.1 生物质炭的生产工艺

（1）炭化终温 生物质热裂解是一个复杂的热化学反应过程，包括多个化学反应。如分子键的断裂、异化以及小分子的聚合等反应。生物质炭的产率、结构以及理化特性主要受到裂解温度的影响。提高裂解温度，得炭率、氮氢等元素比例降低，但能促进生物质炭的芳构化，增大比表面积，提高吸附能力，增强表面疏水性。

丛宏斌（2015）从兼顾生物质炭得率与生产率的角度对玉米秸秆、玉米芯、花生壳进行炭化分析并得出结论：玉米秸秆对炭化工艺最为敏感，3 类生物质炭推荐的炭化温度区间分别为 550～600℃、600～650℃以及 600～650℃。侯建伟等（2015）在进行沙蒿热解试验时发现，当温度由 300℃升至 900℃时，生物质炭的产率从 44.57% 降至 25.40%，且降幅最大值出现在 300～400℃。李飞跃等（2015）以核桃壳作为生物质炭的生产原料，研究热解温度在 200～700℃时，对炭得率、元素组成、表面官能团分布及稳定性的影响。研究表明，热解温度直接影响了上述参数的变化，温度越高，生物质炭的稳定性越强。

（2）升温速率 提高加热速率，固、液、气三相产物均会有很大改变。一般而言，气液两相的产率会大幅提升，而目的产物生物质炭的产率会随之下降。因此，为获得高产率的生物质炭，需要较低的反应温度及缓慢的反应速率。

黄睿等（2014）研究了不同升温速率下成型生物质的热解炭化规律，并得出结论：达到最大失重速率时的温度随升温速率的增大而升高，较低升温速率热解有利于成型生物质热解成炭，而且挥发分的析出温度随着升温速率的升高而增加。Hanzade 等（2009）发现不同升温速率使得生物质炭产生较多的分裂结构，生物质炭颗粒中存在较大孔洞，也存在一些小尺寸的颗粒结构。

（3）催化剂及添加剂的使用 催化剂（或添加剂）的使用对热解产气、产生物油以及生物质炭的产率与性质都有影响。姬登祥等（2015）发现，将 $NiCl_2$ 和 $CoCl_2$ 加载到 $ZnCl_2$-KCl 体系中可以使木屑生物质炭产率分别达到 46.8% 和 45.1%，而没有施用催化剂的试验组的生物质炭产率为 35% 左右。可见，催化剂添加可以大幅提高生物质炭产量。Hathaway 等（2013）发现混合碳酸盐（$LiCO_3$、Na_2CO_3、K_2CO_3）有利于合成气以及焦炭含量的提升，而焦油量则明显下降（王雅君等，2017）。

1.3.2 生物质炭的生产设备

目前，生物质炭的制取已成为国内外的研究热点。日本农林水产省森林综合研究所设计了一种移动式 BA-I 型炭化窑，炭化原料在缺氧的环境下被闷烧，并在窑内进行缓慢冷却，最终制成炭（马元庚，1993）。巴西利亚大学 Rousset 等（2011）研制了固定床外加热式热解炭化系统，利用背压增压器来实现反应器增压，使生物质热解炭化更加充分。印度博拉理工学院（BITS）研制的内燃下吸式生物质热解装置，在炉内点燃生物质燃料，依靠燃料自身燃烧所提供的热量维持热解（Sheth et al, 2009）。

国内许多科研机构和企业也开展了热裂解工艺以及设备等的研究，王有权等[1]研制了敞开式快速热解炭化窑，采用上点火式内燃控氧炭化工艺；南京工业大学于红梅等（2006）设计了热管式生物质固定床气化炉，利用高温烟气加热热管蒸发段；山东理工大学（2011）研制了陶瓷球热载体加热下降管式生物质热解装置；韩璋鑫（2010）设计了上吸式固定床快速热解炭化炉；南昌大学阮榕生等（2010）主要利用微波热解反应器制取生物质炭。相关设备如图 1-6 所示。

图 1-6　部分生物质炭炭化设备

---

[1] 王有权，王虹，王喜才. 用敞开式快速炭化窑生产炭的工艺：中国，200610048274.3[P]. 2009-06-17.

目前，生物质炭炭化设备主要有内燃式和外加热源式两种。内燃式（Sheth&Babu，2009）是将原料点燃后密封让它自己继续闷烧。其优点是不需要外加能源、成本较低、操作简单。缺点是消耗自身生物质能源，增加了能源消耗，降低了生物质炭产率；同时炭化时间较长且过程不易控制，容易发生温度大幅升高等问题，从而导致裂解过程温度多变，生物质炭的性能及质量无法有效控制。

外热式（Rousset et al，2011）是将原料密封后使用外加热源加热炭化。其优点是可灵活控制炭化温度和加热速率。缺点是需要消耗其他形式的能源，成本较高；热传导的传热方式不能保证不同形状和粒径的原料受热均匀。

运行方式上有批次式和连续式两种。目前国内生物质炭的主要生产方式多为间断批次生产，该方法不能实现物料的连续添加和生物质炭的连续生产，难以控制，降低了生物质炭品质。连续式可以实现生物质的连续添加及生物质炭的连续产出，但工艺水平和技术要求较高。

为保证炭化产品的品质以及炭产出率，同时考虑经济性以及环境保护的需求，炭化设备设计须满足以下原则：①运行方式采用连续运行，炭化温度可控，传热均匀，产炭品质稳定；②炭产出率高；③副产品加以回收利用，对环境无污染（袁艳文等，2014）。

本书侧重农作物秸秆生物质炭，重点介绍一种水稻秸秆生物质炭生产设备❶。针对目前水稻秸秆生物质炭生产设备及用于生产生物质炭的工艺能耗高、生产周期长、生产过程可控性差，导致生物质炭生产成本高、所得生物质炭表观比重小的弊端，提供了水稻秸秆生物质炭生产设备及用于生产生物质炭的工艺。该设备和工艺能耗低、生产周期短、生产过程可控性强、所得生物质炭表观比重大。生产设备包括进料箱、粉碎器、反应容器、出料输送管、裂解箱、火炉、第一冷却器、第二冷却器。首先将水稻秸秆经进料口进入进料箱，再进入粉碎器进行粉碎，粉碎后的水稻秸秆经出料阀门进入反应容器中进行处理，处理后的水稻秸秆经第一冷却器冷却后，通过出料输送管送入裂解箱进行高温裂解，然后输送入火炉中进行炭化，炭化后的水稻秸秆经第二冷却器冷却后，由出料口出料。该设备生产工艺简单，所用设备能耗低，成本低于其他方法8%以上；生产周期短，生产过程可控性强，所得生物质炭表观比重大。

具体实施方式如下：

实施例1

图1-7给出了该项发明的第1个实施例，一种水稻秸秆生物质炭生产设

❶张玉虎，赵远，侯国军，杨泽平，孙辰鹏，潘韬. 水稻秸秆生物质炭生产设备及用于生产生物质炭的工艺：中国，CN201610203771. X［P］. 2017-03-08.

备，包括进料箱 2、粉碎器 4、反应容器 6、出料输送管 10、裂解箱 11、火炉 12、第一冷却器 9、第二冷却器 13，进料箱 2 位于粉碎器 4 上面，进料箱 2 设有进料口 1，粉碎器 4 内设有粉碎刀片 3，粉碎器 4 与反应容器 6 之间通过出料阀门 5 相连，反应容器 6 上设有加热器 8 和加压装置，出料输送管 10 连接在反应容器 6 与火炉 12 之间，第一冷却器 9 设于反应容器 6 的出口连接处，裂解箱 11 位于火炉 12 上面，火炉 12 的侧壁还设有出料管 14，第二冷却器 13 设于出料管 14 上。

反应容器 6 上还设有压力表 7。

裂解箱 11 侧壁设有氩气进气口。

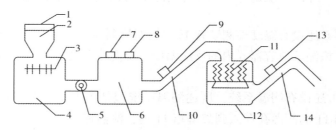

图 1-7　实施例 1 示意图

1—进料口；2—进料箱；3—粉碎刀片；4—粉碎器；5—出料阀门；6—反应容器；7—压力表；
8—加热器；9—第一冷却器；10—出料输送管；11—裂解箱；12—火炉；13—第二冷却器；14—出料管

实施例 2

图 1-8、图 1-9 为该项发明的第 2 个实施例，实施例 2 与实施例 1 不同的是，出料输送管 10 靠近反应容器 6 一端还设有下闸门 15，另一端设有上闸门 16，出料输送管 10 内靠近上闸门 16 位置处设有进料量检测传感器 17，进料量检测传感器 17 用于检测裂解箱 11 的进料量，与下闸门 15、上闸门 16 和进料量检测传感器 17 相连设有 MCU18，与 MCU18 相连设有显示屏，MCU18 预存有裂解

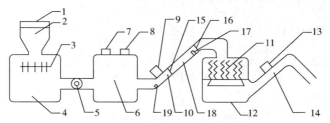

图 1-8　实施例 2 示意图

1—进料口；2—进料箱；3—粉碎刀片；4—粉碎器；5—出料阀门；6—反应容器；7—压力表；
8—加热器；9—第一冷却器；10—出料输送管；11—裂解箱；12—火炉；13—第二冷却器；
14—出料管；15—下闸门；16—上闸门；17—进料量检测传感器；18—MCU；19—温度检测装置

箱 11 进料量预设数据，MCU18 根据进料量检测传感器 17 采集的进料量数据控制下闸门 15 和上闸门 16 的打开和关闭。

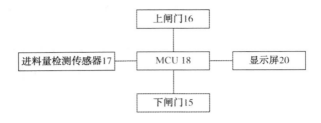

图 1-9　实施例 2 的上、下闸门打开和关闭的方框原理图

反应容器 6 还设有温度检测装置 19，温度检测装置 19 设置在反应容器 6 的出口处，用于检测反应容器 6 内的反应温度，温度检测装置 19 与 MCU18 和加热器 8 相连。

裂解箱 11 还设有测温系统，所述测温系统包括测温计和测温探头，测温探头穿过裂解箱 11 的测温孔深入到裂解箱 11 内，测温探头外部与测温计连接。

实施例 2 其余与实施例 1 相同。

实施例 3

图 1-10 为该项发明的第 3 个实施例，实施例 3 与实施例 2 不同的是，裂解箱 11 下部还设有焦油催化室 21，焦油催化室 21 中设有焦油催化剂。

火炉 12 出口处还设有焦油分离器 23，与焦油分离器 23 相连设有焦油裂解室 22，与焦油裂解室 22 相连设有焦油废气排气管道。

实施例 3 其余与实施例 2 相同。

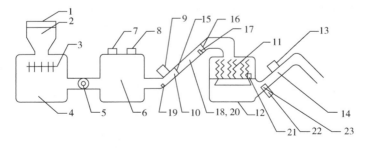

图 1-10　实施例 3 示意图

1—进料口；2—进料箱；3—粉碎刀片；4—粉碎器；5—出料阀门；6—反应容器；7—压力表；
8—加热器；9—第一冷却器；10—出料输送管；11—裂解箱；12—火炉；13—第二冷却器；14—出料管；
15—下闸门；16—上闸门；17—进料量检测传感器；18—MCU；19—温度检测装置；20—显示屏；
21—焦油催化室；22—火炉；23—焦油分离器

取水稻秸秆经进料口投入进料箱中，再进入粉碎器，设置转速为 300～500r/min 进行粉碎，粉碎完成后，将粉碎后的水稻秸秆经出料阀门引入反应容器中进行反应，得到熔融物，控制反应容器中压力为 0.6～0.8MPa，温度为 160～180℃，反应 1～2h；将得到的熔融物经第一冷却器冷却成室温后，由出料输送管输送到裂解箱中，在 1000～1200℃下进行高温裂解，同时通入氩气进行保护，裂解 3～5h；待裂解完成后，输送到火炉中，控制温度为 600～800℃，进行炭化 1～2h，经第二冷却器冷却至 23～25℃，由出料管出料，即得到水稻秸秆生物质炭。

通过使用本实施例的生物质炭生产设备及工艺，可以高效地生产具有高硬度和高发热量的生物质炭，该生物质炭可以用作煤焦炭的替代物。根据本实施例生产的生物质炭可以用于铸铁或炼铁的化铁炉或鼓风炉中的热源、还原剂等，以及用作利用高压缩强度生物质炭的材料。

1.4　生物质炭的性质

生物质炭的性质与其制备温度和原材料密切相关（续晓云，2015）。生物质炭可能来源于各种各样的原料，包括但不限于林业产品、农业残留物、动物废弃物或城市废弃物产品。在大多数情况下，原始生物质结构显著影响生物质炭结构、物理特性以及与土壤的相互作用。最典型的情况是，热解反应导致许多结构或物理性质变化，包括挥发性有机物的流失和结构收缩。加工后的生物质炭最常见的特征是毛孔结构模仿木材或植物原料的细胞结构（李金文等，2018）。生物质炭主要以芳香族碳结构为主，含有较高的碱度而呈碱性，拥有较大的孔隙度和比表面积，也含有一定数量的养分元素（灰分）（戴中民，2017）。不同温度下制备的生物质炭结构如图 1-11 所示。

裂解温度是影响生物质炭理化性质的主要因素之一（余厚平，2016）。随着裂解温度升高，生物质炭含碳量增加，孔隙数量增加。生物质炭在裂解的过程中，结构不断发生变化，C 元素的芳香化结构不断增强。因此高温裂解的生物质炭具有很高的稳定性，能够有效降低土壤环境中微生物对其矿化分解，能够在土壤中长期保存。生物质炭除了具有芳香化碳以外，还有脂肪族碳、羧基碳等官能团结构。利用 NMR（核磁共振技术）对亚马孙河流域存在 800 多年的黑土进行检测，发现其中的芳香化程度仍然高达 75.4%，羧基碳与烷基碳分别占 21.1% 和 3.4%（Schmidt-Rohr，2012）。生物质炭还具有发达的孔隙结构和丰富的比表面积。这是因为生物质炭在裂解的过程中，H、O 元素以不同的气体形式不断释放出来，在生物质炭表面形成很多的孔结构。研究表明，以栎树和竹子作为原料，在

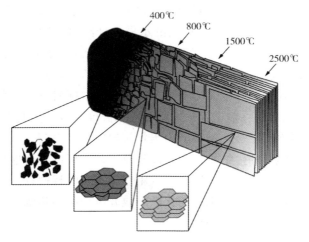

图 1-11 不同温度下制备的生物质炭结构示意图(李金文等, 2018)

600℃高温条件下裂解，得到的生物质炭的比表面积分别为高达 154.6 m² · g⁻¹ 和 137.7 m² · g⁻¹(Schmidt-Rohr, 2012)。将棉秆原料和经过 650℃裂解得到的生物质炭比较其比表面积的大小，发现从原料到生物质炭，比表面积从 1.72 m² · g⁻¹ 增长到 224.12 m² · g⁻¹(陈汉平, 2012)。生物质炭的这个特性对于改善板结土壤的通气有重要的意义；同时这些孔隙能够为土壤中微生物在土壤环境中提供一个新的栖息地，对土壤中微生物的生长也有重要的影响。裂解过程中，温度是影响生物质向生物质炭转变的根本性因素，因此裂解温度的不同，同一种生物质裂解的产物的理化性质可能有较大差异。Keiluweit(2010)对 100~700℃不同裂解温度下制备的生物质炭元素成分和含量进行分析，发现在生物质炭裂解的过程中，随着裂解温度的升高，H、O 的含量不断降低，C 元素含量不断升高；生物质炭的芳香化结构越来越明显，最后趋向石墨化。Harris(2000)认为，裂解温度会改变生物质炭原子结构的有序性，裂解温度越高，有序性也会提高。Crombie 等(2013)对比不同裂解温度下生物质炭固定碳的含量，发现生物质炭中固定碳的含量与裂解温度有密切的关系。Sharma 等(2004)运用红外分析手段研究发现，裂解温度越高，生物质炭中的芳香碳含量逐渐升高，而脂肪族碳的含量明显减少。利用碳谱核磁共振技术，研究者发现，500℃以上裂解的生物质炭芳香化程度大于 90%(Mcbeath et al, 2011)。Ascough 等(2011)以赤松和红树为原料制备的生物质炭进行氧化试验，发现 600℃制备的生物质炭的抗氧化能力远高于 300℃制备的生物质炭。Bruun 等(2012)在对以玉米秸秆为原料裂解的生物质炭的研究中发现，裂解温度的升高，可以降低生物质炭中的纤维素和半纤维素含量。

原料中的有机组分在加热到热解温度和热解过程中都会发生一系列的分解反应。在相对较低的温度(约 120℃)下，原料内的水分将丧失。在 220~400℃的较高温度下，半纤维素和纤维素会发生分解。同样，原料中的无机组分可能影响物理结构，特别是在较高的处理温度下，灰组分可能一起烧结或与碳晶格发生反应（Lehmann et al，2009）。

1.4.1 生物质炭的物理性质

生物质炭的物理性质有助于发挥其作为环境管理工具的功能，它的物理性质同它影响土壤系统的方式有着直接或间接的联系。

（1）粒径分布

由有机物质原料的热裂解而得到的生物质炭颗粒的粒径分布依赖于有机物质本身的性质。由于热裂解过程中的收缩和摩擦，有机物质原料的颗粒尺寸有可能大于所产生的生物质炭的颗粒尺寸。在一些情况下，颗粒可能发生结块，因此，也会看到粒径增大的生物质炭颗粒。

在某些情况下，生物质炭的结构复杂性明显下降。这种损失通常与塑性变形、熔化、熔合和烧结等现象有关。这种影响通常发生在加热速度快、加工温度高、加工时间长以及原料具有高矿物灰分或极低的矿物含量的情况下。如果发生了这种转变，生物质炭的多孔结构就会退化，并最终消失。有人指出，桉树原料制备的活性炭中存在的矿物灰相促进了热解过程中微孔结构的丧失。因此，在桉树原料加工前，需预处理以去除原料中的无机物（Lehmann & Joseph，2009）。

生物质炭颗粒的粒径分布取决于生物质原料的热解过程和原料。由锅屑和木头片生成的生物质炭具有不同的颗粒尺寸。经慢速热裂解，两种原料都可以得到越来越合适的尺寸分布（由干燥筛分测得）。他们还发现，随着热裂解温度的上升，颗粒尺寸趋于下降。这可以解释为：随着反应更加彻底，物质的拉力下降，使得在此过程中抗摩擦能力的下降。

不同的生产工艺对原料有其各自的要求。升温速率越快，就需要越小的原料颗粒以减缓热解反应的热量和质量的传递。例如，在快速热解中，原料被制成细粉或是细尘状，因此所得到的生物质炭也很细。持续低温热解技术（5℃/min→30℃/min）可以生产出直径达几厘米的生物质炭颗粒。传统的批式生产的热量和质量的传递可持续几周，因此可使用完整的树枝和木头。

（2）密度

有两种生物质炭密度可供研究：固体密度（solid density）和容积密度（bulk-density）或表观密度（apparent density）。固体密度就是分子水平上的密度，与碳结构的紧密程度有关；容积密度是指由多种颗粒构成的物质的密度，包括颗粒间的宏观孔隙和颗粒内部的空间。通常，由于热解过程中孔隙的产生，固体密度会随着容积密度减小而增加。Guo 和 Lua 阐述了两种密度间的关系，他们在报告中提到，热解温度上升至 800℃ 时，容积密度随着孔隙度从 8.3% 增至 24% 而降低。然而，当温度升至 900℃ 时，生物质炭的容积密度上升，而孔隙度由于烧结反而下降了。Pastor Villegas 等也提到了两者相反的关系，表明生物质炭具有最低的容积密度和最高的固体密度值。

生物质炭非有机相中挥发成分和压缩成分的损失，加上类石墨晶体颗粒形成导致的有机相的相对增加，使得生物质炭的固体密度高于原料本身的固体密度。X 射线测得生物质炭中碳的最大密度在 2.0~2.1g/cm³ 之间，这个值仅略微小于固体石墨的密度（2.25g/cm³）。然而，由于残留的孔隙和它的乱层石墨结构，大多数生物质炭的固体密度都显著低于石墨的固体密度，一般约为 1.5~1.7g/cm³，甚至有更低的密度值，如在一个自然火灾后留下的松木生物质炭的固体密度值为 1.47g/cm³。

生物质炭的密度由原料物质本身的性质和热解过程决定。生物质炭的固体密度随着生产温度的上升和加热停滞时间的延长而增加，这同低密度的无序碳向更高密度的层结构碳的转化相吻合。生物质炭中更少量的挥发性物质（比固定碳的分子量小）和灰分使得其具有更高的固体密度。然而，Brown 等认为固体密度和升温率无关，并且发现了一个简单而直接的因素——最终的热解温度（图 1-12）。

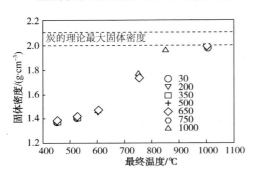

图 1-12　生物质炭固体密度与最终温度的关系（Lehmann & Joseph，2009）

容积密度也是生物质炭的一个重要的物理性质。Pastor Villegas 等发现，不同类型的木头在不同类型的传统窑中生产的生物质炭的容积密度的范围为 0.30~0.43g/cm³。文献中，用于气体吸附的活性炭的容积密度值为 0.40~0.50g/cm³，然而对于用于脱氯的活性炭密度为 0.25~0.75g/cm³。Byrne 和 Nagle 在木头容积密度和由其制成的生物质炭的容积密度之间建立了一种线性关系。他们发现，将木头以 15℃/h 的加热速率加热至 900℃ 时，炭化木头的容积密度是炭化前容积密度的 82%。

（3）机械强度

机械强度是一个用来定义活性炭质量的特性，因为它同使用过程中抗磨损的能力相关。生物质炭的机械强度同它的固体密度相关。因此，热解后的生物质分子的有序化使它的机械强度比生物质原料的机械强度更强。例如，Byrne 和 Nagle 报道，在最高温度为 1550℃ 时炭化的白杨木，其机械强度增加 28%。由于农业废弃物，如坚果壳（杏树、榛子，夏威夷果和胡桃）和果核（杏核、橄榄核等）具

18

有高的机械强度(因为有高的木质素和低的灰分),因此都是很好的活性炭原料。

(4)元素组成

生物质炭主要是由石墨碳、单质碳和芳香烃组成的,含有大约 60% 的 C 和 H、O、N、S 等其他元素。在裂解的过程中,H 和 O 损失最多,且主要以水、碳水化合物、H_2、CO_2 等形式损失(Jr et al,2003)。经过裂解之后的生物质炭的碳含量从生物质的 40%~50% 提高到 70%~80%,能够实现对 C 元素的有效富集。丰富的 C 元素含量是生物质炭能够实现碳固持的最基本的条件。裂解过程中,同样实现了对养分的浓缩与富集,所以生物质炭中的养分元素普遍比原料中的高(Yuan et al,2011)。因为灰分的存在,生物质炭进入土壤后碱金属水解呈现出碱性性质,因此可以用于对酸性土壤的改良。随着生物质炭的添加,养分进入土壤,进而改变土壤的化学组成成分、提高土壤肥力并促进作物的生长。有研究发现,生物质炭中的可提取态 P 释放进入土壤,可以直接被植物吸收利用,为植物提供营养(Duvall et al,2014)。不同生物质来源的生物质炭,在元素组成上略有差异,并且生物质炭中元素的含量会随热解温度发生变化。一般来说,随着热解温度的升高,生物质炭的元素组成在一定程度上可以影响其对污染物的去除效果,例如生物质炭含磷量大,就会与重金属污染物反应而生成磷酸盐沉淀,从而增强对重金属的去除效果(孙莉莉,2019)。

水稻秸秆中含有大量的纤维素、半纤维素和木质素等(图 1-13),在高温热解条件下,这些成分伴随着 C、H、O 等元素进行脱水、脱羧和脱羟基等一系列反应,因此生物质炭的 O/C、H/C 有明显的下降。同时随着热解温度的升高,由于较弱化学键断裂而进行缩合反应生成的生物质炭也越稳定。

(5)比表面积

孔隙度在很大程度上可以决定生物质炭的比表面积大小。生物质炭表面的特殊孔隙结构可为生物质炭提供巨大的比表面积,并且能为污染物提供更多的吸附位点。一般来说,生物质炭的孔径结构会随着热解温度的升高而增多,这是因为易挥发性物质在加热过程中逸出,以及生物质炭中孔道结构的形成所造成的(Chen et al,2012;孙莉莉,2019)。

生物质炭中的微孔结构(<2nm)有利于增加生物质炭的比表面积;中孔结构(2~50nm)有利于污染物的吸附过程;而大孔结构(>50nm)则有助于改善堆体(土壤或者堆肥)的结构、降低堆体密度、增加通气率和水分的流通。这些复杂的结构也使得生物质炭成了良好的载体。通过化学方式制备的工程化生物质炭,能够在充分保留原始生物质炭基本特点的基础上赋予生物质炭各种新的特点。随着大量工程化生物质炭的成功制备,生物质炭的应用领域得到了极大的丰富。同时,这些工程化的生物质炭也表现出远优于原始生物质炭材料的环境作用效果。

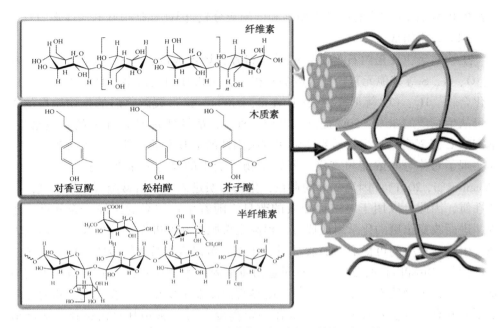

图 1-13 三种组分在木质纤维素生物质中的结构(李玉姣,2015)

1.4.2 生物质炭的化学性质

生物质炭的化学性质包括较高的 pH、复杂的元素组成、丰富的表面官能团、一定的离子交换和氧化还原能力。生物质炭大多为碱性(pH 值=4~12),这与生物质原料中含有的无机组分以及生物质炭表面的含氧官能团(羧基以及羟基)有关。因此,生物质炭可以用于酸性土壤的改良以及土壤重金属的钝化。随着裂解的进行,生物质炭的元素组成也在发生变化,而这些变化一方面会影响到生物质炭的肥力,另外一方面也会引起包括生物质炭表面化学性质、阴阳离子交换量以及表面电荷等多方面的变化。生物质炭具有较强的阳离子交换能力(CEC,71.0~451.05mmol/kg)和一定的阴离子交换能力(AEC,0.60~27.76cmol/kg)。因此,生物质炭既可以作为一种优秀的吸附材料用于环境中重金属污染物的去除/钝化,也可以添加到土壤中用于解决由于土壤中 N、P 淋溶而带来的诸如地下水污染以及水体富营养化等一系列环境问题。除此之外,生物质炭具有一定的氧化还原能力,生物质炭表面的含氧官能团使得生物质炭既可以作为一个电子供体(EDC;mmol(e-)/gchar)也可以作为电子受体(EAC;mmol(e-)/gchar),这一性质对于土壤中变价元素(Cr 和 As)的有效性/稳定性有着重要的影响,而这些性质会随着环境条件变化而变化。

（1）pH 值

不同生物质原料以及不同热解方法制备的生物质炭 pH 不同。一般来说，在实验室条件下制备的生物质炭，pH 一般呈碱性，这主要是因为生物质炭中含有大量的无机矿物组分和高度共轭的芳香结构。并且经大量研究发现，生物质炭中的碱性物质和残存无机矿物的释放会导致土壤中的 pH 值升高（Sun et al, 2014；孙莉莉，2019）。如表 1-3 所示。

表 1-3　不同原料来源的生物质炭平均 pH 值、碳酸钙当量（CCE）、表面积和阳离子交换能力（CEC）（Lehmann & Joseph, 2009）

来源	pH 值	CCE/%	表面积/$m^2 \cdot g^{-1}$	CEC/$mmol_c \cdot kg^{-1}$
煤烟	9.27	—	107.2	607
小麦/大麦	8.80	—	26.65	103
稻秆/米糠	9.17	—	42.15	212
高粱	—	—	—	—
大豆秸秆	9.30	—	4.375	—
花生壳	8.52	—	115.1	—
核桃壳	6.97	—	111.5	—
榛子壳	7.86	—	467.5	83.8
柳枝稷	9.28	—	52.96	—
甘蔗渣	7.59	—	113.6	115
椰棕	—	—	114.8	—
食物垃圾	9.09	—	0.803	81.0
其他（草、树叶、橙子、绿色废物）	8/72	—	119.8	290
硬木	7.94	—	171.3	138
软木	7.48	—	194.5	145
造纸厂废水	9.13	—	10.08	52.0
家禽粪便/垃圾	9.80	18.4	50.35	538
火鸡粪便/垃圾	8.95	—	24.70	—
猪粪	9.37	—	26.89	—
乳牛粪便	9.45	—	33.38	342
牛粪	8.99	13.4	73.27	—
有机固体废物/污水污泥	6.90	12.9	102.1	23.6

（2）官能团

生物质炭除了基本的芳香化结构外，芳环骨架结构中还包含 H、O 等元素，并以羟基、羧基、羰基等官能团形式存在。红外光谱（FT-IR）可以直观地展现生物质炭官能团结构，且分析速度快、反应灵敏，是生物质炭结构分析中的常用手段。

生物质炭低温到高温反应过程：当热解温度较低时，生物质主要以脱水和脱氢反应为主，其中的高聚物（如纤维素、半纤维素和木质素）基本未受影响；提高温度，生物高聚物进行脱氢和解聚反应，生成如醛、羧基等新的聚合物；温度继续升高，小单元的芳环结构出现，但木质素类高聚物及部分脂肪族碳依然存在；进一步增加温度，芳香化和石墨化程度加剧。由上图可以看出500℃时水稻秸秆的芳香化结构明显，同时与低温相比，结构和化学性质变化较大，继续升高温度，则生物质炭向类石墨结构方向发展。

（3）阳离子交换量（CEC）

生物质炭 CEC 是在生物质炭暴露在 O_2 和水中时产生的，产生含 O 表面官能团。与土壤相似，生物质炭具有静电吸附或吸引阳离子的能力。生物质炭是以有机为基础的，因此应该像土壤有机质一样携带 pH 依赖性电荷，但热解温度的升高往往会导致 CEC 的降低。林等人（2012）和 Rajkovich 等人（2012）都观察到了这一现象，这是由于有机官能团的去除（Cantrell et al，2012；Gaskin et al，2008；Kloss et al，2012）。的确，热解温度的升高会增加原料中木质素和纤维素的分解（Novak et al，2009），导致官能团的丢失。因此，与较低的热解温度相比，在较高的热解温度下生成的生物质炭具有较低的初始营养保持能力（Ippolito et al，2012）。然而，一旦生物质炭被引入环境中，营养物质的保留也可能是一种短期和长期氧化的结果（Quilliam et al，2012）。如图 1-14 所示。

学者们对 Cu、NH_3 和 NH_4^+ 进行了特异性的养分吸附研究。Borchard 等人（2012）认为在生物质炭中存在的含 O 官能团有吸附的作用。在他们的工作中，发现 Cu 与生物质炭的物理相互作用（例如截留）是可以忽略不计的（Ying-Shuian et al，2012）。Ippolito 等人（2012）研究表明，在某种程度上，铜通过有机配体官能团与生物质炭结合，但也发生了一些碳酸盐/氧化物沉淀。Uchimiya 等人（2012）研究表明，随着热解温度的升高，可去除浸出的脂肪族和含 N 杂环原子官能团，与生物质中的铜保留率呈正相关，其中还涉及含 N 化合物的生物质吸附作用（Dempster et al，2012；Kammann et al，2012；Sarkhot et al，2012）。Ding 等人（2010）和 Hina 等人（2010）指出，生物质炭对 NH_4^+ 的吸附主要通过离子交换、库仑力、化学吸收、氨固定或与 S 官能团的结合来实现。Taghizadeh-Toosi 等人（2012）研究表明，pH 值较低的生物质炭比 pH 值较高的生物质炭能吸附更多的 NH_4^+（由于 NH_3 转化为 NH_4^+），这表明在该过程中，生物质炭化学吸附发挥主要作用。Nelissen 等人（2012）认为生物质炭对 NH_4^+ 的吸附是由于其 CEC 升高所致。由于 CEC 与表面官能团直接相关，官能团化学性质的变化可能是 N 吸附差异的主要原因（Spokas et al，2011）。

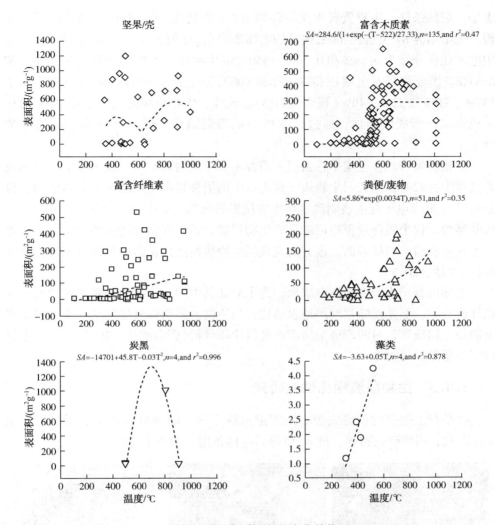

图 1-14　CEC 随温度和生物质原料的变化趋势（Aller，2016）

（4）生物质炭稳定性

生物质经过热解转化后，极大地提高了碳抗热降解、化学降解和生物降解的能力，这是由于在热解过程中碳结构转化为高稳定性的芳烃结构，使得其能够抵御各种形式的降解。生物质炭的组分可分为：灰分、不稳定碳和稳定碳。与土壤有机质相比，生物质炭含有更多的芳香族碳。生物质炭中芳香族碳也存在不同形式，包括产生于较低温度时的不定形碳和高温下生成的石墨碳，这些碳结构的自身属性决定了生物质炭的高稳定性。从古老的旱地土壤和河流沉积物中发现的生物质炭物质表现出其极强的稳定性。然而其稳定性有赖于诸多因素，包括生物质类型、裂解条件、生物质炭所在的环境条件（如氧化）等。Luo 等（2011）研究发现：土壤培养 87 天后，700℃ 裂解的生物质炭在 pH 值为 3.7 和 pH 值为 7.6 土壤中的矿化率分别为 0.14% 和 0.18%；350℃ 的生物质炭的矿化率分别为 0.61% 和 0.84%。黑麦草施入土壤使得 700℃ 和 900℃ 的生物质炭的矿化率分别增加了 137%、70% 和 33%、40%（张杰，2015）。此外，生物质炭还能与土壤中的有机、无机物结合形成团聚体，通过团聚体的物理阻隔作用减小生物质炭被氧化的概率。

生物质炭可以在土壤中存留很久但并不表示生物质炭是一成不变的。虽然现存文章中并没有证据表明生物质炭在土壤中的损失是由生物质炭氧化造成的，但是通过 X 射线电子能谱表明确实在生物质炭的内部孔隙中有被氧化的过程，并且羧基增加。这个氧化过程很可能是非生物性造成的，因为生物性的氧化过程主要发生在生物质炭的外表面。也有研究表明生物质炭经过长期的自然氧化可以被降解（闫双娇，2018）。

上述内容均为前人的研究成果，为了验证其中的一些结论，张玉虎教授团队以江苏丹阳、黑龙江哈尔滨产地水稻秸秆为原料，采用限氧裂解法，在不同温度下制备生物质炭，对两产地生物质炭进行比较分析（张向前等，2017），为读者提供实际案例以供参考。

1.4.3 生物质炭理化性质研究

将秸秆上携带的砂砾去掉，用蒸馏水洗干净，晾晒自然风干 5 天，切割至 2cm 左右，用粉碎机粉碎，过 80 目筛后存储备用，如图 1-15 所示。

图 1-15　水稻秸秆粉碎工程

（1）制备过程

将粉碎的秸秆填放到 100mm×100mm×100mm 的陶瓷坩埚内，压实盖好，再将陶瓷坩埚置于马弗炉中。设置马弗炉的升温速率为 10℃·min⁻¹，炭化的终止温度分别设置为 300℃、500℃、700℃，到达终止温度时保持温度 2h，使秸秆充分炭化。在 N₂ 保护下冷却至室温，哈尔滨水稻秸秆和丹阳市水稻秸秆样品分别标记为 HB-RS、DY-RS，丹阳秸秆、哈尔滨秸秆在 300℃、500℃、700℃下制备的生物质炭分别标记为丹阳产地水稻秸秆生物质炭 300、丹阳产地水稻秸秆生物质炭 500、丹阳产地水稻秸秆生物质炭 700 和哈尔滨产地水稻秸秆生物质炭 300、哈尔滨产地水稻秸秆生物质炭 500、哈尔滨产地水稻秸秆生物质炭 700。如图 1-16 所示，为实验室制备生物质炭过程。

图 1-16   实验室水稻秸秆制备生物质炭过程

（2）委托企业加工

南京勤丰秸秆科技有限公司是一家从事农作物秸秆收集、颗粒化及炭化生产、生物质炭加工、销售与新型炭基肥料及环保材料研发生产的民营股份制科技型企业，公司成立于 2013 年 5 月，由原勤丰秸秆研发有限公司改制而成。公司与南京农业大学签订合作协议，聘请潘根兴教授团队指导秸秆裂解炭化机生物质炭农业应用，公司作为南京农业大学生物质炭与绿色农业试验示范基地。公司配备有秸秆收集、转运和储存专业设备，解决周边地区秸秆的收集利用。秸秆综合利用除了秸秆颗粒外，主要进行热裂解生物质炭化生产生物质炭，在销售的同时，加工生产炭基肥和环境材料。

水稻秸秆生物质炭委托南京勤丰秸秆公司制备生物质炭，地点位于南京市六合区马鞍镇，如图 1-17 所示，生产设备为卧式炉炭化装置。生产技术为内循环封闭式限氧生物质炭热裂解转窑，制备温度为 300℃、500℃、700℃。升温速率为 15℃·min^{-1}。生产能力为，一条生产线日处理各类秸秆 30t，年处理各类秸秆量 1 万 t，每吨秸秆可生产生物质炭 250～300kg，木醋液 300kg，可燃气 800～1000m^3。

图1-17　企业加工制备生物质炭装置

（3）产量分析

生物质炭的产量分析如图1-18所示，丹阳产地水稻秸秆生物质炭和哈尔滨产地水稻秸秆生物质炭产率均随着温度的上升而下降。两种生物质炭在300～500℃升温过程中产率迅速下降，在500～700℃升温过程中产率下降趋缓。

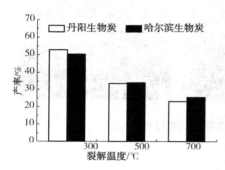

图1-18　生物质炭产率的比较

另外，丹阳产地水稻秸秆生物质炭产率比哈尔滨产地水稻秸秆生物质炭产率下降更加明显，可能是丹阳稻秆半纤维素、纤维素含量相对较高。利用SPSS20.0软件对制备温度和产率进行相关性分表明，两者之间在0.01水平上显著负相关，相关系数达-

0.929。对比丹阳产地水稻秸秆生物质炭与哈尔滨产地水稻秸秆生物质炭，在300℃前者产率大于后者，在700℃小于后者，丹阳产地水稻秸秆生物质炭产率下降更快，这可能由于在温度上升过程中，生物质炭产生更多的挥发物质。

（4）元素组成

不同热解温度制备的水稻秸秆生物质炭的元素组成分析结果见表1-4，从表中可以看出，稻秆生物质炭中C元素的含量最多。热解温度对生物质炭的元素组成有很大的影响，其中包含的C、H、N、O元素的含量，随着温度的变化也都发生了相应的变化。从表中可以看出，随着热解温度的升高，C含量从70.31%增加到86.42%，而H、O、N元素含量则均呈现一定程度的降低；同时生物质炭的O/C、H/C也明显降低，O/C从热解温度300℃的32.37%下降到热解温度700℃的12.03%。

H和C物质的量比率（H/C）及O和C物质的量比率（O/C）作为高分子聚合

物元素分析的重要指标，一直用于判定高分子聚合物的芳香化结构与组成。H/C越小，说明生物质炭的芳香性越强，芳香化程度越高，生物质炭就越稳定；而O/C越大，则代表生物质炭亲水性越强。

表 1-4 不同热解温度制备的水稻秸秆生物质炭的元素组成

热解温度	元素含量/%				原子比/%	
	C	H	N	O	H/C	O/C
300℃	70.31	5.13	1.80	22.76	0.88	0.24
500℃	83.53	3.79	1.77	11.91	0.54	0.11
700℃	86.42	1.61	1.57	10.40	0.22	0.09

（5）比表面积

基于此，张玉虎教授团队对不同热解温度下的水稻秸秆生物质炭的比表面积进行了测定。从表 1-5 可以看出三种热解温度下的比表面积分别是 5.8 m^2/g、216.4 m^2/g、184 m^2/g，特别是热解温度达到 500℃时，增长幅度最大，约增加了 40 倍。热解温度为 500℃、700℃条件下生成的稻秆生物质炭比表面积接近，随着温度的升高，秸秆中的纤维素、半纤维素和木质素发生大量分解反应，同时产生大量的气体，气体的释放导致生物质炭表面孔隙张开，形成表面孔径丰富的结构，从而引起比表面积的增加；不同热解温度下生物质炭的比孔容随着热解温度的升高逐渐变大；不同热解温度下的生物质炭的平均孔径都大于 2nm，说明生物质炭炭孔主要以中孔为主。

表 1-5 不同热解温度下的水稻秸秆炭表面特性

热解温度	300℃	500℃	700℃
BET 比表面/（m^2/g）	5.8091	216.4435	184.8332
比孔容/（cm^3/g）	0.0066	0.0886	0.0288
均孔径/nm	5.2469	9.0591	4.7144

根据国际纯粹与应用化学协会（IUPA）的定义，孔径小于 2nm 的称为微孔，孔径大于 50nm 的称为大孔，孔径为 2~50nm 的称为介孔，也称中孔。张玉虎教授团队对不同温度下丹阳产地水稻秸秆生物质炭和哈尔滨产地水稻秸秆生物质炭进行了孔隙分析，如图 1-19 所示，水稻秸秆生物质炭具有发达的孔隙结构和巨大的比表面积，不同裂解温度下生物质炭孔隙数量和大小具有差异。温度上升，生物质炭孔隙率逐渐增加，微孔数量逐渐增加，稻秆表面结构由散乱无序变得更加规则。300℃生物质炭表现为不规则的团聚状，表面气体挥发出现囊泡，随着温度上升囊泡破裂出现孔隙结构，孔隙较大。500℃出现分层结构，纤维素减少。

700℃生物质炭结构更加规则，分层现象明显，出现晶面。表面出现大量团聚颗粒，可能是生物质炭中的含有的灰分随着温度的升高出现富集现象。

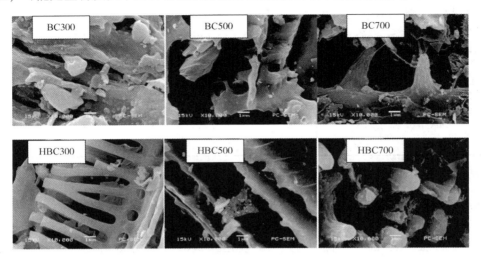

图1-19　不同裂解温度下生物质炭及稻秆扫描电镜图（放大10000倍）
注：BC表示丹阳水稻秸秆生物质炭，HBC表示哈尔滨水稻秸秆生物质炭。300℃、500℃、700℃下裂解制备。

比表面积是指单位质量物料所具有的总面积，分为外表面积和内表面积两类，国际单位为 m^2/g。比表面积是评价多孔性材料吸附及表面催化特性的重要指标。比表面积的大小对多孔性材料的热学性质、吸附能力、化学稳定性等均具有明显的影响。生物质炭的比表面积主要是微孔所致。

采用比表面积及孔径分布仪（Autosorb-iQ2-MP）测定生物质炭的比表面积和孔径分布，比表面积测定选择BET模型，孔径分析选择BJH模型。如表1-6所示，随温度升高，生物质炭比表面积增大。丹阳产地水稻秸秆生物质炭比表面积和微孔表面积小于哈尔滨产地水稻秸秆生物质炭，丹阳700℃裂解水稻秸秆生物质炭比表面积和微孔表面积大于哈尔滨700℃裂解水稻秸秆生物质炭。温度升高，半纤维素、纤维素、木质素大量分解，羟基、烃基、芳香烃环先后断裂，产生大量的气体，气体的释放导致生物质炭表面孔隙张开，形成丰富的孔径结构，引起比表面积的增加。丹阳产地水稻秸秆生物质炭平均孔径先增大后减小，哈尔滨产地水稻秸秆生物质炭平均孔径持续减少，这是因为产地不同稻秆生物质炭中总炭和挥发性物质含量不同，中孔、微孔大量产生的时间不同、数量不同。

总体来看，哈尔滨500℃裂解水稻秸秆生物质炭比丹阳500℃裂解水稻秸秆生物质炭孔隙发育好，这可能是哈尔滨产地水稻秸秆生物质炭含更多易挥发物质。孔露露等（2015）发现木屑和小麦生物质炭随着裂解温度的升高，微孔结构逐渐发育，比表面积增大。李力等（2012）则发现700℃裂解的玉米秸秆炭与350℃

裂解的相比，不仅增加了孔容，而且温度越高，越有助于生物质炭的微孔的开孔作用。这些结论与此研究结果基本一致（张向前等，2017）。

表 1-6　不同裂解温度下的水稻秸秆炭表面特性

样品	比表面积/（m²/g）	微孔表面积/（m²/g）	总孔容/（cm³/g）	平均孔径/nm
BC300	5.81	2.07	0.0066	5.25
BC500	6.40	2.52	0.0089	9.06
BC700	184.8	7.82	0.0288	4.71
HBC300	5.08	1.09	0.0087	8.54
HBC500	15.37	2.70	0.0206	6.96
HBC700	134.67	7.30	0.0318	5.36

（6）官能团

热解温度对生物质炭 FT-IR 图谱的影响如图 1-20 所示，与原水稻秸秆的 FT-IR 的图谱相比，总结不同温度热解下的生物质炭变化如下：当热解温度为 300℃时，O—H（3800~3400cm⁻¹）、脂肪族 C—H（2950~2750cm⁻¹）、C—O—C（1110~1030cm⁻¹）这些官能团相比秸秆的图谱的伸缩振动都明显减弱，且随着温度的升高，热解温度到达 500℃和 700℃时，振动都在不断地减弱。700℃时，C—H（2950~2750cm⁻¹）的振动已经非常微弱，这个过程是秸秆中的纤维素、半纤维素等稳定性较低的成分发生的脱氢和脱氧反应造成的（郑庆福等，2014）。C═O（1710~1690cm⁻¹）伸缩振动、芳香化 C═C 骨架振动（1440cm⁻¹）以及芳香化 C—H 面外弯曲振动（900~700cm⁻¹）随着热解温度的升高（从 300℃到 500℃）逐渐加强，芳香化结构随之不断增强，表明生物质炭稳定性越来越好，这是由于纤维

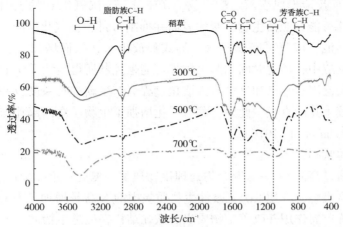

图 1-20　不同热解温度下的水稻秸秆炭 FT-IR 图谱

素、木质素脱氢反应不断加剧而缩合生成更稳定的芳香化产物（简敏菲等，2016）。当热解温度达到700℃时，生物质炭上的含C官能团表现为基本上消失或者振动微弱，只有O—H（3800～3400cm^{-1}）、C—O—C（1110～1030cm^{-1}）振动还较明显，这主要是由于纤维素和半纤维素中吡喃糖环和愈创木基单体等稳定性较高物质的存在。当温度达到900℃时，绝大部分生物质炭的FT-IR图谱与石墨的FT-IR图谱基本类似。

1.5 生物质炭的改性

1.5.1 物理改性

通常，物理/机械改性通常是简单且经济上可行的，但效果不如化学改性方法。物理改性过程一般使用例如二氧化碳（CO_2）、蒸汽和空气，不涉及任何化学物质。

（1）蒸汽活化

通过蒸汽活化过程，生物质炭可以转化为具有改进的碳质结构和高表面积的活化生物质炭。当在中等温度（400～800℃），无氧气氛中发生的初始热解反应作为第二阶段蒸汽活化的补充，在该过程中，生物质炭被用蒸汽进行部分气化，这促进了生物质炭中的部分挥发分和结晶碳的形成（Rajapaksha et al，2016）。蒸汽可通过去除热处理过程中截留的不完全燃烧产物来改变生物质炭的特性。蒸汽活化反应涉及氧从水分子交换到碳表面位点以产生表面氧化物C(O)和H_2，而产生的H_2与C表面反应形成表面氢配合物［C(H)］。蒸汽氧化C的表面部位，生成H_2和CO_2，这可能会激活生物质炭的表面并抑制C部位的气化反应。热解后，生物质炭中的其他合成气可能以蒸汽的形式释放出来，从而增加了表面积和孔体积。在活化反应中，活化时间和蒸汽用量可能是控制所得生物质炭的物理性质和吸附能力的关键因素。已知这种蒸汽活化过程会产生新的孔隙度，并扩大热解过程中产生的较小孔的直径。此外，蒸汽活化增强了生物质炭内部孔隙的发展和可及性（Rajapaksha et al，2016）。

（2）气体吹扫

有研究通过高温CO_2-氨混合物处理生物质炭。氨化（引入NH_3）可将含氮基团引入生物质炭中，并使CO_2氨改性生物质炭中的N含量增加，而CO_2处理可在孔形成中发挥重要作用并改善生物质炭的微孔结构，促进生物质炭的气体吸附能力（Zhang et al，2013）。二氧化碳改性的生物质炭的表面积和孔体积远高于未改性的生物质炭。二氧化碳可与生物质炭样品中的碳反应形成一氧化碳，从而形成微孔结构。在环境温度下，CO_2改性生物质炭的气体吸附能力明显高于未改性生物质炭。改性生物质炭的吸附能力与微孔体积呈线性关系，CO_2的吸附机理可能是物理吸附（Zhang et al，2013；Rajapaksha et al，2016）。

1.5.2 化学改性

化学改性过程包括一步和两步改性过程。在化学活化剂存在下的一步化学活化过程中，炭化和活化步骤同时完成。两步化学活化涉及原料的炭化，然后在炭化过程之前通过与化学试剂混合或对前体进行预处理来活化炭化的产品。

（1）酸/碱改性和化学氧化改性

在化学改性过程中，碳前驱体或热解后的生物质炭的进一步处理对生物质炭的性能产生显著影响。改性增加了成本，但改善了性能。化学改性通常包括，酸碱处理、过氧化氢（H_2O_2）、高锰酸钾（$KMnO_4$）、过硫酸铵[$(NH_4)_2S_2O_8$]和臭氧（O_3）氧化以改性表面官能团（Rajapaksha et al，2016）。

强酸（例如磷酸、硫酸、硝酸和盐酸）洗涤的方法能增强表面酸度并改变生物质炭的多孔结构。磷酸是化学修饰中最常用的活化剂之一，比其他腐蚀性和有害试剂更环保。磷酸可以分解木质纤维素，脂肪族和芳香族物质，同时形成磷酸盐和聚磷酸盐，以避免在孔隙发展过程中发生收缩（Rajapaksha et al，2016）。其他无机酸，例如HNO_3、H_2SO_4和HCl也已广泛用于生物质炭的改性。HNO_3具有侵蚀性，会导致微孔壁降解，从而导致总表面积减少（Stavropoulos et al，2008）。同样，H_2SO_4处理使生物质炭孔隙率降低，并改善了异质微孔的尺寸分布，由于过量的水蒸气向表面移动，热解过程中H_2SO_4脱水可能不利于表面积的发展（Yakout et al，2015）。草酸等有机酸能促进配体和质子过程增强污染物的吸附，用H_2SO_4预处理对 C 和 O 含量几乎没有影响，但H_2SO_4和草酸联合处理能导致表面积增加。无机/金属杂质也可以通过酸洗去除。通常，强酸处理可以将酸性官能团如胺、羧基引入到炭化的表面上，从而通过阳离子交换和表面络合来提高对金属的吸附亲和力和容量（Rajapaksha et al，2016）。

使用氢氧化钾（KOH）和氢氧化钠（NaOH）对生物质炭进行碱活化可以增加 O 含量和表面碱度，同时溶解灰分和冷凝的有机物（例如木质素和纤维素），以促进后续的活化。炭化前的 KOH 活化过程可能产生更大的表面积，并带有额外的表面羟基。与 KOH 相比，NaOH 对碳活化更经济且腐蚀性较小（Rajapaksha et al，2016）。但是，较低的温度下（60~100℃）进行 NaOH 改性会得到较小的表面积和很少的微孔，因为石墨碳的含量占主导地位，生物质炭表面上的官能团比例存在边际变化（Rajapaksha et al，2016）。因此，在选择预处理方法时，应在生物质炭的物理性质(例如稳定性)和表面化学之间寻求一个平衡。用 KOH 或 NaOH 处理过的生物质炭具有极高的表面积。在活化过程中，由于 K^+ 嵌入形成稠密 C 结构的微晶层中，可能形成钾物质(K_2O、K_2CO_3)，这些物质可能扩散到生物质炭基质的内部结构中，从而扩大了现有的孔并形成新孔(Mao et al, 2014)。

化学改性可通过在增加的表面积上创建更多吸附位点来增强污染物吸附能力，生物质炭的酸预处理和化学氧化通常会增强其对金属的吸附性能。例如，H_2O_2 氧化增加了生物质炭表面的羧基数量，并为 Pb^{2+} 和 Hg^{2+} 的表面络合提供了额外的阳离子交换位点。尽管在通过 KOH 活化改性后表面功能几乎保持不变，但 Cu^{2+} 和 Cd^{2+} 的吸附作用显著增强，这可能归因于增大的表面积和含氧官能团。除羧基外，生物质炭的胺化改性显著增强了 Cu^{2+} 的吸附，这归因于氨基官能团与金属离子的强表面络合作用，且它具有很高的选择性，受竞争阳离子的影响最小(Rajapaksha et al, 2016)。生物质炭和有机化合物的芳环之间的 π-π 电子供体受体相互作用可以增强有机污染物的去除。另一方面，尿素改性可以引入 N 官能团(吡啶基)并增加表面碱性，从而增强 π-π 分散力。

（2）官能团改性

对生物质炭的表面官能团和亲水性进行化学改性。通常，在低温(250 ~ 400℃)下生产的生物质炭具有更多的 C=C 和 C-H 官能团。使用 HNO_3、$KMnO_4$、H_2O_2、H_3PO_4 或 HNO_3/H_2SO_4 混合物进行化学氧化可在相对较低的温度下在 C 表面引入酸性官能团，例如羧基、羰基、内酯基和酚基。与 $KMnO_4$ 相比，HNO_3 化学改性引入更多的含氧官能团(Li et al, 2014)。此外，通过氧化生物质炭的碳化表面，H_2O_2 的改性还能够使羧酸含量增加 6% ~ 8%。鉴于其固有的氧化特性，H_3PO_4 或 H_2SO_4 还可以部分氧化 C 表面并在一定程度上富集羧基(Qian et al, 2015)。除含 O 的官能团外，含 N 的官能团(酰胺、酰亚胺、内酰胺、吡咯基和吡啶基)在环境应用中还具有重要的络合亲和力，特别是对于金属阳离子(如 Cu、Zn 和 Pb、Zn 和 Ni)。含氮官能团的引入可通过硝化然后在 C 表面还原来实现。HNO_3 的解离形成高活性的中间体硝鎓离子，该离子与芳环反应并在生物质炭表面上转化为硝化产物($-NO_2$)。由于芳香族表面的硝化受到慢的硝化速度和少量 NO_2 的限制，因此必须同时加入浓 H_2SO_4 来促进硝化氮离子的形成。硝化是通过亲电子芳香取代发生的，该取代在生物基团的芳香环上引入氨基，随后通过使用连二亚硫酸钠作为还原剂将硝基还原为表面上的氨基(Rajapaksha et al, 2016)。使用壳聚糖(天然丰富的多糖)作为改性剂能在生物质炭表面引入了胺官能团，以提高其对重金属的吸附能力，壳聚糖在生物质炭表面的涂层还可以改善其作为土壤改良剂的性能。壳聚糖的胺基能够与金属离子形成牢固的化学键，从而使金属的吸附量更高(Yong et al, 2013, 2012)。此外，用 KOH 改性的生物质炭增加了含 O 的官能团（O—H、C—O、C ＝O 和 COOH）。

（3）有机溶剂改性

羧酸基团改性可通过使用水溶性碳二亚胺和酸性甲醇酯化来实现。使用酸化的甲醇进行羧酸改性是廉价的。例如，NaOH 处理并随后用酸性甲醇改性的生物质炭显示出增加的表面官能团（Jing et al，2014）。甲醇改性涉及的化学反应是酯化反应，然后是生物质炭的羰基与甲醇之间的直接反应。甲醇改性的生物质炭比未改性的生物质炭富含酯基和羟基，这促进了生物质炭表面与有机污染物之间电子给体与受体（EDA）相互作用。甲醇改性增加了生物质炭表面 O 原子的电子密度，并且比未改性生物质炭上的 O 原子具有更强的碱性，这是由于生物质炭表面上的羰基具有很强的吸电子能力，可以吸引羟基和其他相关基团的电子（Jing et al，2014）。

（4）表面活性剂改性

鉴于生物质炭带负电的表面，阳离子表面活性剂很容易通过静电吸引被生物质炭捕获，并与生物质炭基质中的大量可交换阳离子如 Mg^{2+}、Na^+、K^+ 交换，然后形成表面活性剂-生物质炭复合物。例如，阳离子表面活性剂十六烷基氯化吡啶鎓在颗粒状木炭上的吸附主要是通过低浓度下的离子交换来实现的。非离子表面活性剂也可以通过物理吸附作用被木炭吸附，这表现为吸附中自由能的低变化。非离子表面活性剂在生物质炭上有一定程度的吸附。相反，由于静电排斥，单分子和胶束阴离子表面活性剂不容易吸附在生物质炭的表面上（Rajapaksha et al，2016）。

（5）生物质炭涂层

金属氧化物常被用于涂覆生物质炭，以改善生物质炭的性能，增强其吸附能力。例如，由于染料分子与带负电的生物质炭表面之间的静电排斥，生物质炭对阴离子染料的吸附非常有限。因此，生物质炭涂层可以改变生物质炭的表面性质。钴（Co）和铁涂层的竹炭，用于从水溶液中去除重金属。使用 $MgCl_2$ 和 NaOH 溶液可以制备氢氧化镁包覆的生物质炭。与未改性的生物质炭相比，涂覆有铁的生物质炭具有显著增加的羟基，这是因为在碳表面形成了氧化铁。Fe_3O_4 包覆的生物质炭上发现，Fe_3O_4 薄膜表面是六边形的铁阳离子覆盖的六边形氧层，该铁阳离子可以形成阳离子-π 键，这表明对于带有 π 电子的化学物质（例如芳族化合物）很容易吸附在 Fe_3O_4 纳米颗粒上。使用 $FeCl_3$ 盐能制备涂覆有 Fe（Ⅲ）的生物质炭，用 Fe（Ⅲ）覆盖生物质炭大大提高了 As^{3+} 和 As^{5+} 的吸附能力（Samsuri et al，2013）。MgO 包覆生物质炭对阴离子染料的吸附能力比未包覆生物质炭明显大。钴涂层的竹炭（Co-BC）对 Cr^{6+} 氧-阴离子的吸附显著增加，Co-BC 的表面积和孔体积更高。尽管碳纳米管具有高表面积和纳米结构，对污染物去除非常有效，但是高成本和生成副产物的不便限制了其使用，生物质炭可作为碳纳米管的载体，与未涂层生物质炭相比，杂化多壁碳纳米管涂层生物质炭具有更高的表面积、孔隙率和热稳定性（Inyang et al，2014）。在碳纳米管-生物质炭复合材料的生产过程中添加表面活性剂可以使碳纳米管对生物污染物的吸附能力进一步提高，这是因为碳纳米管在生物质炭上具有出色的分散性和分布表面。尽管随着碳纳米管负载量的增加，碳纳米管包覆的生物质炭的表面积减小，但是通过化学气相沉积引入官能团能增强铜吸附。碳纳米管-生物质炭复合材料的表面上有更多的酸官能团，这些官能团很容易与金属离子相互作用，并形成稳定的形式将其固定在复合材料表面。碳纳米管-生物质炭的合成过程简单且廉价，因此，碳纳米管-生物质炭纳米复合材料是用于从水性体系中去除染料和有机污染物的有前途的、廉价的吸附剂材料（Rajapaksha et al，2016）。石墨烯因其特殊的二维结构和独特的性能（如机械强度、表面积、导热率和导电率）而受到关注。与碳纳米管相似，难以分离和回收以进行再利用限制了石墨烯在水和废水处理中的广泛应用。为了克服这些缺点，合成了石墨烯覆盖颗粒的复合材料，生物质炭是用作石墨烯载体的良好候选之一。石墨烯涂层生物质炭对染料的吸附增强，其较高的表面积和孔体积可能是吸附增加的主要原因。此外，石墨烯片与芳香有机污染物之间的 $\pi-\pi$ 键有助于增加吸附量（Rajapaksha et al，2016）。

1.5.3   矿物氧化物浸渍

蒙脱土、菱锰矿和高岭石等最常用的黏土矿物以及氧化铁是低成本的吸附剂。生物质炭-黏土复合材料中，生物质炭起着良好的多孔结构的作用，以支撑并控制黏土细颗粒在基体内的分布。$AlCl_3$ 预处理的生物质的热解产生了具有坚固的互连三维生物质炭网络的生物质炭/ $AlOOH$ 复合材料，在这个过程中生物质炭网络阻止了粒子聚集，并在 C 表面上形成了形态均匀，分布均匀的纳米 $AlOOH$（Rajapaksha et al，2016）。将生物质原料浸入 $MgCl_2$ 溶液中，并经 N_2 流下热解能合成 MgO-生物质炭。直接使用富含金属元素的生物质是生产富含金属的生物质炭的另一种创新方法。将生物质预先浸泡在 $MnCl_2 \cdot 4H_2O$ 溶液中并随后进行热解，得到 Mn 氧化物改性的生物质炭，而热解后通过沉淀将生物质炭与水钠锰矿浸渍能生产水钠锰矿改性的生物质炭（Rajapaksha et al，2016）。据报道，不同相的锰氧化物（MnO_x）的复合物对重金属和磷酸盐具有很强的结合能力。因此，可以尝试将 MnO_x 和生物质炭的优势结合到功能增强的新型工程生物质炭复合材料中。通过在高温下生物质炭进行 $KMnO_4$ 改性，能制备 MnO_x 负载生物质炭。向生物质炭中添加 $KMnO_4$ 极大地改变了生物质炭的表面积和孔体积，观察到表面积显著下降，而随着 $KMnO_4$ 负载的增加，平均孔径增加。MnO_x-生物质炭复合材料的这些结构变化可能是由于纳米孔结构的破坏以及在强氧化剂 $KMnO_4$ 的作用下，纳米孔向中/大孔的变形所致。浸有锰的生物质炭比未处理的生物质炭具有更低的表面积。负载 MnO_x 的生物质炭复合材料中的大多数表面氧以 Mn-O 和 Mn-OH 的形式结合到 Mn。蒙脱石和高岭石改性的生物质炭显著提高了生物质炭的铝和铁含量。相比之下，MnO_x-生物质炭复合材料的表面 O 含量显著高于未改性生物质炭的表面 O 含量(Rajapaksha et al, 2016)。生物质前体的黏土预处理不会影响生物质炭的热稳定性，相反，随着碳纳米管的引入，生物质炭表现出更高的热稳定性，这可能是由于碳纳米管表面碳纳米管的涂层所致。氧化锰改性生物质炭比未改性生物质炭具有更高的热稳定性，这是由于加热过程中锰氧化物的转变所致。富含镁的植物组织合成的镁生物质炭纳米复合材料是水性介质中磷的强吸附剂，Mg-生物质炭复合材料的表面具有更多的 $MgO/Mg(OH)_2$，$MgOH_2$ 和 MgO 的零电荷点高于 12，因此 Mg-生物质炭复合材料的表面在大多数酸性天然水溶液中可能带正电，这有助于带负电的 P 与生物质炭表面之间的静电相互作用(Zhang et al, 2012)。

1.5.4 磁改性

生物质炭往往难以从水性基质中分离出来，磁性生物质炭吸附剂能促进处理过程后生物质炭颗粒的更好分离。由于生物质炭的表面大部分带负电，因此，阴离子污染物的吸附相对较低(Mukherjee et al, 2011)。通过化学共沉淀 Fe^{3+}/Fe^{2+} 制备的磁性生物质炭的表面积小于非磁性生物质炭，而磁性生物质炭的平均孔径大于非磁性生物质炭，这可能是因为磁性生物质炭中含有大量的氧化铁，这些氧化铁具有较小的表面积和丰富的介孔。磁性生物质炭的混合吸附特性有助于同时有效去除有机污染物和磷酸盐。通过热裂解 $FeCl_3$ 处理的生物质所得的工程化生物质炭具有胶体或纳米级 $\gamma-Fe_2O_3$ 颗粒嵌入多孔生物质炭基质中，因此具有出色的铁磁性能，可以通过磁分离法容易地分离和收集使用后的生物质炭(Rajapaksha et al, 2016)。

张玉虎教授团队利用简单的酸碱联合浸渍以及磁性化方法对稻草衍生生物质炭进行改性，制备了改性的磁性生物质炭，并以四环素为目标污染物，研究了改性磁性生物质炭对水环境中四环素的吸附行为。结果发现，不同的改性方法会对生物质炭的性能产生显著影响；吸附过程涉及的机理主要是氢键和孔填充效应。吸附不受 pH 和大部分离子的影响。吸附剂具有强大的吸附能力，稳定的吸附性能，良好的再生和磁回收功能，为水环境中抗生素去除和农业废弃物稻草资源处置提供一条思路(Dai et al, 2020)。

1.5.5 改性磁性生物质炭对水体中抗生素的吸附研究实例

四环素（TC）作为新兴抗生素污染物，由于药物滥用而释放到环境中，它很难降解且生成毒性更高的副产物，其残留物对动物和人类健康构成严重威胁。目前，已经开发了许多去除四环素水溶液的技术，例如吸附、光解、化学氧化。其中，吸附是一种具有优势成本效益的方法。由于生物质材料种类繁多，可实现水修复、碳固存和废物再利用的三赢效果，生物质炭比许多其他吸附剂具有低成本优势，而生物质炭的吸附性能很大程度取决于其原料和制备工艺。

稻草作为一种常见的农业废料，其在田间焚烧很容易造成二次污染和资源浪费。如今，稻草经常被用来生产生物质炭，但是由于孔隙率和官能团的限制，未加工的生物质炭对四环素的吸附能力很差。一些表面改性的策略可以提高生物质炭吸附能力。据报道，用氧化锰改性的稻草衍生生物质炭可以增强 Pb(II) 离子的吸附能力。H_3PO_4 修饰增强了 TC 在稻草衍生的生物质炭上的吸附（Chen et al, 2018）。通过共沉淀法制备的磁性稻草衍生生物质炭显示出高效的 Cd(II) 吸附能力（Tan et al, 2016）。但是，这些单一的改性稻草衍生的生物质炭吸附剂的吸附能力仍然很有限，此外，二次污染的风险，即氮和磷从生物质炭泄漏到水中也鲜有考虑。通常，稻草生物质炭中的大多数无机盐，例如钙、镁、锰、铁和铝的氧化物和盐，都可以被酸去除，形成可溶离子（Zhou et al, 2014）。此外，生物质炭通常包含大量的硅和灰分，可通过浓热碱溶液将其去除（Wang et al, 2018）。从理论上讲，孔隙率、表面积和表面官能团会随着这些物质的去除而增加。根据先前的研究，增加的孔隙率、表面积和官能团将提高生物质炭的吸附能力。因此，基于稻草衍生生物质炭的特性，一种简单的方法，即对生物质炭进行碱酸联合改性，可能是提高吸附能力的一种有前途的方法。此外，生物质炭吸附的污染物也很可能从吸附剂中释放到水中。因此，其有效的分离和再循环可能是一个挑战，磁性改性方法为吸附剂的回收问题和污染物的进一步处理提供了解决方案，并且负载的磁性颗粒不会显著改变污染物的亲和力。尽管我们对磁性修饰后生物质炭的特性、污染物吸附能力和吸附机理影响的理解仍在发展，但对负载的磁性颗粒对吸附的影响的理解知之甚少。虽然酸碱改性用于增强生物质炭的吸附能力，但单独的酸、碱以及磁改性以及联合改性对生物质炭特性、污染物的吸附能力和吸附机理尚不清楚。

（1）制备和分析方法

原始生物质炭（RBC）在磁化之前需要先用酸和碱进行改性。生物质炭的制备和吸附机制如图 1-21 所示。通常，稻草衍生的生物质炭（RBC）是通过在 N_2 环境下 300℃ 的温度下缓慢热解 1h 而制备。改性生物质炭（SABC）是通过浸渍法制备

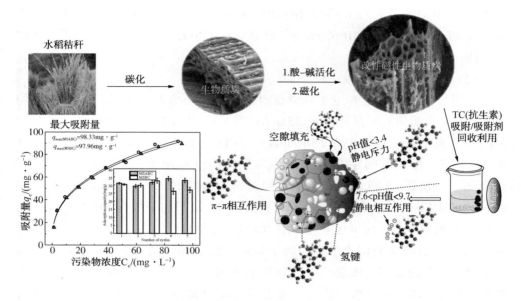

图 1-21 生物质炭的制备和吸附机制

的，首先将生物质炭在 90℃下用氢氧化钠（2mol/L）在水浴搅拌下浸渍 2h，然后在 10~15℃下用冰醋酸处理 2h。磁性生物质炭（MSABC）通过在碳材料上共沉淀亚铁盐和铁盐的方法合成的，与以前的研究方法不同，将 Fe^{2+}/Fe^{3+} 的比例调整为 1。简而言之，将 2.60g $FeSO_4 \cdot 7H_2O$ 和 2.53g $FeCl_3 \cdot 6H_2O$ 分别溶于 50mL 去离子水中，将其混合并剧烈搅拌，然后将 2.5g SABC 浸入 Fe^{2+}/Fe^{3+} 溶液中，在 60℃下缓慢搅拌 30min。然后冷却至 40℃，然后向悬浮液中逐滴加入 5mol/L NaOH，直到 pH 值达到 10~11。将得到的悬浮液连续搅拌 1h，然后静置过夜。过滤后，将黑色沉淀物用去离子水和乙醇冲洗。最后，使用强磁体收集固体颗粒，并在 105℃下干燥 24h。为了探究磁性颗粒负载量对吸附行为的影响，还合成了几种具有不同磁性颗粒负载量的样品，并记录为 MSABC-x（x 表示生物质炭与 Fe^{3+}/Fe^{2+} 的数量比）。为探究不同酸对吸附容量的影响，制备了单独的酸（乙酸、磷酸和硝酸）改性生物质炭（ABC、PBC 和 NBC）。通常，将 5.0g 的 BC 分别添加到 40mL 的酸中，并剧烈搅拌 2h，过滤后，将三个生物质炭样品用去离子水洗涤，并在 105℃下干燥 24h。还合成了氢氧化钠改性生物质炭（SBC），磁性改性生物质炭（MBC）和碱改性磁性生物质炭（MSBC）。

使用元素分析仪（Vario EL Ⅲ 元素分析仪，德国）测定样品的元素组成（C、H、S、O 和 N）。在 77K 下，通过 N_2 吸附/解吸法（ASAP2460 物理吸附仪）测量表面积、孔体积和孔径分布。零电荷点（pH_{pzc}）根据已报道的 pH 漂移方法测定的。用 X 射线衍射仪（日本 D/MAX-2500）分析晶体结构和相组成特征。用扫描电子显微镜(日本日立 SEM)配备 HORIBA EX-350 EDS 检测器观察表面形态和组成。以 FT-IR(Nicolet FTIR 6700, 美国)在 $4000 \sim 400cm^{-1}$ 的光谱范围内鉴定表面官能团。

（2）吸附实验方法

使用批量吸附对所有生物质炭吸附剂进行四环素吸附实验。所有实验均添加 30mg 生物质炭样品于装有 25ml TC 溶液的 100ml 锥形瓶中(未调节初始 pH 值)，置于往复摇床中以 150r/min 在 298K 震荡。动力学研究设置 50mg/L 的 TC 溶液，振荡时间 120min，然后定期将溶液从振荡器中取出以进行 TC 浓度测量。设置 10 到 200mg/L 的不同初始 TC 浓度构建吸附等温线。通过用 0.1mol/L HCl 和 NaOH 将 TC 溶液调节在 $2 \sim 11$ 范围内来探究 pH 值对吸附的影响。分别以 $0 \sim 0.1mol/L$ 的 NaCl、$CaCl_2$、KNO_3、NH_4Cl、KH_2PO_4 和 Na_2SO_4 配制 TC 溶液探究阳离子和阴离子对吸附的影响。通过将 30mg 吸附剂与 25ml TC 污染的真实废水混合，进行生物质炭吸附剂在实际自来水和河水水样中的吸附实验(从河水中获得，无需过滤即可制备 TC 溶液)。通过将吸附了 TC 的生物质炭吸附剂添加到 0.5mol/L NaOH 溶液中，在 353K 下搅拌 1h 加热实现 TC 从生物质炭上的脱附，然后用去离子水代替，再搅拌 1h 以完全脱附。将再生的生物质炭样品洗涤，干燥并用于下一次吸附实验。在实验中，使用紫外可见分光光度计(UV-1901PC，上海)在 357nm 波长下测量所有样品的残留四环素浓度。

使用式(1-2)计算在时间 t(q_t, $mg \cdot g^{-1}$)生物质炭对四环素吸附量。

$$q_t = \frac{(C_0 - C_t) \times V}{m} \qquad (1-2)$$

其中 $C_0(mg \cdot L^{-1})$ 和 $C_t(mg \cdot L^{-1})$ 分别是 t(min)时的初始四环素浓度和四环素浓度。另外，$m(g)$ 和 $V(L)$ 分别代表生物质炭的质量和反应溶液的体积。

在吸附动力学实验中，使用伪一阶模型(1-3)，伪二阶模型(1-4)，粒子内扩散模型(1-5)和 Bangham 扩散模型(1-6)拟合数据。

$$q_t = q_e(1 - e^{-k_1 t}) \qquad (1-3)$$

$$q_t = \frac{K_2 q_e^2 t}{1 + k_2 q_e t} \qquad (1-4)$$

$$q_t = k_i t^{\frac{1}{2}} + I \qquad (1-5)$$

$$\lg q_t = \frac{1}{m}\lg t + \lg k \qquad (1-6)$$

其中，k_1（min^{-1}）和 k_2（$\mathrm{g \cdot mg^{-1} \, h^{-1}}$）分别是伪一级模型和伪二级模型的速率常数，$k_i$（$\mathrm{mg \cdot g^{-1} \, h^{-1/2}}$）是粒子内扩散模型的常数。另外，$q_e$（$\mathrm{mg \cdot g^{-1}}$）是平衡时的吸附能力，$I$ 是反映边界层厚度的程度的截距。m 和 k：由 $\lg q_t$ 与 $\lg t$ 的关系图确定的常数。

以吸附等温线的数据拟合 Langmuir（1-7）、Freundlich（1-8）、Temkin（1-9）和 BET 模型（1-10）：

$$q_e = q_m k_L c_e / (1 + k_L c_e) \qquad (1-7)$$

$$q_e = K_f c_e^n \qquad (1-8)$$

$$q_e = \frac{RT}{b_T} \ln(k_T c_e) \qquad (1-9)$$

$$\frac{c_e}{(c_s - c_e) q_e} = \frac{1}{q_m k_b} + \frac{c_e (k_b - 1)}{q_m k_b c_s} \qquad (1-10)$$

其中 c_e（$\mathrm{mg/L}$）是溶液相的四环素浓度，K_L（$\mathrm{L/mg}$）是 Langmuir 吸附系数，q_m（$\mathrm{mg/g}$）是吸附容量，K_f（$\mathrm{mg^{1-n} \, L^n/g}$）和 n 分别是 Freundlich 方程中的吸附系数和非线性系数。另外，k_T（$\mathrm{L/mg}$）是与最大结合能相对应的 Temkin 常数。此外，T（K）和 R［$\mathrm{8.314 J/(mol \cdot K)}$］分别是绝对温度和气体常数，而求解 Temkin 方程后获得的 b_T，c_s 是溶质的饱和浓度（$\mathrm{mg/L}$），K_b 是 BET 常数。

评估生物质炭样品在水中对 N 和 P 释放风险以及去除能力。吸附实验，使用 NH_4Cl、KNO_3 和 KH_2PO_4 制备 NH_4^+、NO_3^- 和 PO_4^{3-} 溶液，初始浓度分别设置为 $20\mathrm{mg/L}$、$100\mathrm{mg/L}$ 和 $100\mathrm{mg/L}$。生物质炭添加量为 $30\mathrm{mg}$，在 298 K 下震荡 $25\mathrm{ml}$ 溶液 $120\mathrm{min}$ 后检测 NH_4^+、NO_3^- 和 PO_4^{3-} 的浓度。吸附后，通过将吸附饱和的加入 $25\mathrm{ml}$ 去离子水中进行脱附实验，释放实验是在与解吸实验相同的条件下进行的，分别测定 NH_4^+、NO_3^- 和 PO_4^{3-} 的浓度。

（3）改性对生物质炭的影响

有机污染物在吸附剂上的吸附受到吸附剂表面性质的影响。理解吸附剂的表面性质将有助于了解吸附动力学及其机理。据报道，生物质炭的表面性质在很大程度上取决于原料以及热解和后处理工艺（Liu et al, 2018）。

SEM 图像表明，在原始生物质炭 RBC 中发现光滑的表面和许多规则的空心通道，并且孔主要集中在微孔和中孔的范围内（<4nm）。用乙酸改性后，生物质炭的光滑表面被腐蚀，空心通道的结构似乎破碎成一些不规则的碎片。在碱改性的生物质炭上观察到大量孔，这也可以通过 N_2 吸附-脱附分析来证实。为了更好地研究改性过程后表面积和孔隙率变化，使用 BJH 和 BET

方法分析了生物质炭样品的结构特征。Barrett-Joyner-Halenda（BJH）是一种基于物理吸附平衡等温线计算孔径分布的方法。Brunauer-Emmett-Teller 理论（BET）是估算比表面积的常用方法，可将 Langmuir 单层分子吸附模型扩展到多层。结果表明，SBC 的 BET 表面积（115.5 m²/g）大于 BC（28.13 m²/g）和 ABC（43.74 m²/g）的 BET 表面积。至于 BJH 孔体积，生物质炭样品的结果相似，SBC（0.19cm³/g）> ABC（0.04cm³/g）> BC（0.03cm³/g）（表 1-7）。BJH 孔体积和 BET 表面积的变化可能源于杂质的去除。XRD 和元素组成分析的结果也可以证实这一点。生物质炭样品中的 C 含量与 BJH 和 BET 分析结果相似，SBC（68.28%）> ABC（53.12%）> BC（48.13%），而 O 含量却相反。在 O/C 和 H/C 中观察到相似的结果，表明 NaOH 改性后生物质炭样品的疏水性增加。磁性修饰后，大量立方磁性颗粒不均匀地附着在 MSBC 和 MSABC 的表面上，孔结构被部分堵塞，这可能有助于生物质炭样品的结构稳定性。EDS 谱图显示了主要的三个组成元素 C、O 和 Fe 在 MSBC 和 MSABC 上的分布，这进一步表明成功制备了磁性生物质炭复合材料。MSBC 和 MSABC 的 C 和 O 含量低于 SBC，这可能归因于 Fe 的引入。通常，由于 Fe_2O_3 或 Fe_3O_4 颗粒覆盖了孔，磁化改性后 BC 的总孔体积可能会减少。但是，在这项研究中获得了相反的结果，这可能是由于生物质炭表面特定区域上的磁性颗粒部分聚集，从而导致了更多孔的形成。由于 TC 分子的尺寸小（< 1.27nm），因此生物质炭吸附剂可能适用于 TC 吸附。FITR 光谱说明了鉴定表面官能团，这是影响生物质炭材料吸附污染物的重要因素。对于所有生物质炭样品，峰位于 $3340 \sim 3450cm^{-1}$、$1599cm^{-1}$、$1403cm^{-1}$、$1073cm^{-1}$ 对应于-OH，芳族 C═C，CH_2 和 C—O—C 基团的拉伸振动。在改性生物质炭上未观察到有机官能团 C—O—C，表明改性能除去一些含氧官能团。MBC、MSBC 和 MSABC 光谱中 $595cm^{-1}$ 处的相对较宽的峰分别源于 Fe_3O_4 中 Fe—O 的振动，Fe—O、C═O、C═C 和 O—H 的能带证实了磁纳米颗粒和生物质炭的成功结合。XRD 分析以表征生物质炭样品的晶体结构和相组成特征。在 RBC，ABC 和 SBC 的结构中，在 20.8°、26.6°和 50.2°处的衍射峰可以识别为石英，在 MBC、MSBC 和 MSABC 的 26.6°处的相同衍射峰处也观察到石英的存在。在 RBC 和 SBC 的结构中，29.4°、35.9°、39.4°、43.1°、47.5°、48.5°的弱峰与 $CaCO_3$ 的存在有关。然而，在 ABC 的结构上未发现 $CaCO_3$ 的峰，表明乙酸改性后 $CaCO_3$ 被去除。30.04°、35.44°、62.5°处的主要宽峰证实了 MBC、MSBC 和 MSABC 中存在结晶 Fe_3O_4。而峰集中在 30.2°和 43.2°处主要是源于 MSBC 和 MSABC 中存在 γ-Fe_2O_3。生物质炭样品的 SEM 如图 1-22 所示。

表 1-7 生物质炭样品的元素和孔隙率特征

材料	元素分析/(wt%)										孔隙特征			
	C	H	N	S	O	Fe	O/C	H/C	C/N	(O+N)/C	BJH 孔距/nm	BJH 孔体积/(cm³/g)	BET 比表面积/(m²/g)	平均粒径/nm
RBC	48.13	1.53	1.00	0.383	48.96	—	1.02	0.032	48.06	1.04	9.452	0.03125	28.1317	213.288
ABC	53.12	1.57	0.99	0.245	44.07	—	0.83	0.030	53.28	0.85	6.286	0.04176	43.7422	137.167
SBC	68.28	1.66	1.43	0.161	28.47	—	0.42	0.024	47.81	0.44	7.695	0.19143	115.494	51.9507
MBC	32.80	1.88	0.52	0.099	27.14	37.56	0.83	0.057	63.08	0.84	8.186	0.33444	185.278	32.3837
MSBC	40.91	1.78	0.68	0.114	22.89	33.63	0.56	0.044	60.16	0.58	8.697	0.31061	165.424	36.2704
MSABC	43.49	1.74	0.73	0.099	24.30	29.64	0.56	0.04	59.57	0.57	9.504	0.31019	140.078	42.8333

图 1-22　生物质炭样品的 SEM

注：（a, b）RBC；（c, d, e）ABC；（f, i, j）SBC；（g, h, k）MSBC；（l, m, n）MSABC 和
EDS-mapping；（o）MSBC；（p）MSABC

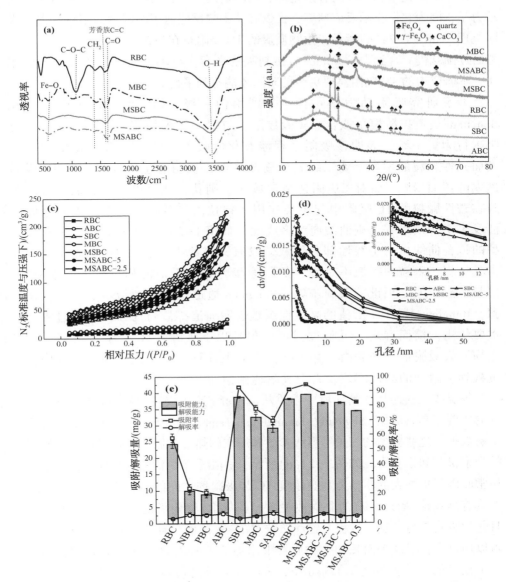

图1-23　（a）原始生物质炭和几种改性生物质炭的FT-IR光谱；（b）XRD图谱；

（c）和（d）77K的 N_2 吸附–解吸等温线和孔径分布曲线；

（e）改性方法对生物质炭吸附–解吸能力的影响

（4）改性生物质炭对四环素的吸附

快速吸附速率和高吸附容量是理想吸附剂的关键特性。因此，必须考虑吸附动力学，因为它们指示反应速率，提供有关影响反应速率的因素的信息并揭示吸附机理。如图1-24（a）所示，生物质炭的TC吸附量在最初的20min内迅速上升，然后逐渐减慢，直到大约60min后达到吸附平衡，与表1-7所示的先前研究相比，本研究中的TC吸附需要更少的时间才能达到平衡。

为了研究吸附动力学特性，分别用伪一级、伪二级、粒子内扩散和Bangham通道扩散模型拟合了实验数据。与拟一级模型相比，拟二级模型与吸附行为更一致，表明该吸附过程涉及化学吸附。结果表明，随着MSABC表面磁性颗粒的增加，伪二级q_e值逐渐降低，说明过量磁性颗粒对TC吸附速率的负面影响。而对于吸附速率常数k_2，则获得相反的结果，表明快速吸附在磁性颗粒的TC吸附中起主要作用。颗粒内扩散模型表明，如果吸附中涉及多个传质过程，则曲线应为多线性。如图1-24（b）所示，颗粒内扩散模型的拟合曲线由三个线性部分组成，没有穿过原点，表明TC吸附是一个多步骤过程，颗粒内扩散不是唯一的限速步骤。由于k_1的相对较大的参数值，薄膜扩散可能是关键的限制步骤。Bangham通道扩散模型指示实际的限速步骤，Bangham模型的R^2值的高线性系数表明通道扩散行为在此吸附过程中起重要作用。简而言之，吸附过程可以包括以下步骤：TC分子从液相迁移到生物质炭吸附剂的外表面，并继续在表面上迁移，直到进入颗粒的孔中，并负载到吸附剂的活性部位，直至吸附达到饱和。

等温线是描述和预测环境中物质从流动相（液相或气相）向固相转移的迁移性的主要工具。应用Langmuir、Freundlich、Temkin和BET等温线模型拟合吸附平衡数据。这些模型的相关等温线参数和潜在的热力学假设通常可以指示吸附剂的吸附机理和亲和力。如图1-24（d）所示，q_e值随着C_e值的增加而逐渐增加，这通常归因于更强大的驱动力和高浓度TC与吸附剂之间的接触面积。Langmuir模型具有高系数（$R^2 > 0.9$）的非线性关系，表明TC吸附可能是单层分子吸附，并且化学吸附参与了这一过程。磁性颗粒对TC吸附的负面影响再次得到证实，这可以通过在相对高表面积的生物质炭中添加低表面积的Fe_3O_4和堵塞孔来解释。BET模型的相关系数高于Langmuir，表明吸附可能是多层形成。Freundlich模型的实验数据拟合良好（$R^2 > 0.95$），表明该过程也涉及物理吸附。就磁性粒子对吸附的影响而言，结果类似于Langmuir模型。Langmuir模型的关键参数n与吸附位点的不均匀程度有关。在这项研究中，所有n值均<1，改性磁性生物质炭样品的n值低至0.33~0.37，这表明TC溶液中的异质性很高。如图1-24（e）所示，获得了Temkin模型的拟合优度，表明涉及化学吸附，并且强大的分子间力在TC吸

附过程中起着至关重要的作用。然而，作为反映化学相互作用的指数，b_T 值相对较低，表明化学吸附可能不仅是该过程的主要机制。RBC、MSBC 和 MSABC-x 在 298K 下，TC 的吸附动力学和等温线参数如表 1-8 所示。用于 TC 吸附的吸附剂吸附性能比较如表 1-9 所示。

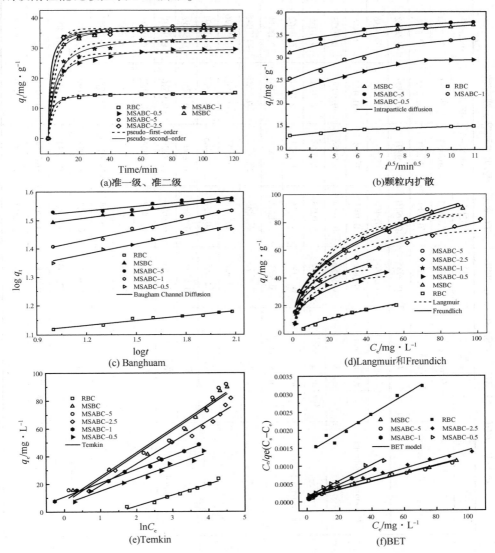

图 1-24　改性生物质炭对四环素的吸附

注：在初始 TC 浓度 50mg/L，298K 条件下，RBC、MSBC 和 MSABC-x 拟一阶图和拟二阶
（a）颗粒内扩散（b）Bangham（c）的吸附动力学拟合；298K 下 Langmuir 和 Freundlich
（d）Temkin（e）BET（f）TC 的吸附等温线拟合。

表 1-8　RBC, MSBC 和 MSABC-x 在 298K 下, TC 的吸附动力学和等温线参数

		参数	RBC	MSBC	MSABC-5	MSABC-2.5	MSABC-1	MSABC-0.5
动力学模型	Pseudo-first-order	$q_e/(mg \cdot g^{-1})$	14.572	35.815	36.454	35.474	32.046	28.371
		$k_1/(min^{-1})$	0.221	0.190	0.250	0.277	0.134	0.137
		R^2	0.9935	0.9910	0.9891	0.9909	0.9712	0.9518
	Pseudo-second-order	$q_e/(mg \cdot g^{-1})$	15.067	37.400	37.666	36.467	34.436	30.347
		$k_2/(g \cdot mg^{-1} min^{-1})$	0.041	0.012	0.018	0.023	0.007	0.083
		R^2	0.9986	0.9987	0.9958	0.9959	0.9923	0.9971
	Intra-particle diffusion	$k_1/(mg/g \cdot min^{0.5})$	2.0277	5.0253	3.2663	1.9166	7.1055	6.2150
		$k_2/(mg/g \cdot min^{0.5})$	0.5935	3.4225	2.2321	2.8746	6.9962	4.9936
		$k_3/(mg/g \cdot min^{0.5})$	0.973	2.1241	1.5828	0.6210	3.0044	0.2448
		I_1	9.4775	22.288	27.7550	30.0536	12.7045	11.5151
		I_2	12.928	26.418	30.6987	27.6542	12.9296	14.6039
		I_3	12.885	30.054	32.5485	34.9334	24.2791	27.7107
		R_1^2	0.9334	0.9963	0.8691	0.9756	0.9459	0.9855
		R_2^2	0.9853	0.8696	0.8220	0.9646	0.9001	0.9875
		R_3^2	0.9858	0.9482	0.8946	0.9862	0.9996	0.8599
	Bangham	m	18.534	13.696	19.3328	22.3143	8.2303	8.7459
		k	11.689	26.388	29.6156	29.6731	19.2751	17.5714
		R^2	0.9501	0.9602	0.9081	0.9190	0.9748	0.9680
等温线模型	Langmuir	$q_m/(mg \cdot g^{-1})$	37.803	97.962	98.334	83.641	50.401	46.219
		$K_L/(L \cdot mg^{-1})$	0.0205	0.0706	0.0754	0.0753	0.2342	0.1483
		R^2	0.9919	0.9431	0.9276	0.9330	0.9765	0.9599

等温线模型	参数	RBC	MSBC	MSABC-5	MSABC-2.5	MSABC-1	MSABC-0.5
Freundlich	$K_f/(mg^{1-n} \cdot L^n \cdot g^{-1})$	1.5180	17.582	18.0107	15.9660	14.3176	10.8694
	n	0.6511	0.3659	0.3654	0.3491	0.3379	0.3593
	R^2	0.9770	0.9943	0.9968	0.9800	0.9621	0.9569
Temkin	b_T	314.08	143.03	143.15	158.83	250.71	267.79
	$K_T/(L \cdot mg^{-1})$	0.2285	1.4628	1.5895	1.2404	3.0159	1.8564
	R^2	0.9702	0.9649	0.9592	0.9656	0.9939	0.9732
BET	K_b	20.522	90.940	93.015	84.019	225.36	150.462
	q_m	35.684	88.228	89.718	76.811	50.082	44.814
	R^2	0.9702	0.9874	0.9829	0.9861	0.9954	0.9848

表 1-9　用于 TC 吸附的吸附剂吸附性能比较

改性生物质炭	$q_m/(mg \cdot g^{-1})$	Adsorption conditions	$C_0/(mg \cdot L^{-1})$	Reference
MSBC	97.962	1.2g/L; 60min; 25℃;	10~200	This work
MSABC	98.334	1.2g/L; 60min; 25℃;	10~200	This work
RBC	37.803	1.2g/L; 60min; 25℃;	10~200	This work
苜蓿生物质炭	372	0.1g/L; 5d; 25℃; pH5	10~100	(Jang & Kan, 2019)
火炬松衍生活化生物质炭	274.8	0.1g/L; 7d; 20℃; pH6	10~100	(Jang et al., 2018)
废弃鸡毛衍生多层石墨烯相生物炭	388.33	0.2~1.2g/L; 1h; 30℃; pH7	50~150	(Li et al., 2017)
黏土生物质炭复合材料	77.962	2g/L; 6h; 25℃; pH7~8	0.25~250	(Premarathna et al., 2019)
废咖啡渣衍生生物质炭	39.22	1g/L; 24h; 25℃; pH7	10~100	(Nguyen et al., 2019)
含铁活性污泥基吸附剂	87.87	2g/L; 8h; 25℃; pH6	5~150	(Yang et al., 2016)
水热炭衍生磁性多孔炭	25.44	1g/L; 5d; 25℃;	5~80	(Zhu et al., 2014a)
稻草衍生 600~生物质炭	13.27	3g/L; 24h; 25℃;	0.5~32	(Wang et al., 2018a)
稻草衍生磷酸改性生物质炭	552.0	216h; 25℃; pH9	30~200	(Chen et al., 2018)

（5）生物质炭性质和吸附性能的关系

生物质炭材料的特性极大地影响了 TC 的吸附行为。为了进一步了解生物质炭样品的特性与吸附容量之间的关系，将 K_f 值（由于从吸附等温线获取 R^2 相对较高）与性质[H/C，O/C，(O + N)/C，BET 表面积，BJH 孔体积和平均尺寸]建立相关关系。如图 1-25 所示，K_f 值随 O/C，(O + N)/C 原子比和平均粒子的变化呈线性下降，而 K_f 值随表面的面积、总孔体积变化呈线性增长。最重要的是，在极性和 K_f 之间发现相对较高的相关性（$R^2 > 0.75$），这表明极性官能团可能会抑制 TC 吸附，这是由于氢键和疏水相互作用导致形成更大、更稠密的水分子。k_f 值与 BET 表面积，BJH 孔体积之间的相关性可以通过 TC 分子与吸附剂之间的尺寸排阻来解释。有趣的是，获得了 k_f 值与平均颗粒之间的高线性相关性，但是，K_f 值与 H/C 之间的线性关系很低（$R^2 = 0.0491$），这表明提高的 TC 吸附可能与 π-EDA 相互作用关系不大。然而，由于原始生物质炭样品中的羧基能充当 π-受体，EDA 相互作用可能会发生。

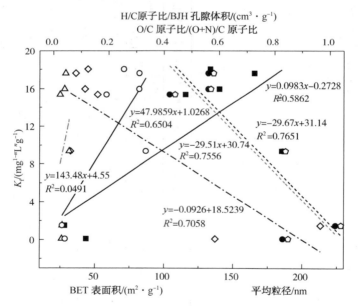

图 1-25　Freundlich 吸附能力（K_f）与 BET 表面积、BJH 孔体积、平均粒径、
H/C、O/C(O + N)/C 生物质炭样品原子比之间的相关性

（6）溶液 pH 值对吸附的影响

pH 值不仅会影响被吸附物的溶解度，还会改变吸附剂的表面电荷特性，从而改变吸附剂与被吸附物之间的相互作用。通常，TC 形态受溶液 pH 值的影响，当 pH 值<3.4、3.4 <pH 值<7.6、7.6 <pH 值<9.7 和 pH 值> 9.7 时，TC 分别为

H_4TC^+、H_3TC、H_2TC^- 和 HTC^{2-}。MSABC、MSBC 和 RBC 的 pH_{PZC} 值为 7.82、9.37 和 9.47。当溶液的 pH 值 <pH_{PZC} 值时，吸附剂带正电荷，相反，吸附剂获得负电荷。pH 值为 2~3 或 10~11 的溶液中 TC 的吸附被显著抑制，这是由于 TC 物种与吸附剂带电表面之间的强静电排斥。随着 pH 值从 2 增加到 7，q_e 值由于静电排斥力的降低而略有增加。对于 MSBC 和 RBC，pH 值为 8~9 时较高的 q_e 值可能归因于静电相互作用。还发现 pH 值对吸附的影响趋势不显著，表明其他吸附机理可能在该过程中起关键作用。通常，合成生物质炭吸附剂可以在宽 pH 值下保持稳定吸附能力。溶液的 pH 对生物质炭吸附四环素的影响如图 1-26 所示。

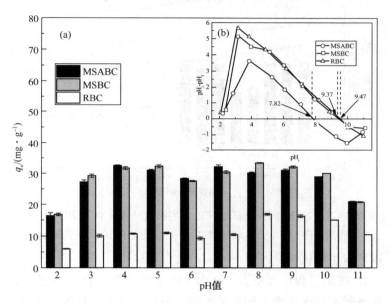

图 1-26　(a)溶液的 pH 对生物质炭吸附四环素的影响，(b)生物质炭样品 pHpzc

（7）离子强度和实际水环境对吸附的影响

探讨了离子强度和天然水对 TC 吸附的影响。NaCl、KNO_3、NH_4Cl 和 Na_2SO_4 离子对 TC 吸附的影响不明显，低浓度（0~0.02 mol/L）的盐甚至略微促进了吸附，尤其是 NaCl 的影响最为显著，这可能是由于低浓度的 Na^+ 可以改善 TC 分子的电离程度，从而导致带电的 TC 物种与生物质炭吸附剂表面之间发生强的静电相互作用。与上述盐相比，$CaCl_2$ 对 TC 吸附存在较强的抑制作用可能是由于 Ca^{2+} 与生物质炭吸附剂之间的静电相互作用引起的。另一方面，Ca^{2+} 可能与 TC 竞争表面羟基，导致吸附剂表面的吸附位减少。另外，在阴离子和离子共存的溶液中观察到最低的吸附容量，表明存在对 TC 吸附的协同抑制作用。实际废水中广泛存在一些阴离子，例如 Cl^-、NO_3^-、SO_4^{2-}、PO_4^{3-}，还研究了阴离子、自来水和河水对 TC 吸附的影响。结果表明，Cl^-、NO_3^-、SO_4^{2-} 对 TC 吸附的影响不显著，而 PO_4^{3-} 对吸附的抑制作用则相对显著。这可能是由于以下原因造成的：由于 MSABC 与 PO_4^{3-} 之间的强静电相互作用，与 TC 相比，许多 PO_4^{3-} 更易于吸附到 MSABC 上，因此活性位点被 PO_4^{3-} 占据。此外，生物质炭吸附剂可以在自来水和河水中保持较高的吸附能力，这表明该吸附剂可能是净化实际污水的有前途的材料。298K 条件下(a)盐浓度对生物质炭样品 TC 吸附的影响；(b)离子强度和天然水对 MSABC 生物质炭上 TC 吸附的影响如图 1-27 所示。

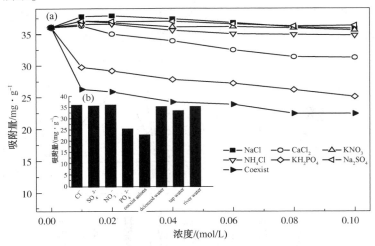

图 1-27　298K 条件下(a)盐浓度对生物质炭样品 TC 吸附的影响；
(b)离子强度和天然水对 MSABC 生物质炭上 TC 吸附的影响

（8）四环素去除机制

通常，TC 吸附过程可概括为一个多步骤过程，涉及 TC 从吸附剂的液相转移到固相，在吸附剂的内外表面和孔中扩散，最后牢固地负载到吸附剂上。优异的 TC 吸附性能归因于物理吸附和化学吸附。基于合适的孔径分布，物理吸附以孔隙填充作用为主，这有助于 TC 扩散到吸附剂的内表面。至于化学吸附相互作用，基于极性和 K_f 之间的高度相关性，氢键力被认为是 TC 吸附的重要驱动力。吸附剂中的磁性氧化铁和含氧官能团可通过表面络合捕获四环素。同时，由于生物质炭吸附剂中存在石墨结构和芳环，强烈的 π-π 堆积相互作用和阳离子-π 相互作用可能有助于吸附。

（9）生物质炭对氮和磷的吸附-解吸和释放

研究了生物质炭吸附剂在应用中氮和磷释放风险（图 1-28a）。显然，所有生物质炭样品均能释放 NH_4^+、NO_3^- 和 PO_4^{3-}。NH_4^+ 的释放范围为 0.50mg/g（MSABC）至 0.85mg/g（RBC）。从四个生物质炭样品中释放的 PO_4^{3-} 和 NO_3^- 的趋势与 NH_4^+ 的释放相似。NO_3^- 的释放范围为 3.63mg/g 至 4.84mg/g。PO_4^{3-} 的释放

范围为 0.01mg/g 至 0.26mg/g。这些结果表明，在水中使用生物质炭可能会成为氮污染的来源。改性减少了稻草生物质炭中氮和磷的释放，然而，一些研究表明，改性可以扩大原始生物质炭的孔径，这可以帮助氮和磷从生物质炭内部释放（Luo et al, 2019）。这项研究的结果似乎与以前的研究不一致。可以推断，在改性过程中，增大的孔径可能会导致生物质炭中 NH_4^+ 和 NO_3^- 释放增加。PO_4^{3-} 释放的减少可能归因于灰分的去除，在这个过程中导致 P 释放。

研究了三种生物质炭样品对 NH_4^+、NO_3^- 和 PO_4^{3-} 的吸附。PO_4^{3-} 和 NO_3^- 可以有效地吸附而不会发生明显的脱附，去除量为 75.23mg/g（RBC）至 83.33mg/g（MSABC）。此外，改性生物质炭显示出比原始生物质炭更高的 PO_4^{3-} 去除量。生物质炭对 NH_4^+ 的吸附与 NO_3^- 和 PO_4^{3-} 不同，NH_4^+ 的吸附量非常低（<2.5mg/g）。根据先前的研究，发现表面基团有助于 NH_4^+ 的吸附，通过 HNO_3/NaOH 修饰而增加的原始生物质炭的官能团可增强 NH_4^+ 的吸附。在这项研究中，类似的改性不能增强生物质炭对 NH_4^+ 和 NO_3^- 的吸附能力，这一发现表明官能团和表面积对于生物质炭样品上的 NH_4^+ 和 NO_3^- 的吸附贡献可能并不重要。合理解释是，由于静电排斥，只有很少的 NH_4^+ 被吸附。在本研究中，改性不能改变原始生物质炭的表面电荷。到目前为止，可以假定静电吸引可能是去除 PO_4^{3-} 的主要原因。简而言之，需要进行进一步的研究以更好地了解改性生物质炭在水中去除和释放 N 和 P 的机理。

（10）吸附剂的循环使用潜力

可重复使用性与吸附剂的成本效益密切相关，是吸附剂开发过程中的关键指标。再生过程可通过在后续处置过程中回收污染物来降低二次污染风险。如图 1-28（b）所示，MSABC 和 MSBC 仍保持稳定的吸附能力，并且经过 5 个循环后 TC 的去除率仍高达 69%。有趣的是，经过三个循环后，观察到了更高的吸附容

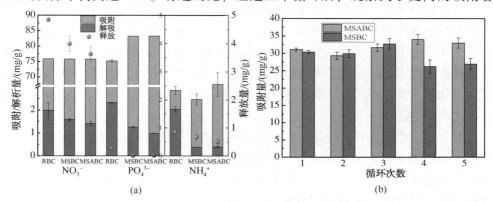

图 1-28　RBC、MSBC 和 MSABC 对 N 和 P 的吸附-解吸和释放（a）；
MSBC 和 MSABC 的可重用性测试（b）

量，在以前的研究中也发生了类似的现象，该现象可以通过在 NaOH 再生期间形成更多的孔结构来解释。简而言之，优异的稳定性和可重复使用性赋予了生物质炭吸附剂巨大的实际应用潜力。

1.6 生物质炭的应用前景

生物质炭资源广泛，具有绿色且可持续发展的特点。在全球资源日益匮乏、环境污染问题日趋严重的今天，利用含碳量高的生物质废弃物原料制备生物质炭不仅避免了环境污染并可生成新的能源，是一种废物资源化的良好途径。因此，制定行业或专业性制炭、用炭、测炭标准及分析方法和评价体系就成为未来生物质炭相关研究的必然选择。目前国内外对生物质炭的研究还处于起步阶段，当前生物质炭的研究前景及有待解决的问题主要存在以下几个方面（孙红文，2013）。

1.6.1 农业应用领域

使用生物质炭进行土壤改良可实现以下目标：①改善土壤养分供应、土壤物理性质，特别是水关系或植物-微生物相互作用，从而提高作物生产力；②土壤补救。生物质炭在特定土壤中的潜在价值首先与其特性有关，这些特性也可以通过添加堆肥或粪肥等其他有机物加以解决。然而，并不是所有的土壤环境问题都可以用生物质炭来解决，如果土壤性质不限制生产力，土壤非常肥沃，那么添加生物质炭很可能不会提高作物产量。生物质炭因其生产材料和生产条件的不同而具有不同的特性，这也影响了它们对土壤改良的效用。

从不同的角度、用不同的方式去制备生物质炭，可能为以非常有效的方式设计某些目标生物质炭提供了可能。例如，用同一原料生产的生物质炭的 pH 值可能小于 4 或大于 12，它有可能被用于缓解 pH 值过高或过低的问题，从而影响到土壤最大生产力。因此，需要进行分类以区分不同种类的生物质炭，甚至可能需要谨慎地制定具有不同特性的生物质炭的不同子集的命名法，可以促进与利益相关者之间的沟通。

对于土壤改良，它可能是由生物质炭系统的特征决定的。如果主要目标是封存碳，则添加生物质炭对肥沃的土壤或获得足够养分和水的土壤可能没有好处。生物质炭也可用作燃料，如果不能实现土壤效益，其能源收益可以更大程度地减少温室气体排放（Gaunt et al，2008；Woolf et al.，2010）。事实上，可能需要减少土壤温室气体排放量或增加植物种植，才能使生物质炭系统的排放平衡比用作木炭燃料的生物质炭效益更好（Roberts et al，2010；Woolf et al.，2010）。

生物质炭具有独特的物理化学特性，施入土壤后，会对土壤的理化性质产生显著影响，主要包括土壤容重、持水性、pH 值、团聚体、CEC、养分含量等指标(闫双娇，2018)。虽然生物质炭的施用对土壤环境功能(改善土壤结构和理化性质、提高土壤利用效率并增加肥效、实现固碳减排等)有多方面的积极作用，但大量、长期施用生物质炭可能存在的环境风险、生物质炭长期效果、碳汇稳定性和生态效应还不完全清楚，生物质炭对土壤和农业生态系统环境功能影响的机理目前还缺乏系统全面的研究；生物质炭基肥料的效果改善研究还处于起步阶段，且目前的研究还停留在室内模拟与小规模的田间理论研究阶段，后续生物质炭农业应用研究需要加强。

1.6.2　环境修复领域

从生物质炭温室气体排放角度看，有必要将生物质炭管理视为一种系统，而不是一种材料。生物质炭的矿化程度低于其生物质原料，这减少了系统的 CO_2 排放量，是生物质炭减缓气候变化的关键。CO_2 捕获是由植物通过光合作用实现的，无论是森林还是分解的作物垃圾都被用来生产生物质炭，极大地改变了碳平衡(Whitman et al，2010)。不仅碳平衡，整个系统中产生或减少的排放量决定了生命周期内温室气体的收支，包括土壤或分解的生物量以及运输、基础设施、间接土地利用变化等排放的 N_2O 或 CH_4。与其他缓解办法相比，技术或理论潜力在全球范围内是巨大的(Woolf et al.，2010)，然而实际缓解取决于环境可持续性、社会接受程度、技术执行情况和经济竞争力。

生物质炭作为生物质热解产物，一方面能实现固体废弃物的处置与资源化利用，减少固废污染；另一方面因其特殊的理化性能，在水体污染治理、烟气净化和污染土壤修复方面有巨大的应用潜力。生物质炭及其复合材料被广泛应用于吸附环境中无机污染物(如重金属、F 等)和有机污染物(如染料、石油烃、农药、抗生素等)。对重金属的吸附机理主要有静电吸附作用、离子交换作用、表面矿物组分的吸附作用、阳离子-π 作用、表面官能团的作用和沉淀作用(吕宏虹等，2015)。

废物管理是生物质炭系统的一个共同切入点，在经济方面往往要求使用以低甚至负成本处置的材料，有时甚至在单一地点产生。在没有地方处置的情况下，生物质废弃物(例如庭院废物、动物肥料)必须以其他方式远距离运输，而生产生物质炭可能是一种有前途的替代方法。特别是在努力关闭城市和农村地区之间的营养和碳循环的情况下，长距离的交通运输提高了经济成本，生物质炭技术能否提供一种替代方法仍有待观察。此外，适当管理有机废物可通过以下方式间接帮助缓解气候变化：①减少填埋场的 CH_4 排放量；②减少工业能源的使用以及回收和减少废物所产生的排放；③从废物中回收能源；④由于对原始纸张的需求减少，加强森林中的 C 固存；⑤减少用于远距离运输废物的能源（Ackerman，2000）。生物质炭系统原理如图1-29所示。

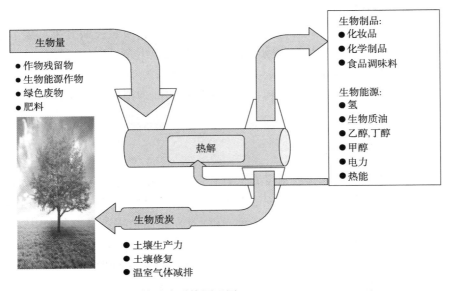

图1-29　生物质炭系统原理图（Lehmann & Joseph, 2009）

1.6.3　能源应用领域

生物质炭作为一种新型的能源材料，有利于实现能源多元化，减少对化石燃料的依赖性并减少传统化石能源带来的环境污染。虽然生物质炭基燃料有着优良的性能和广阔的应用前景，但由于现有的胶黏剂及其成型工艺难以满足成型燃料较高的成型能力、较好的机械强度及低生产成本的要求，因此能够作为高附加值商品化的成型生物质炭燃料还较少，未来生物质炭成型燃料研究工作的重点应是选择和开发具有高黏结性、低成本、环保性能好的胶黏剂以及对成型工艺的优化。而对于生物质炭在燃料电池方面的研究还处于起步摸索阶段，需要进一步地深入和加强。

20世纪初，除某部分液体燃料外，热解是生产甲醇、丙酮或乙酸的唯一技术（Goldstein，2017）。热解是一种公认的、长期存在的生产能源的技术。除了热能外，热解还能产生各种高价值的液体和气态能源载体。此外，还可以生产从食品调味品到农用化学品、化肥、化妆品、医药、黏合剂等一系列产品。

在大多数情况下，优先考虑能源或其他非固体产品将成为生物质炭生产的一种权衡。然而，从生命周期的角度来看，最大限度地利用能源可能比权衡土壤健康和环境效益与能源发电更可取。从理论上讲，通过在土壤中添加生物质炭来确定热解生物能源项目中土壤肥力的优先次序，从而确保生产基地的安全；从长远来看，将会最大限度地利用生物量获得更大的能源收益。

生物能源本身可能无法在有限的生物质资源下满足日益增长的全球能源需求（Kraxner et al，2013；Pogson et al，2012；Smeets et al，2007），但它可能对未来的能源解决方案做出重大贡献（Dornburg et al，2010），并可能在液体或气态燃料和生物制品的生产方面具有竞争力。特别是热解可能证明有能力解决因原料种类不同而造成的各种生物能源方法的制约因素，无论是在不同的地点还是在一年的不同时间，它在接受多种有机材料方面具有多种用途。

与燃烧技术类似，热解技术可以在不同的规模上运行，从炉灶到个别家庭做饭或加热，到生产液体燃料的大型生物能源装置。为了实现不同的目标，具体的技术解决方案需要有很大的差异。单个热解反应器的规模上限很可能仍然小于生物质燃烧或化石燃料转化技术的上限。这可能意味着，由于这个原因，热解也可能最好用于分布式能源的发展。

1.6.4　功能材料应用领域

现阶段关于生物质炭在固体酸催化剂和电极材料方面的应用只是涉及生物质炭的催化性、可再生性和导电性，这只是生物质炭在功能材料领域应用的一个开端。今后的研究要开发新的生物质炭基固体酸制备技术，加强生物质炭在工业硅冶炼领域的研究，并开发多功能的生物质炭。例如，改善生物质炭的导电性、赋予生物质炭光敏性或磁场响应性，拓宽其在功能材料领域的应用范围，为生物质废弃物资源化利用提供一个新的途径。生物质炭应用前景如图1-30所示。

近年来，生物质炭相关科学越来越受到关注，相关研究的出版物数量预计在不久将来还会进一步增加。尽管目前的科学产出很高，而且到目前为止已有许多关于生物质炭的信息，但几个关键的知识差距只能随着时间的推移才能被填补。特别值得注意的是，现在缺乏确定适合于解决某些土壤制约因素的生物质炭类型的决策工具。虽然只有在考虑到所有或至少大多数可能的生物质炭特性和应用的较成熟的科学状态下才能提供一个全面的工具，但目前已经可以通过确定那些已得到充分研究的生物质炭和生物质炭系统达到有用的程度。目前正在制定分析框架，以评估生物质炭的材料特性和系统效益。科学研究需要认真规划，将经测试的生物质炭应用与全球科学界可获得的标准生物质炭进行有效比较（Jeffery et al，2015）。堆肥应用的替代办法可能不是单独应用生物质炭，而是将生物质炭与堆肥或无机肥料一起使用。一方面，生物质炭对土壤温室气体排放影响的系统比较只有与考虑生物质转化为生物质炭的未热解生物质的应用相比较才能成功。另一

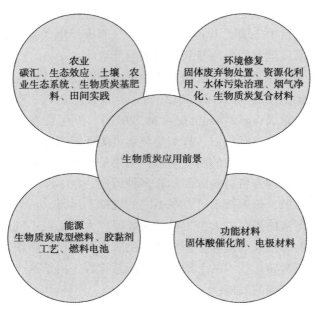

图 1-30　生物质炭应用前景

方面，关于生物质炭如何影响土壤温室气体排放的机制见解只能通过相同质量或 C 基础上的比较来获得（Cayuela et al，2013；Joseph et al，2013；Rajkovich et al.，2012）。生物质炭之间的随机变化往往无法提供必要的参数空间来确定生物质炭对土壤过程的影响机制（Rajkovich et al.，2012）。

尽管科学研究的数量显著增加，但可能需要通过在执行规模上进行试验来弥补相关知识差距，特别是在环境影响和温室气体排放的生命周期评价、经济评价和生产技术方面。

由于生物质炭产品种类繁多，要求生产者遵守最佳管理做法以及提供安全产品的伦理和生物物理标准。监管框架必须到位，既要提供激励，也要指出限制。只有经过理性和深思熟虑的讨论才能保证生物质炭系统以可持续的方式发展。

存在的重要问题是，是否只有一个动机或切入点（废物管理、减缓气候变化和养分污染、能源生成、土壤改良）还是需要两种甚至四种价值流为生物质炭系统的可持续运作带来必要的社会和财政惠益。例如，仅仅减少温室气体排放是否在财政上是可行的或在社会上是可以接受的，反过来，即使温室气体排放量没有减少甚至增加，土壤改良是否为社会所接受；如果有几个切入点必须创造价值，那么有多少价值值得研究和开发；此外，不同价值流之间可能存在权衡：更大的生物质炭生产首先可能减少能源的产生（Jeffery et al，2015），接着是土壤得到充分改善，使生物量和原料产量增加。许多类似的问题必须得到回答，才能更大规模地开发生物质炭系统。

参 考 文 献

[1] Ackerman F. Waste management and climate change[J]. Local Environment, 2000, 5.

[2] Acma H, Yaman S. Effect of the heating rate on the morphology of the pyrolytic char from hazelnut shell[J]. International Journal of Green Energy, 2009, 6: 508−511.

[3] Aller M F. Biochar properties: transport, fate, and impact[J]. C R C Critical Reviews in Environmental Control, 2016, 46(14−15): 1183−1296.

[4] Ascough P L, Bird M I, Francis S M, et al. Variability in oxidative degradation of charcoal: Influence of production conditions and environmental exposure[J]. Geochimica Et Cosmochimica Acta, 2011, 75(9): 2361−2378.

[5] Azargohar R, Nanda S, Kozinski J, et al. Effects of temperature on the physicochemical characteristics of fast pyrolysis bio−chars derived from Canadian waste biomass[J]. Fuel, 2014, 125: 90−100.

[6] Borchard N, Prost K, Kautz T, et al. Sorption of copper (II) and sulphate to different biochars before and after composting with farmyard manure[J]. European Journal of Soil Science, 2012, 63 (3): 0−0.

[7] Brewer C, Schmidt−Rohr K, Satrio J, et al. Characterization of biochar from fast pyrolysis and gasification systems[J]. Environmental Progress & Sustainable Energy, 2009, 28: 386−396.

[8] Bruun E W, Ambus P, Egsgaard H, et al. Effects of slow and fast pyrolysis biochar on soil C and N turnover dynamics[J]. Soil Biology and Biochemistry, 2012, 46: 73−79.

[9] Cantrell K B, Ii J H M. Stochastic state−space temperature regulation of biochar production. Part II: Application to manure processing via pyrolysis [J]. J Sci Food Agric, 2012, 92 (3): 490−495.

[10] Cayuela M L, Sánchez−Monedero M A, Roig A, et al. Biochar and denitrification in soils: when, how much and why does biochar reduce N_2O emissions? [J]. Scientific Reports, 2013, 3: 1732.

[11] Chen Z, Chen B, Zhou D, et al. Bisolute sorption and thermodynamic behavior of organic pollutants to biomass−derived biochars at two pyrolytic temperatures[J]. Environmental Science & Technology, 2012, 46(22): 12476.

[12] Crombie K, Ma Ek O E, Sohi S P, et al. The effect of pyrolysis conditions on biochar stability as determined by three methods[J]. Global Change Biology Bioenergy, 2013, 5(2): 122−131.

[13] Dai J, Meng X, Zhang Y, et al. Effects of modification and magnetization of rice straw derived biochar on adsorption of tetracycline from water [J]. Bioresource Technology, 2020, 311: 123455.

[14] Dempster D N, Gleeson D B, Solaiman Z M, et al. Decreased soil microbial biomass and nitrogenmineralisation with Eucalyptus biochar addition to a coarse textured soil[J]. Plant & Soil,

2012, 354(1-2): 311-324.

[15] Ding Y, Liu Y X, Wu W X, et al. Evaluation of biochar effects on nitrogen retention and leaching in multi-layered soil columns[J]. Water Air & Soil Pollution, 2010, 213(1-4): 47-55.

[16] Dornburg V, Vuuren D, Ven G, et al. Bioenergy revisited: Key factors in global potentials of bioenergy[J]. Energy & Environmental Science 3 (2010) 3, 2010.

[17] Duvall, M. , Sohi, et al. Biochar-root interactions are mediated by biochar nutrient content and impacts on soil nutrient availability. [J]. European Journal of Soil Science, 2014.

[18] Gaskin J W, Steiner C, Harris K, et al. Effect of low-temperature pyrolysis conditions on biochar for agricultural use[J]. Transactions of the Asabe, 2008, 51(6): 2061-2069.

[19] Gaunt J L, Lehmann J. Energy balance and emissions associated with biochar sequestration and pyrolysis bioenergy production [J]. Environmental Science & Technology, 2008, 42 (11): 4152-4158.

[20] Goldstein I S. Organic chemicals from biomass[J]. Organic Chemicals from Biomass, 2017.

[21] Harris D. Characteristics of chars prepared from various pulverized coals at different temperatures using drop-tube furnace[J]. Energy & Fuels, 2000, 14(4): 869-876.

[22] Hathaway B, Honda M, Kittelson D, et al. Steam gasification of plant biomass using molten carbonate salts[J]. Energy, 2013, 49: 211-217.

[23] Hina K, Bishop P, Arbestain M C, et al. Producing biochars with enhanced surface activity through alkaline pretreatment of feedstocks[J]. Australian Journal of Soil Research, 2010, 48 (7): 606.

[24] Ippolito J A, Novak J M, Busscher W J, et al. Switchgrass biochar affects two aridisols [J]. Journal of Environmental Quality, 2012, 41(4): 1123.

[25] Ippolito J A, Strawn D G, Scheckel K G, et al. Macroscopic and molecular investigations of copper sorption by a steam-activated biochar[J]. Journal of Environmental Quality, 2012, 41 (4): 1150.

[26] Jamieson T, Sager E, Gueguen C. Characterization of biochar-derived dissolved organic matter using UV - visible absorption and excitation - emission fluorescence spectroscopies [J]. Chemosphere, 2013, 103.

[27] Joseph S, Graber E R, Chia C, et al. Shifting paradigms: development of high-efficiency biochar fertilizers based on nano-structures and soluble components[J]. Carbon Management, 2013, 4 (3): 323-343.

[28] Jr M, Grønli M. The art, science, and technology of charcoal production[J]. Industrial & Engineering Chemistry Research, 2003, 42: 1619-1640.

[29] Kammann C, Ratering S, Eckhardt C, et al. Biochar and hydrochar effects on greenhouse gas (carbon dioxide, nitrous oxide, and methane) fluxes from soils[J]. Journal of environmental quality, 2012, 41: 1052-1066.

[30] Keiluweit M, Nico P, Johnson M, et al. Dynamic molecular structure of plant biomass-derived

black carbon (biochar)[J]. Environmental science & technology, 2010, 44: 1247-1253.

[31] Kim K H, Kim J, Cho T, et al. Influence of pyrolysis temperature on physicochemical properties of biochar obtained from the fast pyrolysis of pitch pine (Pinus rigida)[J]. Bioresource technology, 2012, 118: 158-162.

[32] Kleber M. Dynamic molecular structure of plant biomass – derived black carbon (biochar) [J]. Environmental Science & Technology, 2010, 44(4): 1247-1253.

[33] Kloss S, Zehetner F, Dellantonio A, et al. Characterization of slow pyrolysis biochars: effects of feedstocks and pyrolysis temperature on biochar properties[J]. Journal of Environmental Quality, 2012, 41.

[34] Kraxner F, Nordström E, Havlík P, et al. Global bioenergy scenarios – Future forest development, land-use implications, and trade-offs[J]. Biomass and Bioenergy, 2013.

[35] Lehmann J, Joseph S. Biochar for environmental management (science, technology and implementation) [J], 2015, 10.4324/9780203762264.

[36] Lehmann J, Joseph S. Biochar for environment management science and technology[M], 2009.

[37] Lehmann J, Rillig M C, Thies J, et al. Biochar effects on soil biota – A review[J]. Soil Biology and Biochemistry, 2011, 43(9): 1812-1836.

[38] Ling – Ping, Xiao, Zheng – Jun, et al. Hydrothermal carbonization of lignocellulosic bioma [J]. Bioresource Technology, 2012.

[39] Liu X, Mao P, Li L, et al. Impact of biochar application on yield-scaled greenhouse gas intensity: A meta-analysis[J]. Science of The Total Environment, 2019, 656: 969-976.

[40] Luo Y, Durenkamp M, De Nobili M, et al. Short term soil priming effects and themineralisation of biochar following its incorporation to soils of different pH[J]. Soil Biology & Biochemistry, 2011, 43(11): 2304-2314.

[41] Mcbeath A V, Smernik R J, Schneider M P W, et al. Determination of the aromaticity and the degree of aromatic condensation of a thermosequence of wood charcoal usingnmR[J]. Organic Geochemistry, 2011, 42(10): 1194-1202.

[42] minori U, Cantrell K B, Hunt P G, et al. Retention of heavy metals in a typic kandiudult amended with different manure – based biochars [J]. Journal of Environmental Quality, 2012, 41 (4): 1138.

[43] Moss R P. Thoughts about soil[J]. Nature, 1967, 214(5091): 951-952.

[44] Nelissen V, Rütting T, Huygens D, et al. Maize biochars accelerate short-term soil nitrogen dynamics in a loamy sand soil[J]. Soil Biology & Biochemistry, 2012, 55: 20-27.

[45] Novak J, Lima I, Xing B, et al. Characterization of designer biochar produced at different temperatures and their effects on a loamy sand[J]. United States Department of Agriculture, Agricultural Research Service, Coastal Plains Research Laboratory, Florence, South Carolina, 29501, United States Department of Agriculture, Agriculture Research Service, Southern Regional Research Center, New Orleans, Louisiana, 70124, Plant, Soil and Insect Sciences Department, U-

niversity of Massachusetts, Amherst, Massachusetts, 01003, Biological and Agricultural Engineering Department, University of Georgia, Athens, Georgia, 30602, Interdisciplinary Energy and Environmental Program, North Carolina Agricultural & Technological State University, Greensboro, North Carolina, 27411, United States Department of Agriculture, Agricultural Research Service, James P. Campbell Natural Resource Research Center, Watkinsville, Georgia, 30677, USA, 2009, 3.

[46] Pogson M, Hastings A, Smith P. How does bioenergy compare with other land−based renewable energy sources globally? [J]. Global Change Biology Bioenergy, 2012, 5(5): 513.

[47] Quilliam R S, Marsden K A, Gertler C, et al. Nutrient dynamics, microbial growth and weed emergence in biochar amended soil are influenced by time since application and reapplication rate [J]. Agriculture Ecosystems & Environment, 2012, 158(1): 192−199.

[48] Rajkovich S, Enders A, Hanley K, et al. Corn growth and nitrogen nutrition after additions of biochars with varying properties to a temperate soil[J]. Biology & Fertility of Soils, 2012, 48 (3): 271−284.

[49] Roberts K G, Gloy B A, Joseph S, et al. Life cycle assessment of biochar systems: estimating the energetic, economic, and climate change potential[J]. Environmental Science & Technology, 2010, 44(2): 827−833.

[50] Rousset P, Figueiredo C, De Souza M, et al. Pressure effect on the quality of eucalyptus wood charcoal for the steel industry: A statistical analysis approach[J]. fuel processing technology, 2011, 92(10): 1890−1897.

[51] Sarkhot D V, Berhe A A, Ghezzehei T A. Impact of biochar enriched with dairy manure effluent on carbon and nitrogen dynamics[J]. Journal of Environmental Quality, 2012, 41(4).

[52] Schmidt−Rohr K. Abundant and stable char residues in soils: implications for soil fertility and carbon sequestration[J]. Environmental Science & Technology, 2012, 46(17): 9571−9576.

[53] Sharma R K, Wooten J B, Baliga V L. Characterization of chars from pyrolysis of lignin [J]. Fuel, 2004, 83(11/12): 1469−1482.

[54] Sheth P N, Babu B V. Experimental studies on producer gas generation from wood waste in a downdraft biomass gasifier[J]. Bioresource Technology, 2009, 100(12): 3127−3133.

[55] Smeets E M W, Faaij A P C, Lewandowski I M, et al. A bottom−up assessment and review of global bio−energy potentials to 2050[J]. Progress in Energy & Combustion Science, 2007, 33 (1): 56−106.

[56] Spokas K, Cantrell K, Novak J, et al. Biochar: a synthesis of its agronomic impact beyond carbon sequestration[J]. Journal of environmental quality, 2011, 41: 973−989.

[57] Spokas, A K. Review of the stability of biochar in soils: predictability of O: C molar ratios [J]. Carbon Management, 2010, 1(2): 289−303.

[58] Sun Y, Gao B, Yao Y, et al. Effects of feedstock type, production method, and pyrolysis temperature on biochar and hydrochar properties[J]. Chemical Engineering Journal, 2014, 240:

574-578.

[59] Taghizadeh-Toosi A, Clough T J, Sherlock R R, et al. Biochar adsorbed ammonia is bioavailable [J]. Plant & Soil, 2012, 350(1-2): 57-69.

[60] Whitman T, Scholz S M, Lehmann J. Biochar projects for mitigating climate change: an investigation of critical methodology issues for carbon accounting[J]. Carbon Management, 2010, 1 (1): 89-107.

[61] Woolf D, Amonette J E, Street-Perrott F A, et al. Sustainable biochar to mitigate global climate change[J]. Nature Communications, 2010, 1(1).

[62] Xiao X, Chen B, Zhu L. Transformation, morphology, and dissolution of silicon and carbon in rice straw-derived biochars under different pyrolytic temperatures[J]. Environmental science & technology, 2014, 48.

[63] Ying-Shuian, Shen, And, et al. Removal of hexavalent Cr by coconut coir and derived chars - The effect of surface functionality[J]. Bioresource Technology, 2012.

[64] Yuan J H, Xu R, Zhang H. The forms of alkalis in the biochar produced from crop residues at different temperatures[J]. Bioresource Technology, 2011, 102(3): 3488-3497.

[65] Yun L, Munroe P, Joseph S, et al. Water extractable organic carbon in untreated and chemical treated biochars[J]. Chemosphere, 2012, 87(2): 151-157.

[66] 陈汉平. 温度对棉秆热解多联产过程中产物特性的影响[J]. 中国电机工程学报, 2012, 032(17): 117-124.

[67] 丛宏斌, 姚宗路, 赵立欣等. 内加热连续式生物质炭化中试设备炭化温度优化试验[J]. 农业工程学报, 2015, 31(016): 235-240.

[68] 崔喜彬, 李志合, 李永军等. 下降管式生物质快速热解实验装置设计与实验[J]. 农业机械学报, 2011, 42(1): 113-116.

[69] 戴中民. 生物质炭对酸化土壤的改良效应与生物化学机理研究[D]. 杭州: 浙江大学, 2017.

[70] 何绪生, 耿增超, 佘雕等. 生物质炭生产与农用的意义及国内外动态[J]. 农业工程学报, 2011, 27(02): 1-7.

[71] 侯国军. 水稻秸秆生物质炭输入对稻田土壤固碳减排效应研究[D]. 北京: 首都师范大学, 2017.

[72] 侯建伟, 索全义, 梁桓等. 炭化条件对黑沙蒿生物质炭产率的影响[J]. 西北农林科技大学学报(自然科学版), 2015, 43(1): 169-174.

[73] 黄睿, 胡建杭, 王华等. 升温速率对成型生物质热解过程的影响[J]. 西北农林科技大学学报: 自然科学版, 2014, 42(12): 91-96.

[74] 黄玉莹, 袁兴中, 李辉等. 稻草的水热碳化研究[J]. 环境工程学报, 2013, 7(5): 1963-1968.

[75] 姬登祥, 高明辉, 于凤文等. 熔融ZnCl_2-KCl作用下生物质热裂解制生物燃料[J]. 太阳能学报, 2015, (03): 125-129.

[76] 简敏菲，高凯芳，余厚平．不同裂解温度对水稻秸秆制备生物质炭及其特性的影响[J]．环境科学学报，2016，v.36(05)：246-254.

[77] 孔露露，周启星．新制备生物质炭的特性表征及其对石油烃污染土壤的吸附效果[J]．环境工程学报，2015，009(5)：2462-2468.

[78] 李飞跃，汪建飞，谢越等．热解温度对生物质炭碳保留量及稳定性的影响[J]．农业工程学报，2015，000(4)：266-271.

[79] 李金文，顾凯，唐朝生等．生物质炭对土体物理化学性质影响的研究进展[J]．浙江大学学报(工学版)，2018，(1)：206.

[80] 李力，陆宇超，刘娅等．玉米秸秆生物质炭对Cd(Ⅱ)的吸附机理研究[J]．农业环境科学学报，2012，031(11)：2277-2283.

[81] 李玉姣．生物质炭及其复合材料的制备及应用性能研究[D]．长春：吉林大学，2015.

[82] 林珈羽，童仕唐．生物质炭的制备及其性能研究[J]．环境科学与技术，2015，38(12)：54-58.

[83] 刘国成．生物质炭对水体和土壤环境中重金属铅的固持[D]．青岛：中国海洋大学，2014.

[84] 刘璇．热解技术用于人粪污泥资源化处理的研究[D]．北京：北京科技大学，2015.

[85] 吕宏虹，宫艳艳，唐景春等．生物质炭及其复合材料的制备与应用研究进展[J]．农业环境科学学报，2015，34(08)：1429-1440.

[86] 马元庚．介绍一种移动式炭化炉[J]．生物质化学工程，1993，000(4)：24-26.

[87] 孙红文．生物质炭与环境[M]：化学工业出版社，2013.

[88] 孙克静，张海荣，唐景春．不同生物质原料水热生物质炭特性的研究[J]．农业环境科学学报，2014，33(11)：2260-2265.

[89] 孙莉莉．不同粒径生物质炭对水溶液中阿特拉津和铅的吸附行为研究[D]．长春：东北农业大学，2019.

[90] 万益琴，王应宽，林向阳等．微波裂解海藻快速制取生物燃油的试验[J]．农业工程学报，2010，(1)：309-314.

[91] 王群．生物质源和制备温度对生物质炭构效的影响[D]．上海：上海交通大学，2013.

[92] 王晓丹．生物质碳材料制备及性能研究[D]．济南：山东建筑大学，2018.

[93] 王雅君，李姗姗，姚宗路等．生物质炭生产工艺与还田效果研究进展[J]．现代化工，2017，(05)：23-26.

[94] 韦思业．不同生物质原料和制备温度对生物质炭物理化学特征的影响[D]．广州：中国科学院大学(中国科学院广州地球化学研究所)，2017.

[95] 吴伟祥，孙雪，董达等．生物质炭土壤环境效应[M]：科学出版社，2015.

[96] 肖然．生物质炭的制备及其对养分保留和重金属钝化的潜力研究[D]．陕西：西北农林科技大学，2017.

[97] 续晓云．生物质炭对无机污染物的吸附转化机制研究[D]．上海：上海交通大学，2015.

[98] 闫双娇．制备条件对秸秆生物质炭理化性质和稳定性的影响[D]．沈阳：沈阳农业大

学，2018.

[99] 杨广西．生物质炭的化学改性及其对铜的吸附研究［D］．合肥：中国科学技术大学，2014.

[100] 于红梅，张红，王中贤等．热管式生物质气化炉反应过程的理论分析［J］．南京工业大学学报(自科版)，2006，(6)：86-89.

[101] 余厚平．不同裂解温度对水稻秸秆制备生物质炭及其特性的影响［J］．环境科学学报，2016，v.36(5)：246-254.

[102] 袁艳文，田宜水，赵立欣等．卧式连续生物质炭炭化设备研制［J］．农业工程学报，2014，30(13)：203-210.

[103] 张杰．秸秆、木质素及生物质炭对土壤有机碳氮和微生物多样性的影响［D］．北京：中国农业科学院，2015.

[104] 张向前，侯国军，张玉虎等．不同产地水稻秸秆制备生物质炭结构特征及其理化性质［J］．环境工程，2017，035(9)：122-126.

[105] 郑庆福，王永和，孙月光等．不同物料和炭化方式制备生物质炭结构性质的 FTIR 研究［J］．Spectroscopy & Spectral Analysis，2014，34(4)：962.

第2章 ▶ 生物质炭对土壤理化性质的影响

　　随着社会的发展和工业化的进程加快，各种不合理的高强度人类活动引发了严重的土壤退化问题，这已经严重威胁了农业的可持续化发展和人类的生存环境。能否提高土地质量，抑制土壤退化趋势，治理已经退化的土壤，已成为制约农业经济可持续发展的重要因素。土壤退化（soil degradation）是指在各种自然或者人为因素影响下，土壤质量大幅度下降，从而导致其原有的能够满足工农业生产和对生态环境宏观调控的能力减弱甚至丧失，这种变化一般会同时发生在物理层面、化学层面和微生物层面。发生了土壤退化现象的土壤，其各种功能都会降低，比如农业生产、建设建筑、休闲娱乐等（Blum，1997）。由于土壤圈、水圈和大气圈是一个有机的整体，因此土壤退化（图 2-1）不仅会降低土壤的数量和质量，从而降低土壤生产力，还会引起水质和大气质量的下降，甚至直接影响生态平衡。土壤退化的主要危害有：

图 2-1　土壤退化

①降低土地生产力和肥力，引起作物减产，直接影响国民经济；②加剧水土流失，引发多种并发自然灾害，降低对洪水的调控能力，直接影响人类的生命安全；③土壤退化会导致更多的碳排放到空气中，从而加剧了温室效应，造成全球变暖；④造成环境污染，危害人类身体健康。

　　越来越多的人注意到利用生物质炭改良土壤的理化性质的方式。生物质炭应用于土壤改良的效果得益于其自身性质（详见 1.4 节）。首先，生物质炭具有巨大的比表面积和丰富的表面官能团，使其能吸附土壤中的养分。其次，生物质炭的元素组成和化学成分使其能促进土壤团聚体的形成，补充土壤中的微量元素。最后，生物质炭不可溶且熔沸点低，性质很稳定，不易氧化和分解，能够持续发挥作用(刘凯传，2018)。生物质炭的施用会影响土壤质地、孔隙度和粒径分布，从而影响土壤容重和持水能力(李博，2017)。秸秆来源生物质炭不仅是富含 C 的有机物质，还包括 N、O、S 等多种养分元素和无机碳酸盐成分，其输入可以增加土壤有机碳含量水平，提供微生物可利用组分(Woolf et al，2010)。同时，秸秆生物质炭具有一定的离子交换能力和吸附特性，其对营养元素的吸附和截留，可以降低肥料养分的流失，提高养分利用率(Z et al，2013)。在集约化菜地生态系统中，长期过量施 N 会造成大量 NO_3^--N 积累，当灌水或降雨后，NO_3^--N 向土壤下层移动至根系活性层以下，不能被作物吸收利用从而造成氮素的淋溶损失。这样不仅降低了氮肥的利用率，而且容易污染地下水和地表水，进而影响人类健康。夏玉米生长期处于雨水较多的 7~9 月份，也是氮素淋失现象明显增强的时期，在该生长阶段施入生物质炭，生物质炭可以吸附 NH_4^+ 从而抑制 NH_4^+ 向 NO_3^- 的氧化，有效减少氮肥以 NO_3^--N 形式淋溶损失(李博，2017)。此外，生物质炭还可以通过对土壤 pH、CEC 等环境的改变，影响氮素转化过程以及提高磷素有效性(Liang et al，2006)。周桂玉等研究发现玉米秸秆炭添加可以提高草甸黑土有机碳和有效养分含量，物料类型和裂解温度可决定生物质炭的组分及特性(Yuan et al，2011)，随着裂解温度的升高，碳氮元素富集，生物质炭的脂肪性减弱，芳构化增强，表面吸附特性及孔度也发生变化(Peng et al，2009)，都会影响其对土壤养分状况的改变程度(李明等，2015)。综上所述，本章重点讨论生物质炭对土壤理化性质的影响，以及其影响机理等内容。生物质炭粒径对土体改良的影响如图 2-2 所示。

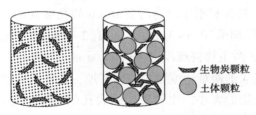

图 2-2　生物质炭粒径对土体改良的影响示意图(李金文等，2018)

2.1　生物质炭对土壤物理性质的影响

2.1.1　生物质炭对土壤孔结构的影响

添加生物质炭对土壤物理性质的影响对超临界有机物的转化至关重要。土壤颗粒本身含有一定的孔隙,沙质土壤的比表面积(SA)为 $0.01 \sim 0.1 \mathrm{m}^2/\mathrm{g}$,黏性土壤的比表面积(SA)为 $5 \sim 700 \mathrm{m}^2/\mathrm{g}$。相比之下,生物质炭显示出较高的 SA,从 0.5 到 $2200 \mathrm{m}^2/\mathrm{g}$ 随原料和热解温度的变化而变化(Han et al.,2020)。原料的矿物成分可能会阻止生物质炭多孔结构的形成。由于 SA 含量高,生物质炭的掺入有可能改善土壤的孔隙度,尤其是沙质土壤,土壤颗粒的孔径随生物质炭的添加率升高而降低(Ghidotti et al.,2016)。

土壤孔隙度对于确定水渗透到土壤中并从土壤中带走营养物质的速率至关重要。小孔可以通过毛细作用保留土壤溶液,减少淋溶。添加生物质炭后,土壤溶液中的养分由于被孔隙困住,因此较不易因灌溉或降雨而流失。此外,孔隙率的增加将增加土壤的吸附能力,潜在地导致更多的有机碳被土壤吸收和截留。生物质炭可以强烈吸附包括腐殖酸(HA)、黄腐酸(FA)、脂质和具有不同分子大小和重量的有机酸等有机碳馏分,而孔填充是生物质炭吸附有机碳的主要机制之一(Han et al.,2020)。土壤中的生物质炭吸收有机碳的量主要取决于生物质炭的孔隙度。另外,有机碳的分子大小极大地影响生物质炭对其的吸附能力。此外,吸附能力的提高将导致更多的土壤污染物被固定在土壤中,包括重金属例如 Cr、Cd、Co、Cr、Pb 和 Ni 以及有机污染物例如多环芳烃和多氯联苯(PCB),结果导致土壤污染物的生物利用度将降低,从而减轻其对微生物的毒性并提高微生物的生物量(Han et al.,2020)。

生物质炭改变土壤的孔隙度和孔径分布也会影响分解者实现潜在有机基质分解能力(A et al.,2000),且存在一个无法进入生物体的孔径的下限。细菌只能进入 $> 3 \mu\mathrm{m}$ 的毛孔,真菌和原生动物需要 $>6 \mu\mathrm{m}$ 的孔喉才能进入。因此,当土壤孔径小于微生物下限[细菌($0.3 \sim 3 \mu\mathrm{m}$),真菌($2 \sim 80 \mu\mathrm{m}$),原生动物($7 \sim 30 \mu\mathrm{m}$)和线虫($3 \sim 30 \mu\mathrm{m}$)],微生物将难以进入(Han et al.,2020)。生物质炭的孔结构还可以充当微生物定居的避难所或微生物栖息地,在孔结构的保护下,它们不被天敌掠食。根据微生物的大小,生物质炭的大孔(直径 $> 50 \mu\mathrm{m}$)可能代表了大多数受保护的微生物栖息地。

2.1.2 生物质炭对土壤团聚的影响

土壤聚集是土壤结构的基础,是土壤结构的主要成因,聚集体被认为是土壤中稳定有机碳的主要栖息地之一,因为它不仅可以物理保护有机碳免受降解,而且可以影响微生物群落结构,限制氧气扩散并减少有机碳的径流和侵蚀(Bach & Hofmockel,2015)。骨料的数量和结构稳定性的变化将影响土壤有机质的储存和组成,通常骨料稳定性的提高将导致骨料中有机碳的稳定性更高。然而,生物质炭对土壤聚集的影响仍存在争议。尽管一些研究人员在田间和实验室研究中都表明了添加生物质炭在土壤聚集中的积极作用，但没有发现聚集体形成和稳定性的改善，这些变化的结果可能是由于在质地不同的土壤中测试了不同的烧焦物质而引起的(Han et al.，2020)。通过分析不同尺寸的骨料数量和骨料的平均重量直径(MWD)的变化，以阐明生物质炭对骨料形成和稳定性的影响。生物质炭能增加大型骨料的形成(> 250μm)，特别是小的大型骨料(250～2000μm)，但略微减少了微骨料的数量(平均−7.1%)。这样的结果在预料之内，因为只要将生物质炭与小的微骨料黏合形成大的微骨料或与大的微骨料黏合形成大的骨料，就可以实现大骨料的增加。相反，仅当新形成的微团聚体的含量高于由于生物质炭胶结形成新的微团聚体和大团聚体而损失的原始大小的微团聚体时，微团聚体的数量才增加。此外，施用生物质炭后，土壤平均重量直径增加(Han et al.，2020)。此外，生物质炭类型，土壤特性和其他可能的因素(生物质炭的数量和土壤中生物质炭的孵育时间)对土壤聚集对生物质炭响应具有潜在影响。骨料与生物质炭生产的原料和热处理温度(HTT)，生物质炭添加量，持续时间(将生物质炭施用于土壤的时间)和土壤黏土含量有一定关系。小型的大型聚集体是土壤中主要的粒径部分之一，并且比大型的大型聚集体(> 2000μm)更稳定。多价金属可以增强有机物和矿物质之间的结合力，从而促进土壤聚集(Kleber & Johnson，2010)，较高含 O 的官能团生物质炭更能促进土壤凝聚，含 O 的官能团，尤其是 COOH 基团对土壤中的矿物质具有很高的反应性。因此，低温生物质炭具有较高的氧化官能团，使其更有可能与矿物质结合，因此对土壤聚集的影响更大。此外，小的宏观聚集体的形成并没有随着生物质炭添加速率的增加而增加。土壤团聚体的产生是生物活性的函数，短期和长期持续时间对土壤聚集对生物质炭添加的响应不同。在黏土含量大于 20% 的土壤中，大团聚体形成的改善更为显著，而在黏土含量小于 5% 的土壤中，这种聚集作用并不明显。总体而言，生物质炭增加了大团聚体的形成，其促进程度取决于生物质炭的生产条件、添加量、持续时间和土壤黏土含量(Han et al.，2020)。

生物质炭对土壤团聚体形成的潜在影响机制可以解释为：首先，通过与活性矿物相(例如页硅酸盐和氧化铁)和有机物结合，通过配体交换，阳离子−π 和疏水相互作用等相互作用形成生物质炭−有机物复合物，生物质炭作为一种额外的结合剂，改善现有团聚体与矿物质，有机质或微生物的结合，以产生新的微型团聚体或大型团聚体，诱导现有的微聚集体结合在一起成为宏观聚集体。其次，生物质炭可以为细菌和真菌的生长提供适当的栖息地，这种情况会产生更多的瞬态和临时黏合剂，以促进土壤团聚体的形成和稳定(Han et al.，2020)，而骨料的稳定性与黏合剂的持久性有关。此外，研究发现只有 3% 的生物质炭可被生物利用，其余 97% 的生物质炭可以稳定地生活在平均停留时间超过 500 年的土壤中。

因此，生物质炭还可以通过在土壤团聚体的形成过程中充当持久性有机黏合剂，来提高团聚体的稳定性(Wang et al.，2015)。此外，已发现生物质炭可增强土壤疏水性，土壤疏水性的改善将阻止水进入团聚体中，从而降低因水分入侵而导致的孔隙中的气压，使团聚体崩解。因此，生物质炭引起的较高的土壤疏水性也将有助于提高稳定性(Han et al.，2020)。

2.1.3 生物质炭对土壤水分的影响

土壤的保水性(soil water retention)取决于土壤孔隙的分布和连通性，而它在很大程度上受土壤粒径(纹理)、结构特征(聚集)和土壤有机质含量的限制。生物质炭高表面积也可以导致土壤持水力上升。当生物质炭加入土壤时，土壤表面积增加，对土壤微生物群落和土壤整体的吸附能力都有益，随后会提高土壤的保水性(Kolb et al，2009)。Tryon(1948)研究了生物质炭对不同质地土壤中水分的影响：在沙土中加入生物质炭会增加18%的土壤有效水，然而在肥沃的土壤中没有观察到这种现象，并且在黏质土壤中有效水含量随着生物质炭的加入而减少。有研究发现活性炭95%的毛孔的直径小于2nm，尽管生物质炭具有多孔性，但是植物可用有效水分取决于生物质炭原料和加入的土壤质地。在沙土中，存在于生物质炭微孔结构中的水和可溶的营养物质可能随着土壤变干和土壤基质增加而出现，这说明在干旱期加入生物质炭会增加土壤水的有效性。

另一方面，生物质炭会增加土壤的斥水性。土壤斥水性(soil water repellency)是指某些土壤无法被水湿润的现象。水洒在斥水土壤的表面时，水珠滞留在地表，长时间不能入渗，它们抵抗湿润的时间从数小时到数周不等。如Briggs等(2012)测量了在松林野火后的木炭颗粒的斥水性，发现在矿质土壤表面的木炭和枯枝落叶的斥水力有很大差别。水滴的渗透时间即1滴水渗透所花费的时间在前者中大于2h，在后者中却小于10s。生物质炭是如何直接或间接影响土壤斥水性能的，是一个仍然需要进行大量研究的课题(武玉等，2014)。

2.2 生物质炭对土壤化学性质的影响

2.2.1 生物质炭对土壤 pH 的影响

土壤中加入生物质炭后，土壤 pH 值将会发生变化，这与添加的生物质炭的种类与含量有关(Chintala et al，2014)。Novak 等(2009)指出把核桃壳生物质炭(pH 值为 7.3)加入到酸性土壤时，土壤的 pH 值会从 4.8 增到 6.3。同样地，

Hossain 等(2010)发现在土壤中加入来自污水污泥热解产生的生物质炭(pH 值为 8.2)也会使土壤的 pH 值从 4.3 增到 4.6。

Chintala 等(2014)研究在酸性土壤和碱性土壤中分别加入玉米秸秆、柳枝稷、松木热解产生的生物质炭,结果显示 3 种生物质炭加入酸性土壤后都会不同程度地增加土壤的 pH 值,并且随着用量的增加 pH 值呈上升趋势;而加入到碱性土壤中,并没有产生多大的影响。与生物质炭对酸性土壤的 pH 研究相比,生物质炭对碱性土壤 pH 影响的研究相对较少。通过以上研究可以看出生物质炭可以很好地调节酸性土壤的 pH 值。因此,生物质炭被认为是一种酸性土壤改良剂。生物质炭改善酸性土壤的有效性不仅取决于生物质炭本身的碱度还与生物质炭形成过程中形成的碳酸盐($MgCO_3$,$CaCO_3$)和有机酸根(—COO—)有关。碳酸盐含量随着产生生物质炭热解温度的升高而增多,而有机酸含量却在低温热解时较多(Gaskin et al,2008)。因此,中间温度热解产生的生物质炭可能是酸性土壤较好的改良剂(Hossain et al,2010;武玉等,2014)。

2.2.2　生物质炭对土壤阳离子交换量的影响

Chintala 等(2014)实验发现,生物质炭无论加入酸性土壤还是碱性土壤,都能够提高土壤的阳离子交换能力,这可能是由于生物质炭表面有很多阴离子。Hossain 等(2010)研究发现在土壤中加入生物质炭可以增加 40% 的 CEC。添加少量的生物质炭会显著提高土壤中碱性阳离子的含量,这将会提高土壤养分。Liang 等(2006)报道,随着土壤中有机质表面氧化程度的增加或者土壤表面阳离子交换位点的增加,土壤 CEC 也会增加。Glaser 等(2001)表示,芳香族碳的氧化和羧基官能团的形成也可能是提高 CEC 的原因。因此生物质炭表面酸性物质随着生物质炭老化将导致较高的阳离子交换量(武玉等,2014)。

2.2.3　生物质炭对土壤有机碳的影响

生物质炭本身碳含量非常高,在土壤中加入生物质炭可以提高土壤有机碳的含量,其提高的幅度取决于生物质炭的用量及稳定性。Kimetu 等(2010)报道,生物质炭的碳损失远低于绿肥,生物质炭的稳定性及稳定化作用大于绿肥类易解有机物。据报道,加入生物质炭的土壤有机碳矿化量减少,且已存在的有机碳的稳定性上升。Lehmann 等(2009)提出生物质炭作为土壤改良剂是一种可再生资源,可以代替化石原料的改良剂,还能够减少温室气体的排放。由此看来生物质炭可以用作土壤改良剂来改善土壤的性质(武玉等,2014)。

2.2.4　生物质炭对土壤磷的影响

P 是植物生长所必需的大量养分元素,也是导致水体富营养化的关键元素。

研究表明施加生物质炭能够提高土壤中有效 P 的含量，同时提高作物产量（Deluca et al，2006；Gaskin et al，2008）。与 N 不同，生物质中的 P 在热解过程中基本被保留下来，并且大多以可溶性形式存在（Angst et al，2013）。研究表明，生物质炭本身含有大量的 P 并且有效性较高，输入土壤后可以显著增加有效 P 的含量（Enders et al，2012）。假设生物质炭含 P 含量为 0.3%，其中有效 P 含量为50%（Wei et al，2013），生物质炭使用量为 20 t /hm^2，经计算有效 P 施入量为30kg /hm^2。由此可见生物质炭直接施 P 效应不容小觑。除直接释放 P 外，生物质炭还通过改变 P 的吸附和解吸来改变 P 的循环和有效性。生物质炭能否直接吸附 P，目前的研究结论并不统一。如 Yao 等（2012）研究表明生物质炭对 P 无吸附能力，Hale 等（2013）也得出了类似的结论，尽管生物质炭淋滤后呈现对 P 的吸附，有可能是因为淋滤使得生物质炭的比表面积和孔隙体积显著增加，同时空出些吸附点位增加了对 P 的吸附。Chintala 等（2014）研究却发现生物质炭对 P 有吸附作用，其吸附能力的原料顺序依次是：玉米、柳枝、松木，而解吸能力与之相反。值得注意的是：在废水处理的研究中生物质炭可以显著吸附 P。但是这些生物质炭一般经过了特殊处理，如负载 Fe 或 Mg（Yao et al，2012），或者经过改性处理（Yao et al，2011）。生物质炭输入土壤后也可以影响土壤对 P 的吸附和解吸。如 Chintala 等（2014）研究发现生物质炭加入酸性土壤中减少了土壤对 P 的吸附，使得有效 P 增多；而在碱性土壤中，土壤对 P 的吸附能力增强，从而使有效 P减少，这可能与碱性土壤含有大量的 Ca^{2+} 和 Mg^{2+} 等阳离子有关。Morales 等（2014）做了生物质炭加入热带退化土壤中时对 P 的吸附和解吸实验，发现生物质炭的运用降低了土壤吸附 P 的能力，可能与生物质炭含有较高浓度的可溶性 P有关。Parvage 等（2012）研究表明土壤中的有效磷含量随生物质炭的施入降低，可能是因为生物质炭增加了土壤 0.3~0.7 个单位 pH 值，pH 的变化会影响 P 的吸附和解吸。Makoto 等（2012）认为森林火灾残留的生物质炭可能通过丰富的孔隙吸附土壤磷素，抑制土壤磷素流失和延长有效 P 的保留时间。Deluca 等（2009）则认为生物质炭可以通过提高土壤 pH 和 CEC 来提高土壤磷素的有效性，高的 pH 和 CEC 的生物质炭加入土壤时，可减少 Fe 和 Al 的交换量而增加 P 的活性。Mukherjee 等（2011）猜测生物质炭通过表层阳离子桥键作用吸附土壤磷素，进而影响磷的有效性（武玉等，2014）。磷循环如图 2-3 所示。

2.2.5　生物质炭对土壤氮的影响

有机物由氨基酸、胺和氨基糖等结构的多种 N 组成。当有机质热解时，这些结构凝聚形成杂环 N 结构，这些惰性 N 不能直接用于植物生长。尽管某些生物质炭（如粪肥）总 N 含量很高，达 6.4 g /kg，但是其矿化态 N（氨氮和硝氮）含量

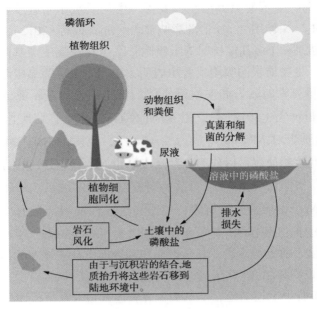

图 2-3　磷循环示意图

甚微,同土壤中矿质 N 相比可以忽略不计(Spokas et al, 2012)。因此从供 N 角度来讲,生物质炭能提高土壤有机 N 含量,但不能直接提供植物生长的矿质 N。生物质炭施入土壤改变氮素的循环提高了氮素的有效性,主要是通过改变氮素的持留和转化来实现的:一方面利用其多孔特性和巨大的比表面积吸附持留氮素物质,另一方面改变了土壤理化性质,直接或间接地影响氮素周转过程中微生物多样性、丰度及活性,继而影响土壤氮素物质循环(Spokas et al, 2012)。

研究表明生物质炭对氮素(NH_3 和 NH_4^+)具有较强的吸附作用。生物质炭对 NH_3 具有明显吸附作用,其吸附能力受原材料和制备温度的影响显著。Asada 等(2002)研究发现高温制备的生物质炭不利于其对 NH_3 的吸附作用,原因是随着热解温度的升高,生物质炭表面酸性官能团数量减少,对 NH_3 的反应能力减弱。Doydora 等(2011)研究发现,酸性生物质炭与畜禽堆肥混合施入土壤,可降低土壤 NH_3 损失 50%以上。最近 Taghizadeh 等(2012)对生物质炭吸附的 N 进行同位素标记实验,结果表明标记 N 在空气中是稳定不易挥发的,施入土壤又可以被植物所利用,植物叶片和根对吸附 NH_3 利用率为 20%~40%,这说明生物质炭通过吸附 NH_3 降低了氮素损失的同时,还提高氮素的利用率。Chen 等(2012)通过砂培实验证实了生物质炭对 NH_3/NH_4^+ 具有较强的吸附作用,可以降低土壤气态氨氮损失。但是生物质炭的吸附作用只有在接近中性(pH 值=7 或 8)时才发挥出来。当 pH 值=5 时,由于生物质炭降低了体系的酸度引起了氨氮的大量挥发,而当 pH 值=9 时，土壤的氨氮已经挥发了，生物质炭作用微乎其微。因此生物质炭对土壤 NH_4^+-N 作用受 pH 值的影响显著。Spokas 等（2012）总结了生物质炭对 NH_3 的吸附机理：①多孔结构对 NH_3 吸附；②生物质炭中羰基同氨形成酰胺化合物。同样的，生物质炭的吸附实验也表明，生物质炭能明显吸附土壤溶液中的 NH_4^+，降低土壤氮素的流失和对附近水体的污染风险（Chen et al，2012；Yao et al，2012）。Sarkhot 等（2012）认为生物质炭通过阳离子交换作用吸附 NH_4^+，300℃硬木生物质炭对 NH_4^+ 吸附量为 5.4mg/g，吸附的 NH_4^+ 24 h 解吸量只有 9%~22%。因此生物质炭可以作为养殖场废水中 NH_4^+ 的有效吸附剂。

关于生物质炭能否吸附 NO_3^- 目前的研究结论并不统一。值得注意的是，生物质炭本身对 NO_3^- 的吸附能力有限，但是经过改性或者活化的生物质炭却能显著增加其对 NO_3^- 的吸附作用（李际会等，2012）。如 Chintala 等（2014）研究表明，经过浓 HCl 活化后的生物质炭，其比表面积和表面电荷有显著的提高，因此其吸附 NO_3^- 的能力也明显增强（武玉等，2014）。

为了进一步验证上述结论，本章 2.3 节叙述了张玉虎教授团队利用小麦秸秆生物质炭、玉米秸秆生物质炭和水稻秸秆生物质炭，基于田间试验，研究不同秸秆类型和不同裂解温度的秸秆生物质炭对水稻生长周期内土壤理化性质的动态变化（荆玉琳，2019；Jing et al，2020）。

2.3 稻秆生物质炭对稻田土壤理化性质影响研究

2.3.1 试验设计

（1）试验方案

试验地位于江苏省丹阳市珥陵镇德木桥村（31°51′53.64″N，119°35′27.47″E），属于典型的亚热带季风气候，年平均气温 15.8℃，年平均降雨量为 1091.9mm，全年日照总时数为 1904.2 h。土壤理化性质见表 2-1。

表 2-1　土壤基本理化性质

pH 值	容重/ $g \cdot cm^{-3}$	有机碳/ $g \cdot kg^{-1}$	总氮/ $g \cdot kg^{-1}$	全磷/ $g \cdot kg^{-1}$	碱解氮/ $mg \cdot kg^{-1}$	NH_4^+/ $mg \cdot kg^{-1}$	NO_3^-/ $mg \cdot kg^{-1}$	速效磷/ $mg \cdot kg^{-1}$	CEC/ $cmol \cdot kg^{-1}$
5.6	1.10	22.33	1.31	0.4	199.5	25.56	2.99	79.43	20.55

试验共设 6 个处理（具体处理设置见表 2-2），每个处理 3 个重复，共 18 块

试验小区。每个小区为 4m×5m＝20m²。小区外围的一侧设有高 20cm 的田埂，田埂用塑料薄膜包被以防串流和侧渗。生物质炭在 2017 年 6 月 10 日一次性撒施与表层土壤，翻耕，将生物质炭与土壤混合。

表 2-2　试验处理设置

处理	生物质炭原材料	裂解温度/℃	添加量/(t·hm⁻²)	化肥施用量
CK	—	—	—	常规
WB500	小麦秸秆	500	10	与 CK 等量施肥
MB500	玉米秸秆	500	10	与 CK 等量施肥
RB300	水稻秸秆	300	10	与 CK 等量施肥
RB500	水稻秸秆	500	10	与 CK 等量施肥
RB700	水稻秸秆	700	10	与 CK 等量施肥

水稻选用当地的优势品种南粳 5055，采用人工插秧的方式，水稻株行距 15cm×15cm。2017 年 6 月 17 日插秧，2017 年 6 月 10 日施加基肥，2017 年 6 月 30 日第一次追肥，2017 年 8 月 11 日第二次追肥。施肥量见表 2-3。在水稻生长期间(淹水-排水-再水化-潮湿)对排水周期 F-D-F-M 进行管理。详细地说，在 6 月 17 日至 7 月 22 日期间保持了水稻淹水，随后在 7 月 22 日至 8 月 2 日为期 12d 晒田，最后间歇灌溉使土壤在润湿状态直至收获。

表 2-3　田间施肥管理

基肥/ (kg·hm⁻²)			第一次追肥/ (kg·hm⁻²)	第二次追肥/ (kg·hm⁻²)	
N	P₂O₅	K₂O	N	N	K₂O
72.00	79.20	72.00	54.00	55.20	45.00

土壤样品采集。分别于 2017 年 6 月 27 日、7 月 22 日、9 月 17 日、11 月 2 日采集土壤样品，分别处于水稻幼苗期、分蘖期、抽穗期和成熟期。按照"S"形 5 点取样，采集 0～20cm 表层土壤，去除根系和石子等杂质，将 5 个样品均匀混合为一个样品，将样品密封在塑料袋中，并运送到实验室进行分析。一部分土壤风干后，过 2mm 筛，储存在 4℃冰箱中，用于土壤理化性质分析。土壤采集如图 2-4 所示。

图 2-4　采集土壤

有机碳的测定采用水合热重铬酸钾氧化-比色法。测定时，首先将采集的土壤在30℃的烘箱内烘干，然后将土壤研磨，过200目筛，收集到已写标签的自封袋中。称取过0.150mm筛的风干土样1.0g，用3.0ml去离子水充分将土样摇匀，加入10.0mL的0.8mol·L^{-1}重铬酸钾溶液和10.0mL浓硫酸并摇匀，停放20min，加10.0mL去离子水，摇匀后静置5h。吸取上清液3.0mL于10mL比色管中并加去离子水至刻度充分摇匀，同时用葡萄糖配制有机碳标准溶液在590nm波长下进行比色测定吸光值。土壤有机质测定如图2-5所示。

有机碳计算公式：

$$TOC(g \cdot kg^{-1}) = [C(V_0-V) \times 10^{-3} \times 3 \times 1.33] \times 10^2 \cdot m$$

式中，m为烘干土壤重量，kg；1.33为氧化校正系数；C为$FeSO_4$标准溶液的浓度，0.5mol·L^{-1}，V_0为$FeSO_4$的初始量，L；V为$FeSO_4$的最终量，L。

土壤中有机质(soil organic matter)含量可用土壤中一般的有机碳比例(即换算因数)乘以有机碳百分数而求得。其换算因数随土壤有机质含碳率而定，我国目前沿用的Van bemmelen因数1.724。计算公式为：

$$SOM = TOC \times 1.724$$

式中　SOM——土壤有机质，g·kg^{-1}；
　　　TOC——土壤有机碳，g·kg^{-1}。

图2-5　土壤有机质的测定

（2）试验材料

将小麦秸秆、玉米秸秆，在500℃条件下，将水稻秸秆在300℃、500℃和700℃条件下，经炭化炉高温裂解2h制成生物质炭，分别标记为：WB500、MB500、RB300、RB500、RB700。施入大田之前将生物质炭磨碎，过2mm筛，使其混合均匀。生物质炭的理化性质见表2-4。

表 2-4　供试生物质炭的基本理化性质

生物质炭	单位	WB500	MB500	RB300	RB500	RB700
C	%	66.4	60.23	55.72	64.29	68.73
N	%	1.19	1.49	1.40	0.86	0.35
H	%	2.35	2.61	3.26	2.12	1.33
O	%	30.06	35.67	39.62	32.73	29.59
O/C	/	0.45	0.59	0.71	0.51	0.43
H/C	/	0.03	0.04	0.06	0.03	0.02
比表面积	$m^2 \cdot g^{-1}$	31.22	14.28	5.81	26.40	184.83
平均孔径	nm	4.36	5.85	5.25	9.06	4.71
CEC	$cmol \cdot kg^{-1}$	4.25	3.82	34.83	16.96	12.58
pH	/	11.5	10.2	9.5	12.3	12.8
灰分	%	25.83	24.18	25.83	30.26	33.72
挥发分	%	23.84	28.86	37.60	21.48	12.84
固定碳	%	50.33	46.96	36.57	48.26	53.44
有机碳	$g \cdot kg^{-1}$	567.41	518.11	607.23	537.97	503.40
全氮	$g \cdot kg^{-1}$	0.458	1.105	1.245	0.613	0.529
全磷	$g \cdot kg^{-1}$	1.851	1.833	1.706	1.993	2.153
全钾	$g \cdot kg^{-1}$	23.57	14.46	22.80	27.15	27.06

2.3.2　对土壤 pH 的影响

如图 2-6 所示，整体来看，施加秸秆生物质炭增加了稻田 pH 值，变化范围为 6.46~7.25，除抽穗期外，各生物质炭处理之间存在显著性差异，WB500、MB500、RB300、RB500、RB700 的平均 pH 值分别比对照增加了 0.24、0.19、0.08、0.16、0.36 个单位。不同裂解温度的生物质炭的 pH 值在各个时期表现出一致性规律，为 700℃>500℃>300℃，说明土壤 pH 值随生物质炭热解温度的升高而增加。小麦、玉米和水稻秸秆生物质炭在不同时期规律不同。在水稻幼苗期，与 CK 处理相比，WB500、MB500 和 RB500 处理的 pH 值分别增加了 0.25、0.34 和 0.16 个单位，其中小麦秸秆生物质炭和玉米秸秆生物质炭之间不存在显著性差异。在水稻分蘖期和成熟期，WB500 处理的 pH 值最大，分别为 7.05 和 6.75。生物质炭表面具有较多的碱性官能团，高温生物质炭的碱性基团含量高于低温生物质炭，在生物质炭加入初期，土壤 pH 值会显著提高，且高温生物质炭的作用于低温生物质炭更强。但土壤自身具有缓冲能力，没有外源碱性物质加入时，随时间推移，各处理间的土壤 pH 值差异逐渐减小，最终都趋于中性。一些研究也表明在偏中性的土壤中，生物质炭对土壤 pH 影响较为有限（Knoblauch et al, 2011；Xie et al, 2013）。袁金华等（2010）发现沙土中的 pH 提升效果要明显好于黏土和壤土，反映出生物质炭作为土壤改良剂对土壤酸碱度的影响也受生物质炭制备条件和土壤自身的质地影响（刘凯传，2018）。

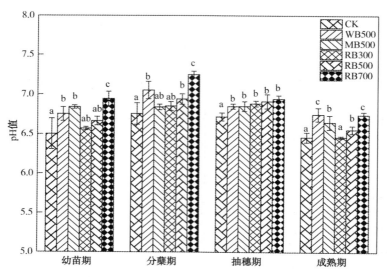

图 2-6　施用生物质炭对土壤 pH 值的影响

注：CK、WB500、MB500、RB300、RB500、RB700 分别表示不添加生物质炭的常规处理、500℃裂解的小麦秸秆生物质炭、500℃裂解的玉米秸秆生物质炭和 300℃、500℃、700℃裂解的稻秆生物质炭。不同字母表示各处理之间的显著性差异（$P<0.5$）。

生物质炭投加到土壤中后能够显著提高土壤 pH 值，可用于酸性土壤的改良修复（蔡非，2017）。生物质炭含有不同浓度的碱性灰分，这些碱性灰分作为 Ca、Mg、K 和 Na 的氧化物、氢氧化物和碳酸盐直接添加到土壤中。此外，生物质炭中这种可溶形式的灰碱度可释放到土壤中，然后从土壤剖面中浸出以改善土壤酸度，因此添加生物质炭导致的 pH 值升高是由于生物质炭中的这些碱性物质引起的（Cui et al.，2019）。另外，考虑到生物质炭具有一系列可与土壤中的碱性阳离子相互作用的不同反应性的官能团（羧基、酚羟基和醇羟基），因此生物质炭还可以提高酸性土壤的 pH 缓冲能力（Han et al.，2020）。施用生物质炭后，土壤 pH 值的变化可能会影响 Al、Cu 和 Mn 的形态从而影响其毒性，同时影响诸如 Na、K、Ca、Mg 和 Mo 等必需养分的生物利用度（Kookana，2010）。施用生物质炭后的土壤 pH 升高导致土壤 pH 值落在植物的 pH 范围内，间接可导致营养物质接近农业土壤中的最大可用量，营养素的利用率更高，将有利于植物生长的环境，同时有利于植物根系将更多的代谢物（例如苹果酸、柠檬酸）排出（Han et al.，2020）。生物质炭引起的土壤pH值变化也可能改变微生物的生物量和群落组成，从而调节有机碳转化率和程度。当通过添加生物质炭增加酸性土壤的pH值时，微生物繁殖受到刺激。在土壤中，微生物总生物量的90%由细菌和真菌组成，它们导致大多数有机碳分解。由于土壤pH值而改变细菌与真菌的总体比例，导致微生物群落结构发生变化，这对土壤中碳的流失速率具有重要影响，因为细菌和真菌在碳的掺入和周转中的作用不同（Steiner et al.，2004）。在真菌主导的群落中，碳的周转速度可能会变慢，因为与细菌相比，真菌在消耗的单位底物中吸收了更多的碳，并且以CO_2的形式释放的碳比细菌的少。真菌细胞壁比细菌细胞壁对腐烂的化学抗性更高，且已经发现真菌和细菌种群对土壤pH值的变化反应不同（Lehmann et al.，2011）。大多数细菌更喜欢中性的pH值环境，并且随着酸性土壤pH值升高到大约7时，细菌的丰度可能会增加。相反，由于极端的pH耐受性，真菌在pH的极端条件下可能会占主导地位。生物质炭引起的土壤pH变化会改变细菌与真菌的比例，从而影响土壤中有机碳的转化率和细菌与真菌比例的改变程度，而比例在很大程度上取决于先前存在的土壤pH值，以及变化的方向和幅度（Luo et al.，2017）。然而，迄今为止，很少有研究检查生物质炭引起的pH和细菌/真菌比变化之间的因果关系，这将是未来研究的一个有趣领域（Kuzyakov et al.，2014）。

2.3.3 对土壤有机碳的影响

土壤有机碳是研究全球碳平衡和气候变化的重要内容，长期以来都被视作研究的热点和难点（Ackerman，1993）。土壤有机碳库储量巨大，约是无机碳库的2倍，因此土壤有机碳的分解和积累决定了土壤碳库的储量（Schimel，2006）。土壤有机碳（soil organic carbon，SOC）储存在1m深的土层内，其中约有41%储存在0~20cm深的耕层土壤中（Guo et al，2002），包括根系分泌物、动物、植物及微生物的残体和排泄物等各种有机物质（黄昌勇，2000）。土壤无机碳的更新周期在一千年以上，即在土壤中分解速率较慢，滞留时间很长，对碳循环的影响较小。土壤有机碳与无机碳相比活跃且周转时间较短，受气候变化和人类活动影响很大，其较小的变幅即能导致大气CO_2浓度的较大波动，在全球碳平衡中的重要性尤为突出。而且土壤有机碳在维持和提高土壤肥力方面有着十分重要的作用，被认为是土壤质量和功能的核心（Lal et al，2004）。土壤有机碳的累积和释放是一个动态平衡过程，当有机碳形成量大于矿化量时，土壤作为碳汇起固碳作用，反之土壤作为碳源向大气中释放碳（Kirschbaum，1995；张杰，2015）。

图2-7表示，施加生物质炭后土壤有机碳动态变化特征。由图可知，不同秸秆生物质炭对土壤有机碳的作用各不相同，随着水稻生育期推进，土壤有机碳含

量表现为逐渐降低的趋势，各处理的平均有机碳含量从大到小依次为：RB300>RB500>MB500>WB500>RB700>CK。从裂解温度来看，与 CK 处理相比，RB300、RB500 和 RB700 处理的有机碳含量分别增加了 7.62%～22.99%、5.08%～19.68%和0.53%～13.36%，300℃裂解的生物质炭对有机碳的促进作用明显优于500℃和700℃裂解的生物质炭。从不同种类秸秆来看，在水稻幼苗期，三种秸秆生物质炭均增加了土壤有机碳含量，与 CK 处理相比，WB500、MB500、RB500 分别增加了 8.34%、12.50%和6.24%，说明玉米秸秆生物质炭对有机碳的促进作用最明显；在水稻分蘖期、抽穗期，有机碳含量均表现出一致规律，即为：RB500>WB500>MB500；而在水稻成熟期，小麦、玉米和水稻秸秆生物质炭处理的有机碳含量表现为 MB500<WB500<RB700，其含量分别为：28.50mg·kg^{-1}、29.49mg·kg^{-1}和31.06mg·kg^{-1}。生物质炭富含有机碳且抗分解能力极强，作为土壤改良剂，能与土壤形成顽固的碳负性的土壤碳结合体，并能将大气中的 CO_2 储存到具有高抗性的土壤碳库中。Gaskin（2008）等认为生物质炭本身碳含量高，因而可提高土壤有机碳含量。Zimmerman 等（2011）认为生物质炭可将土壤中原有有机碳吸附在自身周围，并可有效隔离微生物及其分泌物对有机碳的分解作用，从而降低有机质的分解。张千丰等（2012）认为生物质炭可增强土壤有机质的氧化稳定性，促进土壤有机碳的积累，显著提高了土壤耕层的颗粒态有机碳含量。

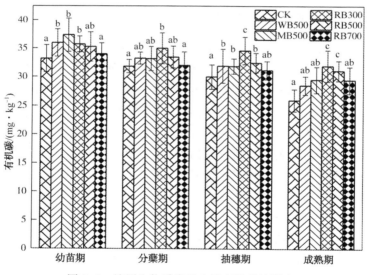

图 2-7　施用生物质炭对土壤有机碳的影响

土壤温度、湿度、酸碱度和氧化还原电位的改变都会影响土壤微生物的生长和活性，生物质炭具有高 pH 值、高孔性、高比表面积、大量的表面负电荷及电荷密度，其输入会改变土壤的物理化学特性，影响其中的微生物的生长环境，进而影响微生物的活性和呼吸作用，改变微生物的群落结构和丰度，对土壤有机质的矿化过程产生影响。

近年来一些研究指出，生物质炭输入土壤中会对土壤本底的有机质产生影响，促进其矿化分解。一般认为生物质炭输入为土壤微生物提供了一定量的易降解有机质，增强了微生物的活性，从而引起土壤本底有机质的矿化。Singh 等（2014）在黏粒土壤中添加生物质炭，开展 5 年对有机质矿化的研究，研究发现在培养的前 2~3 年里，土壤本底有机碳的损失高达 4~44mg·g^{-1}。研究者在不同温度（400℃、550℃）下裂解生物质炭，将其添加到土壤中，研究不同温度对土壤有机质矿化作用的影响，研究发现低温条件（400℃）下裂解的生物质炭对土壤有机质矿化的促进作用比高温条件（550℃）下裂解的生物质炭更为明显。分析原因是低温（400℃）裂解的生物质炭自身携带的易降解有机质含量较高（Bruun et al，2011）。Singh 等（2014）研究发现400℃裂解的家禽粪便（32.9g·kg^{-1}）的易降解有机质含量比木质材料（2.6g·kg^{-1}）和树叶材料（6.2g·kg^{-1}）制备的更高。

另一些研究则认为，生物质炭添加不仅不会促进土壤有机质的矿化，反而能够有效地抑制土壤中有机质的降解。匡崇婷等（2012）在室内培养条件下，研究生物质炭添加土壤对有机碳矿化的影响。与空白对照组相比，发现生物质炭添加能够有效降低土壤有机碳的矿化速率和累积矿化量。花莉等（2012）在土壤中添加不同用量的椰壳炭，均能有效提高土壤中有机碳的含量；添加质量分数为 1%椰壳炭量，土壤有机碳约增加 5.9mg·g^{-1}。Yin 等（2014）利用同位素标记的技术手段，对比添加水稻秸秆、250℃和350℃的稻秆炭后土壤易分解有机碳和有机碳的变化。研究发现，生物质炭主要是通过对本底土壤的有机碳分解的抑制的途径提高有机碳含量。Cross 等（2011）的研究发现，生物质炭输入能够有效地抑制草地土壤的土壤微生物矿化作用，而且高温 550℃制备的生物质炭添加抑制效果比350℃制备的生物质炭效果好。分析认为可能是高温制备的生物质炭孔结构比较发达，比表面积较大，能够将小分子有机质吸附在其空隙内，有效阻止降低微生物的分解作用。

2.3.4 对土壤磷的影响

图 2-8 表示水稻不同生育期土壤速效磷含量的动态变化特征。各处理的土壤速效磷含量无一致性变化规律。从整体来看，土壤速效磷含量的平均值从大到小依次为：RB500>RB300>RB700>WB500>MB500>CK，水稻秸秆生物质炭对土壤速效磷的促进作用明显优于小麦秸秆生物质炭和与玉米秸秆生物质炭。在水稻幼苗期，从裂解温度来看，500℃稻秆生物质炭处理的速效磷含量最高，为76.03mg·kg^{-1}；对比不同来源的秸秆生物质炭，水稻秸秆生物质炭的速效磷含

量最高，其次是小麦秸秆生物质炭和玉米秸秆生物质炭，其含量分别为78.58、62.49、59.60mg·kg^{-1}。在水稻分蘖期，与CK处理相比，水稻秸秆生物质炭的速效磷含量增加了10.62%~29.67%，而小麦和玉米秸秆生物质炭与CK处理无显著性差异（$P>0.05$）。

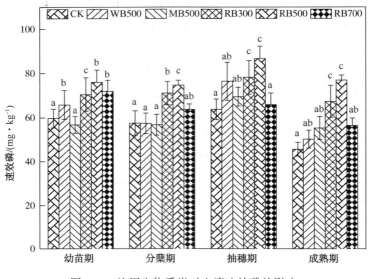

图2-8　施用生物质炭对土壤速效磷的影响

2.3.5　对土壤氮的影响

（1）生物质炭施用对土壤碱解氮含量的影响

氮是植物生长和生产力最关键的元素之一，尤其无机氮是植物的重要来源，植物直接通过根系吸收无机氮。尿素是氮肥的主要形式之一，是目前农业生产中应用较为广泛的氮肥品种。使用尿素在提高作物产量的同时也带来一些问题，土壤中脲酶的存在导致尿素分解速度快，利用率一直不高，而损失的氮素则成为潜在的污染源。因此，提高氮肥的利用效率一直是人们研究的热点问题。生物质炭会影响土壤硝化和反硝化作用进而影响氮素循环（刘遵奇等，2015）。

在作物生长期间能被作物吸收的氮素称为有效性氮。它包括无机矿物态氮以及部分有机质中易分解的比较简单的氨基酸、酰胺和部分蛋白质态氮。一般是用水解法进行测定，所以也称为水解性氮。用碱进行水解测定称为碱解氮。碱解氮包括无机态氮和结构简单能为作物直接吸收利用的有机态氮，它可供作物近期吸收利用，故又称速效氮。碱解氮含量的高低，取决于有机质含量的高低和质量的好坏以及放入氮素化肥数量的多少。有机质含量丰富，熟化程度高，碱解氮含量亦高；反之则含量低。碱解氮在土壤中的含量不够稳定，易受土壤水热条件和生物活动的影响而发生变化，但它能反映近期土壤的氮素供应能力。碱解氮含量作为植物氮素营养较无机氮有更好的相关性，所以常将它作为土壤氮素有效性的指标。碱解氮的测定如图2-9所示。

图2-10表示秸秆生物质炭输入后土壤碱解氮含量的变化特征。从整体来看，碱解氮含量随着水稻生长呈现先增加后降低的趋势，其中在分蘖期达到最大值，CK、WB500、MB500、RB300、RB500、

图2-9　碱解氮的测定

RB700处理的碱解氮含量分别为：208.04、271.52、234.40、240.33、269.65和276.31mg·kg^{-1}。秸秆生物质炭显著增加了土壤碱解氮含量。与CK处理相比，WB500、MB500、RB300、RB500、RB700处理四个时期碱解氮含量的平均值分别增加了21.64%、12.87%、19.41%、23.99%、22.75%，由此可知，从裂解温度来看，500℃和700℃秸秆生物质炭对土壤碱解氮含量的促进作用要优于300℃秸秆生物质炭；从秸秆种类来看，玉米秸秆生物质炭的促进作用最小。

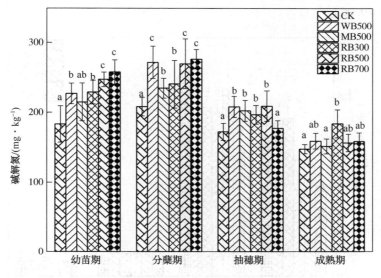

图2-10　施用生物质炭对土壤碱解氮的影响

（2）生物质炭施用对土壤铵态氮含量的影响

铵态氮（如图2-11所示）是自然界氮元素的一种存在状态，以NH_4^+的形态存在和流通于土壤、植物、肥料和大气中。可以与其他形式的氮元素在一定条件下相互转化。由于其溶解度大，能够被植物快速吸收，在化肥工业中被广泛应用。

图 2-11　铵态氮

但由于 NH_4^+ 具有酸性，因此会与碱性土壤中和导致氮元素挥发。土壤中的铵态氮可被土壤胶体吸附，呈交换性铵状态氮肥，也可溶解在土壤溶液中，能直接被植物吸收利用，属于速效性氮素。

图 2-12 表示土壤铵态氮（NH_4^+-N）含量的动态变化特征。土壤 NH_4^+-N 含量随水稻生育期呈现先增加后又迅速降低的趋势，在水稻生长后期趋于稳定。与 CK 处理相比，WB500、MB500、RB300、

RB500、RB700 处理的平均 NH_4^+-N 含量分别增加了 30.22%、8.97%、40.54%、43.64%、44.75%。在水稻幼苗期，各处理的 NH_4^+-N 含量从大到小依次为：RB300>RB500>RB700>WB500>CK>MB500。在水稻分蘖期，各处理间存在显著性差异，从裂解温度来看，700℃稻秆生物质炭的 NH_4^+-N 含量显著高于 500℃和 300℃稻秆生物质炭；从秸秆来源看，小麦秸秆生物质炭的 NH_4^+-N 含量最高，为 125.37mg·kg^{-1}。在水稻抽穗期和成熟期，各处理的土壤 NH_4^+-N 含量无显著性差异（P>0.05）。

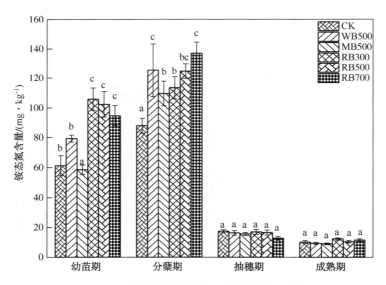

图 2-12　施用生物质炭对土壤铵态氮的影响

关于生物质炭对铵态氮的吸附机制，有研究认为，生物质炭表面含氧官能团和 pH 值是影响其铵态氮吸附量的主要因素。新制备的生物质炭对铵态氮具有较

低的吸附能力，经过一段时间氧化或通过氧化剂处理能够显著增加吸附能力（Yao et al，2012）。低 pH 值（3.6~7）的生物质炭对铵态氮的吸附能力较低，当 pH 值增加到 7 时，吸附量增加 2~3 倍（Wang et al，2015），李卓瑞等（2016）研究证实竹炭通过阳离子交换作用吸附铵离子。王章鸿等（2015）对橡木生物质炭的研究表明，比表面积、表面碱性官能团和表面氧化物与铵态氮吸附有关。

（3）生物质炭施用对土壤硝态氮含量的影响

土壤中的有机物分解生成铵盐，被氧化后变为硝态氮（NO_3^-—N）。NO_3^-—N 用于农业补充 N 元素，使作物生长加快，延长作物生长期和采收期。长期大量、过量使用化学肥料，会造成肥料施入土壤中分解、转化并以 NO_3^-—N 的形式存在，同时，也增加了 NO_3^-—N 向下层移动的趋势，随着积累量的增加，土壤的酸度也会随着增加。土壤酸化后会伴随碱性离子的流失量加大，磷固持作用增强，影响农作物的生物量以及作物品质，对农业经济效益产生不容小觑的损失（王荣荣，2016）。

有研究表明，生物质炭加入到美国中西部农业土壤中，会增加土壤保持营养物质的能力，从而减少了硝酸盐的淋失。这些营养物质浓度的增加就提高了植物根部对它们吸收的可能性，从而也就降低了这些营养物质淋失到地表水和地下水库的风险（杨帆，2013）。通过 SEM 观察表明，生物质炭的微观结构在吸附 NO_3^-—N 前表面粗糙，孔道分布密集，凹凸不平，吸附后生物质炭材料表面聚集较多颗粒附着物或粉末状物质，这些物质附着表面或填充孔道，使得生物质炭表面变得较为平整（王荣荣，2016）。生物质炭对硝态氮吸附前后扫描电镜图如图 2-13 所示。

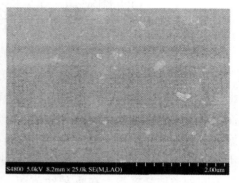

图 2-13　生物质炭对硝态氮吸附前后扫描电镜图（×25 000 倍）（王荣荣，2016）

图 2-14 表示水稻生育期内，土壤 NO_3^--N 含量的动态变化特征。由图可知，土壤 NO_3^--N 含量呈现先降低然后增加的趋势，在水稻分蘖期达到最大值。对比不同处理的四个时期 NO_3^--N 含量的平均值发现，秸秆生物质炭显著增加了土壤

$NO_3^- - N$ 含量（$P < 0.05$），与 CK 处理相比，WB500、MB500、RB300、RB500、RB700 分别增加了 49.09%、45.20%、75.04%、70.48%、72.27%。对比不同裂解温度，300℃ 稻秆生物质炭的 $NO_3^- - N$ 含量最高，为 10.94mg·kg^{-1}，而 500℃ 稻秆生物质炭最低，为 10.65mg·kg^{-1}；从秸秆来源来看，稻秆生物质炭>小麦秸秆生物质炭>玉米秸秆生物质炭。在水稻幼苗期，土壤 $NO_3^- - N$ 含量表现为 RB700>RB300>RB500>WB500>MB500，其中不同类型的秸秆生物质炭之间无明显差异。在分蘖期，土壤 $NO_3^- - N$ 含量是整个水稻生育期最低，其中 WB500 和 RB500 处理的 $NO_3^- - N$ 含量相对较高，分别为 6.86 和 8.03mg·kg^{-1}。从抽穗期到成熟期，CK、WB500、MB500、RB500 处理的土壤 $NO_3^- - N$ 含量降低，而 RB300 和 RB700 处理升高。

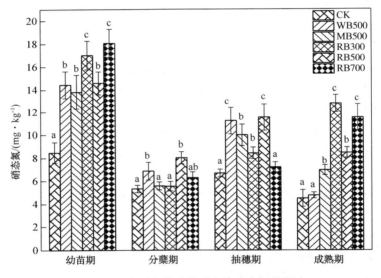

图 2-14　施用生物质炭对土壤硝态氮的影响

综上所述，添加生物质炭会促进土壤 pH 值和土壤磷的提高，这与大多数前人结论是一致的。除此之外，张玉虎教授团队土壤 pH 值随生物质炭热解温度的升高而增加。小麦、玉米和水稻秸秆生物质炭在不同时期规律不同。就对土壤有机碳的影响而言，不同秸秆生物质炭对土壤有机碳的作用各不相同，随着水稻生育期推进，土壤有机碳含量表现为逐渐降低的趋势。这与 2.2.3 的结论是有出入的。但是从不同种类秸秆来看，在水稻幼苗期，三种秸秆生物质炭均增加了土壤有机碳含量，而后期有机碳的降低可能是由于生物质炭输入土壤中会对土壤本底的有机质产生影响，促进其矿化分解。一般认为生物质炭输入为土壤微生物提供了一定量的易降解有机质，增强了微生物的活性，从而引起土壤本底有机质的矿化。就对土壤氮的影响来看，试验结果为碱解氮和铵态氮的含量均为先增加后降低，而硝态氮含量呈现先降低后增加的趋势，这与生物质炭对氮的吸附作用有关。

2.4 生物质炭对土壤生物的影响

土壤生物是土壤重要的组成部分，改变土壤理化特性会对土壤生物尤其微生物组成和活性造成间接影响，生物质炭也可以直接影响土壤生物。

在不同类型土壤中由生物质炭改良引起的细菌和真菌丰度变化已在别的章节详细讨论。生物质炭应用于农业土壤后微生物群落发生了变化，细菌和真菌的丰度对生物质炭的反应取决于生物质炭的添加速率和持续时间。生物质炭的原料对土壤中的微生物活性具有很大的影响，生物质炭原料中木质素含量越高，碳含量就越大，因此生物质炭中的 C/N 比值越高，矿化速率越小。生物质炭的生产温度对生物质炭的 CEC、pH 值、有机碳含量、孔隙率和表面积有很大影响，因此对微生物活性、群落和生境也有重要影响(Gonzaga et al.，2017)，生物质炭的粒径还影响微生物对生物质炭施用的反应，土壤和沉积物含有黏土颗粒和金属氧化物，这可能会增加附着微生物的位点数量，从而增加其保留能力。生物质炭的大量的微米级和纳米级颗粒，可以与黏土和金属氧化物竞争微生物的附着和保留。此外，生物质炭改变了土壤的 pH 值，这会影响微生物的附着和保留。生物质炭来源的有机碳可以作为土壤生物活性的底物；生物质炭可以为微生物提供合适的栖息地，保护它们免受捕食者的侵害；生物质炭含有一系列可溶性营养盐，例如 Na^+、K^+ 和 Ca^{2+}；生物质炭中的养分可以以不同的速率释放到土壤中，因此生物质炭可作为缓释肥料，益于微生物的生长；由于具有较大的孔隙率和吸附能力，生物质炭可以结合重要的营养阳离子和阴离子，并提高营养素的利用率(Han et al.，2020)。而一些生物质炭的有毒化合物会抑制微生物的活性，生物质炭中的某些化合物被称为微生物抑制剂，例如苯、甲氧基苯酚、酚、羧酸、酮、呋喃和多环芳烃(Ghidotti et al.，2016)。此外，在生物质炭热解过程中产生的稳定的持久性自由基(PFR)，包括半醌、苯氧基、环戊二烯基和酚类，也可以触发对微生物的毒性(Han et al.，2020)。生物质炭的应用增强了病毒在土壤和沉积物中的运输，因此，生物质炭可能增加病原体污染土壤和沉积物中的风险，随后可能会因浸出而污染附近的水井和饮用水，研究生物质炭如何影响病原体在土壤中的转移，将是更好地了解土壤微生物栖息地和活动的关键。此外，许多真菌物种可以通过产生一系列能够分解各种化合物的细胞外酶来从生物质炭中获取食物，在较高温度下产生的生物质炭通常具有较高的 pH 值和金属和灰分含量，因此可能会对菌根真菌产生负面影响(Shaaban et al.，2018)。

生物质炭通过多种因素极大地影响土壤中的蚯蚓。生物质炭施用后土壤 pH 升高，蚯蚓可以分解和吞咽土壤中的生物质炭颗粒，并通过摄入和排泄粪便将其混合在土壤中(Gu et al.，2016)。但是，蚯蚓还可能易受通过修饰添加的污染物或生物质炭修饰后污染物行为变化的影响(Ji et al.，2016)。据推测，生物质炭可以促进蚯蚓对有机物的分解，在存在生物质炭的情况下，蚯蚓肠道中的微生物可能更丰富，而氮加工酶则更具活性。因此，更大的微生物生物量和酶活性会增加蚯蚓肠道有机质中氮的释放。尽管营养价值有限，但是蚯蚓吸收生物质炭颗粒并导致这些颗粒在土壤剖面内的移位对维持和改善土壤功能具有重要意义。但是，当从生物质炭处理过的土壤中除去蚯蚓时，其矿化度要更低，这表明有机颗粒在穿过蚯蚓肠道后得以稳定(Shaaban et al.，2018)。生物质炭和蚯蚓的组合施用还可以改善土壤肥力。例如，生物质炭和蚯蚓对土壤质量具有积极影响，增强了土壤酶的活性，营养状况以及作物生长和果实。同时使用生物质炭和蚯蚓可增加丛枝菌根真菌的生长和扁平苔藓的生长。此外，生物质炭对蚯蚓种群和活动具有负面影响(Mukherje et al.，2014)，例如导致其生物量的减少和丰度的增加，死亡率和遗传毒性的增加，生物质炭的负面影响可能是由于土壤 pH 值升高和重金属的积累所致。然而，生物质炭似乎也对蚯蚓种群具有毒性，土壤类型可能也可能对其生存产生潜在影响(Shaaban et al.，2018)。

2.5 生物质炭在土壤中的稳定性和老化

2.5.1 生物质炭在土壤中的稳定性

生物质炭的主要特性是芳香族碳结构，该结构包括无定形相(无规律组织的芳环)和结晶相(缩合的多芳烃片)(Wiedemeier et al.，2014)。生物质炭矿物质和有机化合物的芳香结构，表面功能和吸附特性决定了其在土壤中降解、浸出、化学氧化或稳定性(Saranya Kuppusamy，2016)。生物质炭在大多数环境中都是相对稳定的，尽管如此，生物质炭仍可能被降解(微生物氧化呼吸、化学氧化、光氧化或溶解)(Major et al.，2010)。生物质炭主要通过侵蚀而损失(Masek et al.，2013)，即使在较陡的土地上，侵蚀也可能从表层土壤中去除生物质炭。

生物质炭在土壤中的稳定性归因于其原料来源。此外，生物质炭的 O/C 比率对于可作为判断其稳定性的重要依据(Spokas & Kurt，2010)。碳结构是生物质炭稳定性的最决定性因素 (Wiedemeier et al.，2014)，高芳香度或芳香族缩合度的生物质炭更可能抵抗生物和热化学降解，因此具有较高的稳定性，生物质炭的芳香性或芳族缩合度可指示生物质炭在土壤中的生物降解和非生物降解性(Leng et al.，2019)。生物质炭的元素含量能指示其 C—C 键或芳香族碳含量(芳香度)。例如，H/C 摩尔比通过计算相对于饱和物质的 H 缺乏来表示不饱和度或 C=C 的量，并且可以进一步计算芳香环的数目。碳结构的反应性，例如生物质炭的官能性(碳链上的官能团)和其他与降解相关的成分，对生物质炭的稳定性也很重要(Leng et al，2019)。反应性官能团与非芳香族碳结构一起构成了不稳定生物质炭馏分的主要部分，易受土壤中生物化学(生物)和/或物理化学(非生物)降解的影响(Cross & Sohi，2013)。高含量的含 O 或 N 的官能团可增加生物质炭的反应性，导致生物质炭稳定性降低。另一方面，可以通过热化学处理，例如直接分析和 H_2O_2-和热辅助氧化，来确定生物质炭的抗氧化性或包括不稳定的非芳香族碳结构和反应性官能团等的不稳定的生物质炭组分(Cross & Sohi，2013)。此外，粒径、矿物质、吸附现象、pH 值以及诸如生物质炭的孔结构和表面积之类的物理特性也可能影响生物质炭的稳定性(Leng et al.，2019)。这些生物质炭特性以及芳香族缩合度和不稳定/稳定的碳主要依赖于生产生物质炭的原料特性、组成以及热处理温度等生产工艺参数，如加热速率、停留时间、压力、催化剂和反应器的控制(Cross et al.，2016)。除生物质炭特性对生物质炭稳定性的影响外，土壤环境(例如土壤有机碳、矿物质、微生物、pH、温度和湿度)以及生长在其上的农作物和植物还可以显著影响土壤中生物质炭的矿化作用(Lehmann & Kleber，2015)。生物质炭在土壤中的温育是研究复杂土壤-生物质炭作用下生物质炭综合矿化性能的方法。实际上，对生物质炭的芳香性，芳香族缩合度和不稳定/稳定碳的分析仅是生物质炭理化稳定性的结果，而没有分析土壤和环境对其稳定性的影响，但是，通过将特性与从孵育和模型研究中获得的结果相关联，可以将这些理化稳定性值与土壤中实际生物质炭的持久性相关联(Leng et al.，2019)。

总体而言，控制生物质炭持久性和降解机制尚不完全清楚，生物质炭的稳定性不能用单一因素来表征，因为生物质炭的不同部分将在不同条件下以不同的速率分解(Saranya Kuppusamy，2016)。当老化程度增加时，取决于生态条件，生物质炭有更多机会在土壤中被改性。在极端情况下，对于某些部分生物质炭而言，100 年的半衰期可能并不现实，因为热变化会导致官能团的变化，尤其是表面暴露的变化(Saranya Kuppusamy，2016)。但是，随着时间的流逝，生物质炭的持久性增加，甚至微生物多样性也会发生巨大变化，因为微生物(尤其是异养生物)从土壤有机质的分解中获取能量，并且在生物质炭碳源不被降解的情况下，微生物可能会对土壤生态环境产生不利影响(Saranya Kuppusamy，2016)。

2.5.2 生物质炭在土壤中的老化

生物质炭用作土壤改良剂，为农业管理和土壤修复提供了一种可持续的方法。大量研究表明，生物质炭可以通过保留养分改善植物生长，影响土壤的物理和生物学特性（Lehmann et al.，2011）。此外，由于生物质炭具有高度芳香性，因此不易被微生物降解，可以作为固碳剂（Lehmann & Johannes，2007）。因此，生物质炭通常被称为具有高化学和生物化学稳定性的可以长期持续存在的材料。然而，有证据表明，热解炭（包括生物质炭）的生化稳定性要低得多（Watzinger et al.，2014）。生物质燃烧每年产生热解炭的很大一部分可能矿化，随着时间的推移其在环境中的积累会扰乱全球大气中的 O_2 含量（de la Rosa et al.，2018）。但是，尽管存在微生物的分解，土壤中热解炭的大量损失几乎都是由于侵蚀或水的溶解和运输引起的。通过固态 ^{13}C 和 ^{15}N nmR 光谱可以发现热解炭降解的证据，经过两个月的培养，草炭的化学结构已经发生了显著变化，包括芳基结构的部分氧化和 N 杂环成分的降解（Rosa & Knicker，2011）。

生物质炭一旦积累在环境中，就会发生一系列反应，这些反应还会引起其物理和化学性质发生变化。生物质炭的老化被认为主要是由暴露的碳环的氧化而形成的，该环具有高密度的 π 电子和自由基，从而在 BC 的表面形成了高密度的富含 O 的官能团，并且氧化会随着时间的流逝从表面开始并传播到颗粒的核心，促进进一步的物理、化学和微生物降解（de la Rosa et al.，2018）。通常，随着老化的进行，生物质炭颗粒的尺寸减小，并且在表面上形成了羧基、羰基或羟基等官能团，功能化（老化）的生物质炭可能会增加生物质炭和土壤有机质、矿物质、养分以及污染物之间的相互作用（Shamim et al.，2017）。阴离子交换容量（AEC）会影响生物质炭的老化，AEC 在各种环境中的稳定性非常重要，因为其稳定性将对潜在产品的使用和价值产生重大影响（Lawrinenko et al.，2016）。老化的生物质炭的负表面电荷增加，等电点降低，由于生物质炭表面的羧基会随时间而老化，在生物质炭表面上形成羧酸盐基团会增加负表面电荷和 CEC，但不会对生物质炭 AEC 有所贡献（Cheng et al.，2008）。各种氧化剂对生物质炭的氧化会产生氧化剂独有的表面变化，如用硝酸氧化活性炭会在活性炭表面产生硝基，而用过氧化氢和过硫酸铵处理会产生更多的羰基和羧酸根部分。特别是用过氧化氢的氧化在活性炭表面上产生了更多的醚基，通过传统的窑炉方法生产并经过生物培养的生物质炭，会生成羧酸盐，内酯和酚类表面基团，其中羧酸盐性质的增加是最突出的变化。此外，炭黑差异性可能取决于相的氧化机制，在液相处理中会形成酸酐，羧酸盐和羟基，而在气相处理期间会在表面形成羰基（Lawrinenko et al.，2016）。老化极大地改变了土壤系统对生物质炭修复的响应，但是考虑到土壤基质内部复杂的相互作用，将这些影响外推到作为农业土壤改良剂添加的生物质炭中是非常不确定的。由于使用生物质炭进行土壤改良主要针对农业土壤，因此更好地评估土壤特性对生物质炭归趋的影响对于预测生物质炭在土壤中的长期动态至关重要（de la Rosa et al.，2018）。

土壤环境中生物质炭的老化可能是由多种机制引起的，包括自由基加成，与超氧阴离子的反应和与单线态氧的反应，生物氧化可能涉及土壤生物释放的过氧化氢的参与（Lawrinenko et al.，2016）。单线态氧（$^1O_2$）在水生环境中氧化多环芳烃和其他有机化合物的现象已经被证实（Lawrinenko et al.，2016），空气中的基态氧被光激发产生$^1O_2$，然后可能扩散到溶液中，土壤表面的生物质炭易于与$^1O_2$反应，耕作导致氧化增加。在土壤中，可能会发生与过氧化物，$^1O_2$和自由基的反应，具体取决于生物质炭表面的化学性质以及土壤中普遍存在的还原性氧化和pH条件、温度、光照强度和土壤水分都可能影响反应动力学和机理。

参 考 文 献

［1］Agnieszka L，Jolanta K，Maciej K，et al. Willingness to adopt biochar in agriculture：the producer's perspective［J］. Sustainability，2017，9（4）：655.

［2］Allen － King R M，Grathwohl P，Ball W P. New modeling paradigms for the sorption of hydrophobic organic chemicals to heterogeneous carbonaceous matter in soils，sediments，and rocks［J］. Advances in Water Resources，2002，25（8-12）：985-1016.

［3］Anton-Herrero R，Garcia-Delgado C，Alonso-Izquierdo M，et al. Comparative adsorption of tetracyclines on biochars and stevensite：Looking for the most effective adsorbent［J］. Applied Clay Science，2018，160（aug.）：162-172.

［4］Asai H，Samson B，Haefele S，et al. Biochar amendment techniques for upland rice production in Northern Laos：1. Soil physical properties，leaf SPAD and grain yield［J］. Field Crops Research，2009，111：81-84.

［5］Boostani H R，Hardie A G，Najafi-Ghiri M. Chemical fractions and bioavailability of nickel in a Ni-treated calcareous soil amended with plant residue biochars［J］. Archives of Agronomy and Soil ence，2019.

［6］Braida W J，Pignatello J J，Lu Y，et al. Sorption hysteresis of benzene in charcoal particles ［J］. Environmental Science & Technology，2003，37（2）：409-417.

［7］Breulmann M，Van Afferden M，Mueller R A，et al. Process conditions of pyrolysis and hydrothermal carbonization affect the potential of sewage sludge for soil carbon sequestration and amelioration［J］. Journal of Analytical & Applied Pyrolysis，2017，124（mar.）：256-265.

［8］Butnan S，Deenik J，Toomsan B，et al. Biochar characteristics and application rates affecting corn growth and properties of soils contrasting in texture andmineralogy［J］. Geoderma，2015，s 237 － 238：105-116.

[9] Cao X, Ma L, Gao B, et al. Dairy-manure derived biochar effectively sorbs lead and atrazine [J]. Environmental Science & Technology, 2009, 43(9): 3285-3291.

[10] Chrysargyris A, Panayiotou C, Tzortzakis N. Nitrogen and phosphorus levels affected plant growth, essential oil composition and antioxidant status of lavender plant (Lavandula angustifolia Mill.)[J]. Industrial Crops & Products, 2016: S243576505.

[11] Cornelissen G, Gustafsson R, Bucheli T D, et al. Extensive sorption of organic compounds to black carbon, coal, and kerogen in sediments and soils: mechanisms and consequences for distribution, bioaccumulation, and biodegradation [J]. Environmental Science & Technology, 2005, 39(18): 6881-6895.

[12] Deenik J L, Tai M C, Uehara G, et al. Charcoal volatile matter content influences plant growth and soil nitrogen transformations[J]. Soil Science Society of America Journal, 2010, 74(4).

[13] Prendergast-Miller M, Duvall M, Sohi S. Biochar-root interactions are mediated by biochar nutrient content and impacts on soil nutrient availability [J]. European Journal of Soil Science, 2014.

[14] El-Naggar A, El-Naggar A H, Shaheen S M, et al. Biochar composition-dependent impacts on soil nutrient release, carbonmineralization, and potential environmental risk: A review [J]. Journal of Environmental Management, 2019.

[15] Garda-Jaramillo M, Cox L, Cornejo J, et al. Effect of soil organic amendments on the behavior of bentazone and tricyclazole[J]. Science of the Total Environment, 2014, 466-467(jan.1): 906-913.

[16] Goldberg. Black carbon in the environment[M]. NewYork: John Wiley & Sons, 1985.

[17] Hass A, Gonzalez J M, Lima I M, et al. Chicken manure biochar as liming and nutrient source for acid appalachian soil[J]. Journal of Environmental Quality, 2012, 41(4): 1096.

[18] Jeffery S, Verheijen F G A, Velde M V D, et al. A quantitative review of the effects of biochar application to soils on crop productivity using meta-analysis[J]. Agriculture Ecosystems & Environment, 2011, 144(1): 175-187.

[19] Jing X R, Wang Y Y, Liu W J, et al. Enhanced adsorption performance of tetracycline in aqueous solutions by methanol-modified biochar[J]. Chemical Engineering Journal, 2014, 248: 168-174.

[20] Jones D L, Edwards-Jones G, Murphy D V. Biochar mediated alterations in herbicide breakdown and leaching in soil[J]. Soil Biology & Biochemistry, 2011, 43(4): 804-813.

[21] Jr M, Grønli M. The art, science, and technology of charcoal production[J]. Industrial & Engineering Chemistry Research, 2003, 42: 1619-1640.

[22] Karhu K, Mattila T, Bergstrm I, et al. Biochar addition to agricultural soil increased CH_4 uptake and water holding capacity – results from a short-term pilot field study[J]. Agriculture Ecosystems & Environment, 2011, 140(1): 309-313.

[23] Keiluweit M, Kleber M. Molecular-level interactions in soils and sediments: the role of aromatic

π-systems[J]. Environmental Science & Technology, 2009, 43(10): 3421-3429.

[24] Khorram M S, Zheng Y, Lin D, et al. Dissipation of fomesafen in biochar-amended soil and its availability to corn (Zea mays L.) and earthworm (Eisenia fetida)[J]. Journal of Soils & Sediments, 2016, 16(10): 2439-2448.

[25] Kimetu J M, Lehmann J. Stability and stabilisation of biochar and green manure in soil with different organic carbon contents[J]. Soil Research, 2010, 48(7): 577.

[26] Kinney T J, Masiello C A, Dugan B, et al. Hydrologic properties of biochars produced at different temperatures[J]. Biomass & Bioenergy, 2012, 41(none): 34-43.

[27] Kloss S, Zehetner F, Dellantonio A, et al. Characterization of slow pyrolysis biochars: effects of feedstocks and pyrolysis temperature on biochar properties[J]. Journal of Environmental Quality, 2012, 41.

[28] Kong L L, Liu W T, Zhou Q X. Biochar: an effective amendment for remediating contaminated soil[J]. Reviews of Environmental Contamination & Toxicology, 2014, 228: 83-99.

[29] Kramer R W, Kujawinski E B, Hatcher P G. Identification of black carbon derived structures in a volcanic ash soil humic acid by fourier transform ion cyclotron resonance mass spectrometry [J]. Environ. sci. technol, 2004, 38(12): 3387-3395.

[30] Kuśmierz M, Oleszczuk P. Biochar production increases the polycyclic aromatic hydrocarbon content in surrounding soils and potential cancer risk[J]. Environmental science and pollution research international, 2013, 21.

[31] Le Yue, Lian F, Han Y, et al. The effect of biochar nanoparticles on rice plant growth and the uptake of heavy metals: Implications for agronomic benefits and potential risk[J]. Science of the Total Environment, 2018, 656.

[32] Lehmann J, Jr J P D S, Steiner C, et al. Nutrient availability and leaching in an archaeological Anthrosol and a Ferralsol of the Central Amazon basin: fertilizer, manure and charcoal amendments[J]. Plant & Soil, 2003, 249(2): 343-357.

[33] Li H, Li Z, Khaliq M A, et al. Chlorine weaken the immobilization of Cd in soil-rice systems by biochar[J]. Chemosphere, 2019, 235.

[34] Li H, Wu W, Liu Y, et al. Reduction of nitrogen loss and Cu and Zn mobility during sludge composting with bamboo charcoal amendment[J]. Environmental Science & Pollution Research, 2009, 16(1): 1-9.

[35] Li Z, Song Z, Singh B P, et al. The impact of crop residue biochars on silicon and nutrient cycles in croplands[J]. ence of The Total Environment, 2018a, 659.

[36] Li Z, Song Z, Singh B P, et al. The impact of crop residue biochars on silicon and nutrient cycles in croplands[J]. ence of The Total Environment, 2018b, 659.

[37] Li, Simeng, Barreto, et al. Nitrogen retention of biochar derived from different feedstocks at variable pyrolysis temperatures[J]. Journal of Analytical & Applied Pyrolysis, 2018.

[38] Li, Yongfu, Hu, et al. Effects of biochar application in forest ecosystems on soil properties and

greenhouse gas emissions: a review[J]. Journal of Soil & Sediments, 2018.

[39] Liang F, Li G, Lin Q, et al. Crop yield and soil properties in the first 3 years after biochar application to a calcareous soil[J]. Journal of Integrative Agriculture, 2014, 13: 525-532.

[40] Limmer M A, Mann J, Amaral D C, et al. Silicon-rich amendments in rice paddies: Effects on arsenic uptake and biogeochemistry [J]. Science of the Total Environment, 2018, 624 (MAY15): 1360-1368.

[41] Liu Y, Lonappan L, Brar S K, et al. Impact of biochar amendment in agricultural soils on the sorption, desorption, and degradation of pesticides: A review[J]. Science of the Total Environment, 2018, 645(DEC. 15): 60-70.

[42] Lucchini P, Quilliam R S, Deluca T H, et al. Does biochar application alter heavy metal dynamics in agricultural soil? [J]. Agriculture Ecosystems & Environment, 2014, 184: 149-157.

[43] Luo L, Wang G, Shi G, et al. The characterization of biochars derived from rice straw and swine manure, and their potential and risk in N and P removal from water [J]. Journal of Environmental Management, 2019, 245: 1-7.

[44] Major J, Rondon M, Molina D, et al. Maize yield and nutrition during 4 years after biochar application to a Colombian savanna oxisol[J]. Plant & Soil, 2010, 333(s1-2): 117-128.

[45] Mchenry M P. Soil organic carbon, biochar, and applicable research results for increasing farm productivity under australian agricultural conditions[J]. Communications in Soil Science and Plant Analysis, 2011, 42(10).

[46] Meschewski E, Holm N, Sharma B K, et al. Pyrolysis biochar has negligible effects on soil greenhouse gas production, microbial communities, plant germination, and initial seedling growth[J]. Chemosphere, 2019, 228: 565-576.

[47] Mizuta K, Matsumoto T, Hatate Y, et al. Removal of nitrate-nitrogen from drinking water using bamboo powder charcoal[J]. Bioresource Technology, 2004, 95(3): 255-257.

[48] Novak J M, Busscher W J, Laird D L, et al. Impact of biochar amendment on fertility of a southeastern coastal plain soil[J]. Soil Science, 2009, 174(2): 105-112.

[49] Qiu, Y., Pang, et al. Competitive biodegradation of dichlobenil and atrazine coexisting in soil amended with a char and citrate[J]. Environmental Pollution London Then Barking, 2009.

[50] Rogovska N, Laird D, Cruse R M, et al. Germination tests for assessing biochar quality [J]. Journal of Environmental Quality, 2012, 41(4): 1014.

[51] Rondon M A, Lehmann J, Ramírez J, et al. Biological nitrogen fixation by common beans (Phaseolus vulgaris L.) increases with bio-char additions[J]. Biology & Fertility of Soils, 2007, 43(6): 699-708.

[52] Schmidt M W I, Noack A G. Black carbon in soils and sediments: Analysis, distribution, implications, and current challenges[J]. Global Biogeochemical Cycles, 2000, 14.

[53] Shinogi Y, Yoshida H, Koizumi T, et al. Basic characteristics of low-temperature carbon products from waste sludge[J]. Advances in Environmental Research, 2003, 7(3): 661-665.

92

[54] Sloey T M, Hester M W. Impact of nitrogen and importance of silicon on mechanical stem strength in Schoenoplectus acutus and Schoenoplectus californicus: applications for restoration [J]. Wetlands Ecology & Management, 2017.

[55] Song J, Peng P A, Huang W. Black carbon and kerogen in soils and sediments. 1. quantification and characterization[J]. Environ. sci. technol, 2002, 36(18): 3960-3967.

[56] Steiner C, Glaser B, Geraldes Teixeira W, et al. Nitrogen retention and plant uptake on a highly weathered central Amazonian Ferralsol amended with compost and charcoal[J]. Journal of Plant Nutrition & Soil Science, 2008, 171(6): 893-899.

[57] Steiner C, Teixeira W G, Lehmann J, et al. Long term effects of manure, charcoal andmineral fertilization on crop production and fertility on a highly weathered Central Amazonian upland soil [J]. Plant & Soil, 2007, 291(1-2): 275-290.

[58] Tatiane Medeiros Melo M B E S. Management of biosolids-derived hydrochar (Sewchar): Effect on plant germination, and farmers' acceptance. [J]. Journal of environmental management, 2019.

[59] Turan V. Confident performance of chitosan and pistachio shell biochar on reducing Ni bioavailability in soil and plant plus improved the soil enzymatic activities, antioxidant defense system and nutritional quality of lettuce [J]. Ecotoxicology and Environmental Safety, 2019, 183: 109594.

[60] Uchimiya M, Lima R M, Klasson R T, et al. Contaminant immobilization and nutrient release by biochar soil amendment: Roles of natural organic matter[J]. Chemosphere, 2010, 80(8): 935-940.

[61] Uzoma K, Inoue M, Heninstoa A, et al. Effect of cow manure biochar on maize productivity under sandy soil condition[J]. Soil Use and Management, 2011, 27: 205-212.

[62] Wang H, Lin K, Hou Z, et al. Sorption of the herbicide terbuthylazine in two New Zealand forest soils amended with biosolids and biochars[J]. Journal of Soils & Sediments, 2010, 10(2): 283-289.

[63] Warnock D D, Mummey D L, Mcbride B, et al. Influences of non-herbaceous biochar on arbuscular mycorrhizal fungal abundances in roots and soils: Results from growth-chamber and field experiments[J]. Applied Soil Ecology, 2010, 46(3): 456.

[64] Weber K, Quicker P. Properties of biochar[J]. Fuel, 2018, 217(APR. 1): 240-261.

[65] Xiao X, Chen B, Zhu L. Transformation, morphology, and dissolution of silicon and carbon in rice straw-derived biochars under different pyrolytic temperatures[J]. Environmental Science & Technology Es & T, 2014.

[66] Xu G, Wei L L, Sun J N, et al. What is more important for enhancing nutrient bioavailability with biochar application into a sandy soil: Direct or indirect mechanism? [J]. Ecological Engineering, 2013, 52: 119-124.

[67] Yang Y, Sheng G. Enhanced pesticide sorption by soils containing particulate matter from crop residue burns[J]. Environmental Science & Technology, 2003, 37(16): 3635-3639.

［68］Yao Y, Gao B, Zhang M, et al. Effect of biochar amendment on sorption and leaching of nitrate, ammonium, and phosphate in a sandy soil［J］. Chemosphere, 2012, 89(11)：1467-1471.

［69］Yuan J H, Xu R K. The amelioration effects of low temperature biochar generated from nine crop residues on an acidic Ultisol［J］. Soil Use & Management, 2010, 27(1)：110-115.

［70］Yuan S, Huang Q, Tan Z. Study of the mechanism of migration and transformation of biochar-n and its utilization by plants in farmland ecosystems［J］. ACS Sustainable Chemistry & Engineering, 2019, 2019(XXXX).

［71］Zeeshan M, Ahmad W, Hussain F, et al. Phytostabalization of the heavy metals in the soil with biochar applications, the impact on chlorophyll, carotene, soil fertility and tomato crop yield［J］. Journal of Cleaner Production, 2020：120318.

［72］Zhao X, Wang J W, Xu H J, et al. Effects of crop-straw biochar on crop growth and soil fertility over a wheat-millet rotation in soils of China［J］. Soil Use & Management, 2014, 30(3)：311-319.

［73］Zhu X, Chen B, Zhu L, et al. Effects and mechanisms of biochar-microbe interactions in soil improvement and pollution remediation：A review［J］. Environmental Pollution, 2017, 227：98-115.

［74］Zi-Chuan L I, Song Z L, Yang X M, et al. Impacts of silicon on biogeochemical cycles of carbon and nutrients in croplands［J］. 农业科学学报(英文版), 2018, 017(010)：2182-2195.

［75］Zwieten L V, Kimber S, Morris S, et al. Effects of biochar from slow pyrolysis of papermill waste on agronomic performance and soil fertility［J］. Plant & Soil, 2010a, 327(s1-2)：235-246.

［76］Zwieten L V, Kimber S, Morris S, et al. Effects of biochar from slow pyrolysis of papermill waste on agronomic performance and soil fertility［J］. Plant & Soil, 2010b, 327(s1-2)：235-246.

［77］陈温福, 张伟明, 孟军. 生物质炭与农业环境研究回顾与展望［J］. 农业环境科学学报, 2014, 33(05)：821-828.

［78］陈温福, 张伟明, 孟军. 农用生物质炭研究进展与前景［J］. 中国农业科学, 2013, 046(16)：3324-3333.

［79］陈再明, 万还, 徐义亮等. 水稻秸秆生物碳对重金属Pb²⁺的吸附作用及影响因素［J］. 环境科学学报, 2012, 32(4)：769-776.

［80］戴中民. 生物质炭对酸化土壤的改良效应与生物化学机理研究［D］. 杭州：浙江大学, 2017.

［81］丁文川, 朱庆样, 曾晓岚等. Biochars From Different Pyrolytic Temperature Amending Lead and Cadmium Contaminated Soil 不同热解温度生物质炭改良铅和镉污染土壤的研究［J］. 科技导报, 2011, 029(014)：22-25.

［82］高德才, 张蕾, 刘强等. 旱地土壤施用生物质炭减少土壤氮损失及提高氮素利用率［J］. 农业工程学报, 2014, 000(006)：54-61.

［83］葛少华, 丁松爽, 杨永锋等. 生物质炭与化肥氮配施对土壤氮素及烤烟利用的影响［J］. 中国烟草学报, 2018, 024(2)：84-92.

[84] 勾芒芒. 生物质炭节水保肥机理与作物水炭肥耦合效应研究[D]. 呼和浩特：内蒙古农业大学，2015.

[85] 勾芒芒，屈忠义. 土壤中施用生物质炭对番茄根系特征及产量的影响[J]. 生态环境学报，2013，22(08)：1348-1352.

[86] 勾芒芒，屈忠义，王凡等. 生物质炭施用对农业生产与环境效应影响研究进展分析[J]. 农业机械学报，2018，49(07)：1-12.

[87] 黄超，刘丽君，章明奎. 生物质炭对红壤性质和黑麦草生长的影响[J]. 浙江大学学报（农业与生命科学版），2011，037(004)：439-445.

[88] 蒋田雨，姜军，徐仁扣等. 稻草生物质炭对3种可变电荷土壤吸附Cd(Ⅱ)的影响[J]. 农业环境科学学报，2012，(06)：65-71.

[89] 匡崇婷. 生物质炭对红壤水稻土有机碳分解和重金属形态的影响[D]. 南京：南京农业大学，2011.

[90] 李文娟，颜永毫，郑纪勇等. 生物质炭对黄土高原不同质地土壤中NO_3-N运移特征的影响[J]. 水土保持研究，2013，20(5)：60-68.

[91] 刘莹莹，秦海芝，李恋卿等. 不同作物原料热裂解生物质炭对溶液中Cd^{2+}和Pb^{2+}的吸附特性[J]. 生态环境学报，2012，21(1)：146-152.

[92] 吕一甲，屈忠义. 生物质炭肥料对河套灌区耕层土壤肥力及含水率影响的研究[J]. 节水灌溉，2015，000(3)：18-21.

[93] 聂新星，李志国，张润花等. 生物质炭及其与化肥配施对灰潮土土壤理化性质、微生物数量和冬小麦产量的影响[J]. 中国农学通报，2016，032(009)：27-32.

[94] 逄雅萍，爽黄，杨金忠等. 生物碳促进水稻土镉吸附并阻滞水分运移[J]. 农业工程学报，2013，29(11)：107-114.

[95] 唐光木，葛春辉，徐万里等. 施用生物黑炭对新疆灰漠土肥力与玉米生长的影响[J]. 农业环境科学学报，2011，(09)：107-112.

[96] 田丹，屈忠义，勾芒芒等. 生物质炭对不同质地土壤水分扩散率的影响及机理分析[J]. 土壤通报，2013，44(06)：1374-1378.

[97] 王欣，尹带霞，张凤等. 生物质炭对土壤肥力与环境质量的影响机制与风险解析[J]. 农业工程学报，2015，31(4)：248-257.

[98] 邢英，李心清，王兵等. 生物质炭对黄壤中氮淋溶影响：室内土柱模拟[J]. 生态学杂志，2011，30(11)：2483-2488.

[99] 许超，林晓滨，吴启堂等. 淹水条件下生物质炭对污染土壤重金属有效性及养分含量的影响[J]. 水土保持学报，2012，026(006)：194-198.

[100] 叶丽丽，王翠红，周虎等. 添加生物质黑炭对红壤结构稳定性的影响[J]. 土壤，2012，44(01)：62-66.

[101] 袁金华，徐仁扣. 生物质炭的性质及其对土壤环境功能影响的研究进展[J]. 生态环境学报，2011，(04)：189-195.

[102] 张明月. 生物质炭对土壤性质及作物生长的影响研究[D]. 泰安：山东农业大学，2012.

［103］张伟明，孟军，王嘉宇等．生物质炭对水稻根系形态与生理特性及产量的影响［J］．作物学报，2013，（08）：120-126.

［104］张祥，王典，朱盼等．生物质炭对酸性红壤改良及枳砧纽荷尔脐橙苗生长的影响［J］．中国南方果树，2013，42（6）.

［105］周志红，李心清，邢英等．生物质炭对土壤氮素淋失的抑制作用［J］．地球与环境，2011，（02）：145-151.

［106］荆玉琳．秸秆生物质炭对稻田土壤理化性质及微生物特性的影响［D］．北京：首都师范大学，2019.

第3章 ▶ 生物质炭对土壤 酶活性的影响

3.1 土壤酶简述

3.1.1 土壤酶的定义和来源

酶是微生物和生化过程的主要驱动力，决定了生态系统内的土壤功能（Nannipieri et al，2002）。土壤酶（soil enzyme）是指土壤中具有生物催化能力的一些特殊蛋白质类化合物的总称，是数量极微而作用极大的土壤组成部分。土壤酶来源于土壤微生物、植物根系和土壤动物等分泌物，其作为土壤生态系统的组分之一，是生态系统重要的生物催化剂，也是土壤有机体的代谢动力，与土壤理化性质、土壤类型、施肥、耕作以及其他农业措施等密切相关，在土壤物质循环和能量转化过程中起着重要作用。土壤酶的垂直分布与水平分布均有一定规律性：在垂直方向上几种酶的活性随土壤层次加深而减弱；在水平方向上，根际内酶的活性大于根际外酶的活性。土壤微生物所引起的各种生物化学过程，全部是借助于他们所产生的酶来实现的（伍光和等，2007）。酶活性增加可以加速微生物生命周期和代谢、土壤有机质形成和分解、养分物质循环和有机有害物质降解等生化反应（Burns et al，2013）。土壤酶被认为是土壤健康和质量的微生物指标，对土壤环境变动非常敏感（Pazferreiro et al，2016）。土壤酶活动在很大程度上受非生物和生物因素的影响（Burns et al，2013）。通常添加生物质炭会影响参与土壤 C、N、P 循环的细胞外酶活性和参与土壤微生物生命过程的细胞内酶（脱氢酶和过氧化氢酶）活性（Demisie et al，2014；G. et al，2016；Pazferreiro，2014；李娜等，2017；尚杰等，2015）。

土壤酶主要来源于土壤微生物的活动、植物根系分泌物和动植物残体腐解过程的释放（关松荫，1986）。1953 年 Crewther 与 Lennox（1953）对米曲霉（Aspergillusoryza）进行了研究，结果表明，酶是按一定的顺序释放出来的，首先是糖酶和磷酸酶，随后是蛋白酶和醋酶，最后是过氧化酶。一些酶在微生物生长初期阶段释出，一些酶是在生长的后期，菌丝丛逐渐减少时释出。可见，许多细菌和真菌等微生物能释放出不同的土壤酶。另有一些学者则倾向于认为土壤酶活性主要来源于高等植物的根系，根系的纤细顶端在其整个生命过程中不断地往土壤中分泌酶，植物凋落后则将其酶器富集在土壤里。Wood（1974）首先对有关土壤胞外酶做了报道，指出植物根系能分泌出氧化酶。随后，许多植物生理学家经大量研究表明（Castellano et al, 1991；Dick et al, 1991），植物根确实能将一些酶分泌至根际土壤，但是由于技术手段等方面的原因，人们很难区别根际土壤中植物和微生物对于土壤酶活性的贡献。王理德等（2014）认为土壤酶在很大程度上起源于土壤微生物，同样它也可能来源于植物和土壤动物。植物的根对土壤酶活性具有影响，一方面在于植物根能分泌胞外酶，另一方面也可能是根刺激了土壤微生物的活性。Shkjins（1978）以及后来的 Castellano 和 Dick（1991）与 Dick 和 Deng（1991）的研究都表明，根际土壤比非根际土壤更能增加诸如磷酸酶、核酸酶、蔗糖酶、脲酶、过氧化氢酶、芳基硫酸酯酶和蛋白酶的活性，但是这些研究均不能区分酶是起源于植物根还是起源于土壤微生物。植物残体在分解的过程中也能够向土壤中释放酶，或者在分解的植物细胞组织中保持部分酶的活性。土壤酶也可能来源于土壤动物，已有报道表明，脲酶（Syers et al, 1979）、磷酸酶（Park et al, 1992）和转化酶活性来源于蚯蚓的排泄物，同时蚂蚁对转化酶活性也有一定的贡献。林区生态系统的土壤酶系主要来源于动植物的分泌物及其残体腐解、土壤微生物分泌等（肖育贵，1996）。

3.1.2　土壤酶的分类和功能

为有效研究和应用各种酶，国际酶学委员会（International Enzyme Committee）于 1961 年提出了一个分类系统，按照酶的催化反应类型和功能，将已知的酶分为 6 大类（徐雁等，2010），即氧化还原酶、水解酶、转移酶、裂合酶、连接酶和异构酶，土壤中酶活性的研究主要涉及前 3 种酶：

（1）氧化还原酶类（oxidoreductases）：主要包括脱氢酶、多酚氧化酶、过氧化氢酶、硝酸还原酶、硫酸盐还原酶等。氧化还原酶是土壤中研究较多的一类酶，由于这些酶所催化的反应大多与获得或释放能量有关，因此在土壤的物质和能量转化中有很重要的地位；它参与土壤腐殖质组分的合成，也参与土壤形成过程，因此对于土壤氧化还原酶系的研究，有助于对土壤发生及有关土壤肥力等问题的了解（韩福贵等，2014）。

（2）水解酶类（hydrolases）：主要包括蔗糖酶、淀粉酶、脲酶、蛋白酶、脂肪酶、磷酸酶、纤维素分解酶、β-葡萄糖苷酶、荧光素二乙酸酯酶等。水解酶能水解多糖、蛋白质等大分子物质，从而形成简单的、易被植物吸收的小分子物质，对于土壤生态系统中的 C、N 循环具有重要作用。例如高等植物具有脲酶（urease），能够酶促有机质分子中肽键的水解。土壤脲酶活性与全氮呈极显著正相关，与硝态氮、速效磷及速效钾呈极显著负相关，可用土壤脲酶活性表征土壤的氮素状况（韩福贵等，2014）。

（3）转移酶（transferases）和裂合酶（lyases）：主要包括转氨酶、果聚糖蔗糖酶、转糖苷酶、天门冬氨酸脱羧酶、谷氨酸脱羧酶等。这两类酶在土壤物质转化中同样起着重要作用，转移酶不仅参与蛋白质、核酸和脂肪的代谢，还参与激素和抗菌素的合成与转化；直到现在裂合酶在土壤中的活性研究还很少（曹慧等，2003）。

3.1.3　土壤酶的分布特征

土壤的一切生物化学过程，都是在土壤酶的参与下进行（张成娥等，1996）。随着科学研究的深入，越来越多的实验表明，土壤酶系统是土壤生理生化特性的重要组成部分，它积极参与生态系统中的物质循环与能量转化，是土壤的重要组成部分之一，具有明显的分布特征。

（1）土壤酶的空间分布特征

土壤酶垂直分布具有明显的规律性。它反映了各土层的营养状况，也在一定程度上反映出土壤肥力状况及其生产力水平（赵兰坡等，1986）。郭明英等（2012）研究表明土壤蛋白酶、转化酶、过氧化氢酶活性均随土层的增加而逐渐降低，而脲酶活性相反。赵林森和王九龄（1995）试验表明脲酶、蛋白酶、转化酶、碱性磷酸酶的活性在垂直分布上都表现出上层高于下层的规律，过氧化氢酶活性表现出随土层加深而升高。由于研究区状况、研究对象等不同，同一种土壤酶活性表现出不同的变化规律。总的来看，土壤酶活性的垂直分布特征为随土层的增加而逐渐降低（表3-1）。赵林森和王九龄（1995）、杨梅焕等（2012）、李林海等（2012）研究结果表明：随土层的加深，过氧化氢酶活性升高或者变化不明显，呈现出与其他酶类不同的响应特征。这是因为过氧化氢酶属氧化还原酶类，其活性大小除与凋落物组成及根系分泌物有关外，土壤环境是影响其分布的重要因素。过氧化氢酶活性在整个剖面上均以草地土壤最低。草地植物为1年生草本植物，其凋落物层较厚，覆盖在土壤表层，大大增加了土壤有机质的含量，并促进了对降雨的截流。草地土壤含水量（13.27%）和有机质含量（9.57g/kg）高于其他林分（10.81%~13.01%和5.85~11.53g/kg），而这两者的含量越高，土壤环境越易处于还原状态，从而抑制土壤氧化氢酶活性（李林海等，2012）。另外，由于沙漠化程度的不同等其他土壤环境因素也会导致土壤过氧化氢酶和多酚氧化酶活性变化没有明显规律（杨梅焕等，2012）。郭明英等研究表明脲酶活性随土层的增加而逐渐升高(郭明英等, 2012)和马瑞萍等研究发现辽东栎群落 0~10cm 土层土壤多酚氧化酶活性却低于 10~20cm 土层(马瑞萍等, 2014)有相似之处，具体原因还待进一步研究。

王理德等对石羊河下游退耕区土壤酶活性的研究表明：随着退耕区次生草地自然恢复，土壤过氧化氢酶、蔗糖酶、脲酶和磷酸酶活性均表现出随土壤深度的增加而逐渐减小；同时也发现，0~10cm 土层的酶活性在 4 土层(0~10cm、10~20cm、20~30cm、30~40cm)总酶活性中占有较大的比例(王理德等, 2016)。该结果与一些学者(高海宁等, 2014；罗珠珠等, 2012；南丽丽等, 2014；秦燕等, 2012；王群等, 2012；文都日乐等, 2010；吴旭东等, 2013)研究得出的土壤酶活性垂直变化的特点相一致。究其原因，由于石羊河下游土壤肥力较差，只有表层有少量的枯枝落叶和腐殖质可以支持微生物的生长，表层温度条件和通气状况良好，一旦遇到降雨，微生物旺盛生长，代谢活跃，使表层的土壤酶活性提高。研究区干旱少雨，自然降雨只能贮藏于土壤表层，随着土壤剖面的加深，土壤水分显著减少，土壤温度降低，限制了土壤微生物的正常活动及代谢产酶能力。由于这些因素的综合作用，使得土壤酶活性随着土层的加深而逐渐降低，而且表层土壤酶活性所占比例较大(王理德等, 2014)。

表 3-1　土壤酶垂直分布规律(王理德等, 2014)

文献	过氧化氢酶	脲酶	蔗糖酶	磷酸酶	蛋白酶	转化酶	多酚氧化酶	纤维素酶	β-D葡糖苷酶
(赵兰坡等, 1986)				↓					
(郭明英等, 2012)	↓	↑			↓	↓			
(赵林森等, 1995)	↑	↓		↓	↓	↓	↔		
(杨梅焕等, 2012)	↔	↓					↔		
(李林海等, 2012)	↑	↓	↓	↓					
(马瑞萍等, 2014)	↓		↓				↔	↓	↓
(罗珠珠等, 2012)	↓	↓	↓	↓					
(王群等, 2012)	↓	↓		↓				↓	
(王群等, 2012)	↓	↓				↓			
(秦燕等, 2012)	↓	↓	↓	↓					
(南丽丽等, 2014)	↓	↓		↓					
(吴旭东等, 2013)	↓	↓	↓						
(高海宁等, 2014)	↓	↓	↓	↓					
(王理德等, 2014)	↓	↓	↓	↓					

注：↑表示土壤酶活性随土层加深而升高；↓表示土壤酶活性随土层的加深而降低；↔表示土壤酶活性随土层加深变化规律不明显；未标出表示文献中未提及。

（2）土壤酶的季节动态分布特征

不同季节对各种土壤酶的影响存在争议。一些研究认为，不同季节酶活性相对稳定（Holmes et al，1994），而有的则认为具有显著的季节性变化（Singh et al，1989），还有的认为土壤酶活性受生长季节影响较大，但无明显的规律性（南丽丽等，2014）。基于一些观测数据分析得出，土壤酶的活性在夏季较高，春、秋季较低，冬季达到最低。土壤酶活性的季节变化主要是由土壤水分和温度共同影响的。

张其水和俞新妥（1990）对不同类型混交林林地研究表明，土壤酶活性在春季较高，夏季最高，秋季稍有下降，冬季最低，这一结果与胡延杰等（2001）在杨树刺槐混交林及纯林土壤中的研究结果相一致。羊草（leymus chinensis）草原土壤过氧化氢酶活性的季节动态呈抛物线型（鲁萍等，2002），在大多数群落中各土层的土壤过氧化氢酶活性的最大值均出现在8月，最小值出现在6月或10月（张成霞等，2010）。杨成德等（2011）以东祁连山不同灌丛草地为研究对象，对土壤酶的季节性动态等进行了研究，结果表明：在3个灌丛草地，脲酶季节动态表现为从5月到7月上升，7月之后下降，最大值出现在7月，最小值出现在11月；中性磷酸酶在3个灌丛草地季节动态差异明显，在杜鹃灌丛草地从5月到7月略上升，7月到9月显著下降，9月后显著上升，在金露梅灌丛则为从5月到9月上升，后下降，而在高山柳灌丛则为从5月到11月逐渐上升。说明土壤酶活性的季节性变化受环境条件（湿度、温度）影响较大。这是因为土壤酶的主要来源是土壤微生物，土壤微生物总量随着春季温度上升而逐渐增高，最高峰出现在8月中旬。随着季节的变化，9月以后，温度和湿度同步下降，土壤微生物生物量也逐渐下降。因而，土壤酶活性也随着土壤微生物的变化呈现出相应的季节波动。

玛伊努尔·依克木等（2013）对古尔班通古特沙漠生物结皮土壤中酶活性的季节变化研究结果表明，蔗糖酶、碱性磷酸酶、脲酶、过氧化物酶和多酚氧化酶的活性在不同月份差异极显著；蔗糖酶在4~9月均保持较高的活性，酶活性在4月份最高；碱性磷酸酶、脲酶、多酚氧化酶、过氧化物酶的活性均呈单峰曲线变化，其峰值分别出现在3~7月。碱性磷酸酶、脲酶之间，蔗糖酶、多酚氧化酶及过氧化物酶与土壤温度之间，蔗糖酶、脲酶和过氧化物酶与土壤水分之间均具有极显著的正相关关系。微生物生物量 N 的增加为脲酶和碱性磷酸酶提供反应底物或能源物质从而增加酶的活性。南丽丽等（2014）以疏勒河流域中游玉门饮马农场不同植被类型（白刺、小麦、苜蓿、孜然和茴香）土壤为研究对象，以荒地为对照，探讨疏勒河流域绿洲荒漠过渡带不同植被类型条件下土壤酶活性季节变化特征，结果表明，土壤酶活性受生长季节影响较大，但无明显的规律性；5种植被类型土壤酶活性存在差异，但因季节因素的影响，很难确定哪种植被类型对土壤酶活性的影响最大。因不同植物对外界环境条件的响应是不同的，也就是它们的旺盛生长时间可能有差异，甚至施肥及收获期等都不同，这都影响了土壤酶的活性。

总之，不同类群土壤酶的季节变化总体趋势与夏季较高，春、秋季较低，冬季达到最低这一结果相同（胡延杰等，2001；张其水等，1990）或者相似（鲁萍等，2002；杨成德等，2011；张成霞等，2010），但也有各自类群的特点（玛伊努尔·依克木等，2013）。

（3）土壤酶的根际分布特征

国内外大量研究（Dick & Deng，1991；Skujins，1978；梅杰等，2011；田呈明等，1999；王理德等，2014；姚胜蕊等，1999）表明，土壤酶活性的根际分布特征基本相一致，均表现为以植物根系为中心，向四周逐渐减小的变化规律。赵林森和王九龄（1995）通过杨树刺槐混交林试验，揭示多酚氧化酶、过氧化氢酶、脲酶、蛋白酶、转化酶、碱性磷酸酶的活性表现出一定的水平分布规律，即土壤酶离植物根系越近，其活性越高。姚胜蕊和束怀瑞（1999）利用平邑甜茶（malus hupenensis）实生苗为试材，以根际箱为基本研究手段，发现脲酶、转化酶、中性磷酸酶根际土壤酶活性>非根际土壤酶活性。梅杰和周国英（2011）对不同林龄马尾松林根际和非根际土壤酶活性进行了对比分析，脱氢酶、过氧化氢酶及脲酶活性根际土壤高于非根际土壤。田呈明等（1999）发现秦岭林区几种主要林型下脲酶、蔗糖酶、纤维素酶的活性与微生物的数量分布呈正相关关系，同一林型根际区域>非根际区域。

以上研究表明根际的土壤酶活性大于非根际。这是由于土壤酶活性与土壤微生物分布有着紧密联系的关系，植物在生长过程中创造出了一个微生物的特殊生境，即土壤根系能够直接影响的土壤范围，根际微生物量总是高于非根际微生物量，当微生物受到环境因素刺激时，会不断向周围介质分泌酶，致使根际与非根际的酶活性产生较大差异（梅杰等，2011）。最近，研究者采用荧光原位监测（FISH）和荧光定量 PCR 分析等分子生物学手段证实，微生物在作物根际土壤生物学过程（如氨化、水稻根际甲烷形成等）中起着重要作用（Bomberg et al，2011），对土壤酶的根际分布也起着关键作用。

3.1.4　土壤环境质量与土壤酶

土壤环境质量是土壤容纳、吸收和降解各种环境污染的能力。各种污染物（农业、工业）进入土壤后，都会对土壤的环境质量造成一定的影响。土壤养分、土壤结构等理化特征一直被用作表征土壤质量、土壤肥力的指标。但随着气候变化、人口的不断增长，土壤开发利用强度不断加大，为实现土地资源持续利用和防止土壤退化，对土壤环境质量的评估和监测越来越重要，传统的理化指标已难以满足土壤质量健康状况、土壤恢复过程及其恢复潜力研究的需要。特别是 20 世纪 80 年代以来，广泛分布于青藏高原的高寒草甸生态系统在自然扰动与人为因素的干扰下，呈现出明显的退化趋势，陆地生态系统的退化减少了植被生产力和土壤有机质输入量，并加快了土壤有机质的分解速率，加速了土壤生态系统的退化。土壤酶作为土壤中的重要组成部分，是土壤中产生专一生物化学反应的生物催化剂，对土壤环境质量的变化反应迅速，常被用来作为指示土壤环境质量的生物学指标。因此，用土壤酶活性作为较全面地反映土壤环境、质量和肥力变化，判别胁迫环境下土壤生态系统退化的早期主要预警指标之一，对于分析和探讨土壤生态系统结构、功能及其可持续利用将具有重要的现实意义。在土壤生物组分中，土壤微生物和土壤物质循环和能量转化过程中起着至关重要的作用，土壤微生物群落的变化能够迅速反映外来异生物质对土壤环境质量的影响，但是要获得土壤微生物学的特征需要利用分子生物学技术和专业的微生物技术，配备昂贵的试剂和精密的实验仪器，这无疑增加了大范围土壤研究的难度。因此近些年来，学者们开始尝试进行土壤酶对土壤环境质量的指示作用研究。

3.2　生物质炭对土壤酶活性的影响研究进展

生物质炭利用其吸附性特点能促进或者抑制土壤酶活性，一方面对土壤中的反应底物(参与酶促反应的物质)进行吸附，保护酶促反应的结合位点，提高土壤酶活性；而另一方面生物质炭的吸附减小了反应物浓度从而抑制酶促反应进行(Khalid et al，2015)。目前对土壤酶活性的研究主要集中在 C、N、P 循环相关酶的影响研究，Lehmann(2011)认为生物质炭会提高土壤中相关酶活性(N、P 相关酶)。李娜等(2017)发现较对照处理，生物质炭配施肥料能提高土壤 β-D-Glucosidase(葡萄糖苷酶)活性，增加幅度为 17.2% ~ 81.6%，Bamminger(2014)也得出同样的结论。Ferreiro 等(2014)报道添加生物质炭和蚯蚓，对土壤蔗糖酶、脲酶和磷酸单酯酶活性有明显的提高。顾美英(2016)研究不同梯度生物质炭添加量对新疆区域土壤酶活性的影响，当添加 67500 ~ 112500kg/hm² 的生物质炭时土壤蔗糖酶、过氧化氢酶和蛋白酶活性最高。此外，唐珺瑶(2016)探究生物质炭(0.25 ~ 5.0mm 等不同粒径)对淹水稻田体系脱氢酶的影响，发现经过生物质炭处理脱氢酶活性与对照具有显著差异，且随着生物质炭粒径的增加，对脱氢酶的影响越小。但姚钦(2017)在东北黑土土壤中施用生物质炭，发现对土壤磷酸酶活性没有明显的影响，同时速效磷在土豆生育期无明显变化，但是显著提高蔗糖酶、脲酶活性。

已有研究表明，施用生物质炭对土壤酶活性的影响结果不尽相同，这与添加的生物质炭种类、性质以及土壤类型等因素密切相关。

因此，这一章重点介绍张玉虎教授团队采用土壤酶学方法，基于大田试验，研究生物质炭输入后水稻幼苗期、分蘖期、抽穗期和成熟期的土壤中蔗糖酶、脲酶、磷酸酶、蛋白酶、脱氢酶和过氧化氢酶活性的动态变化特征，利用 GMea 综合评价不同秸秆生物质炭对稻田土壤酶活性的影响（荆玉琳，2019）。不同生态系统中土壤酶活性的空间分布格局如图 3-1 所示。

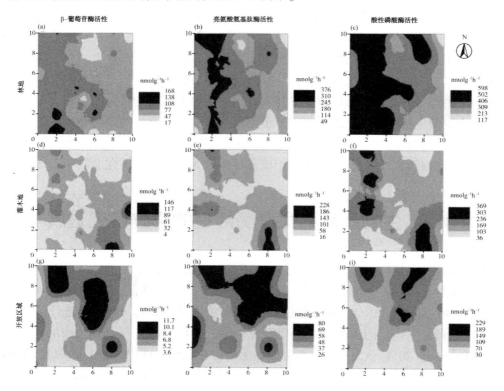

图 3-1 不同生态系统中土壤酶活性的空间分布格局（Li et al，2020）

3.3 秸秆生物质炭对稻田土壤酶活性的影响研究

3.3.1 实验设计

（1）实验方案

实验地位于江苏省丹阳市珥陵镇德木桥村（31°51′53.64″N，119°35′27.47″

E)，属于典型的亚热带季风气候，年平均气温 15.8℃，年平均降雨量为 1091.9mm，全年日照总时数为 1904.2h。土壤理化性质见表 3-2。

表 3-2 土壤基本理化性质

pH 值	容重/ g·cm⁻³	有机碳/ g·kg⁻¹	总氮/ g·kg⁻¹	全磷/ g·kg⁻¹	碱解氮/ mg·kg⁻¹	NH_4^+/ mg·kg⁻¹	NO_3^-/ mg·kg⁻¹	速效磷/ mg·kg⁻¹	CEC/ cmol·kg⁻¹
5.6	1.10	22.33	1.31	0.4	199.5	25.56	2.99	79.43	20.55

实验共设 6 个处理(具体处理设置见表 3-3)，每个处理 3 个重复，共 18 块实验小区。每个小区为 4m×5m=20m²。小区外围的一侧设有高 20cm 的田埂，田埂用塑料薄膜包被以防串流和侧渗。生物质炭在 2017 年 6 月 10 日一次性撒施与表层土壤，翻耕，将生物质炭与土壤混合。

表 3-3 实验处理设置

处理	生物质炭原材料	裂解温度/℃	添加量/(t/hm²)	化肥施用量
CK	—	—	—	常规
WB500	小麦秸秆	500	10	与 CK 等量施肥
MB500	玉米秸秆	500	10	与 CK 等量施肥
RB300	水稻秸秆	300	10	与 CK 等量施肥
RB500	水稻秸秆	500	10	与 CK 等量施肥
RB700	水稻秸秆	700	10	与 CK 等量施肥

水稻选用当地的优势品种南粳 5055，采用人工插秧的方式，水稻株行距 15cm×15cm。2017 年 6 月 17 日插秧，2017 年 6 月 10 日施加基肥，2017 年 6 月 30 日第一次追肥，2017 年 8 月 11 日第二次追肥。施肥量见表 3-4。在水稻生长期间(淹水-排水-再水化-潮湿)对排水周期 F-D-F-M 进行管理。详细地说，在 6 月 17 日至 7 月 22 日期间保持了水稻淹水，随后在 7 月 22 日至 8 月 2 日为期 12d 晒田，最后间歇灌溉使土壤在润湿状态直至收获。

表 3-4 田间施肥管理

基肥/ kg·hm⁻²			第一次追肥/ kg·hm⁻²	第二次追肥/ kg·hm⁻²	
N	P_2O_5	K_2O	N	N	K_2O
72.00	79.20	72.00	54.00	55.20	45.00

土壤样品采集。分别于 2017 年 6 月 27 日、7 月 22 日、9 月 17 日、11 月 2 日采集土壤样品，分别处于水稻幼苗期、分蘖期、抽穗期和成熟期。按照"S"形 5 点取样，采集 0~20cm 表层土壤，去除根系和石子等杂质，将 5 个样品均匀混

合为一个样品，将样品密封在塑料袋中，并运送到实验室进行分析。一部分土壤风干后，过 2mm 筛，储存在 4℃ 冰箱中，用于酶活性测定。

土壤酶活性测定参照《土壤酶及其研究法》（关松荫）。蔗糖酶活性采用硫代硫酸钠比色法。脲酶活性采用苯酚钠比色法测定。磷酸酶活性采用对硝基苯磷酸盐法测定。蛋白酶活性采用茚三酮比色法测定。脱氢酶活性采用 TTC 比色法测定。过氧化氢酶活性采用高锰酸钾滴定法测定。

（2）实验材料

将小麦秸秆、玉米秸秆，在 500℃ 条件下，将水稻秸秆在 300℃、500℃ 和 700℃ 条件下，经炭化炉高温裂解 2h 制成生物质炭，分别标记为：WB500、MB500、RB300、RB500、RB700。施入大田之前将生物质炭磨碎，过 2 mm 筛，使其混合均匀。生物质炭的理化性质见表 3-5。

表 3-5　供试生物质炭的基本理化性质

生物质炭	单位	WB500	MB500	RB300	RB500	RB700
C	%	66.4	60.23	55.72	64.29	68.73
N	%	1.19	1.49	1.40	0.86	0.35
H	%	2.35	2.61	3.26	2.12	1.33
O	%	30.06	35.67	39.62	32.73	29.59
O/C	—	0.45	0.59	0.71	0.51	0.43
H/C	—	0.03	0.04	0.06	0.03	0.02
比表面积	$m^2 \cdot g^{-1}$	31.22	14.28	5.81	26.40	184.83
平均孔径	nm	4.36	5.85	5.25	9.06	4.71
CEC	$cmol \cdot kg^{-1}$	4.25	3.82	34.83	16.96	12.58
pH	—	11.5	10.2	9.5	12.3	12.8
灰分	%	25.83	24.18	25.83	30.26	33.72
挥发分	%	23.84	28.86	37.60	21.48	12.84
固定碳	%	50.33	46.96	36.57	48.26	53.44
有机碳	$g \cdot kg^{-1}$	567.41	518.11	607.23	537.97	503.40
全氮	$g \cdot kg^{-1}$	0.458	1.105	1.245	0.613	0.529
全磷	$g \cdot kg^{-1}$	1.851	1.833	1.706	1.993	2.153
全钾	$g \cdot kg^{-1}$	23.57	14.46	22.80	27.15	27.06

3.3.2　生物质炭对土壤蔗糖酶的影响

自 1860 年 Bertholet 从啤酒酵母 Sacchacomyces Cerevisiae 中发现蔗糖酶以来，它已被广泛地进行了研究。蔗糖酶（β-D-呋喃果糖苷果糖水解酶）特异地催化非还原糖中的 α-呋喃果糖苷键水解，具有相对专一性。不仅能催化蔗糖水解生成葡萄糖和果糖，也能催化棉子糖水解，生成蜜二糖和果糖。该酶以两种形式存在于酵母细胞膜的外侧和内侧，在细胞膜外细胞壁中的称之为外蔗糖酶(external yeast invertase)，其活力占蔗糖酶活力的大部分，是含有50%～70%(质量分数)糖成分的糖蛋白；在细胞膜内侧细胞质中的称之为内蔗糖酶(internal yeast invertase)，含有少量的糖。两种酶的蛋白质部分均为双亚基(二聚体)结构，两种形式的酶的氨基酸组成不同，外酶每个亚基比内酶多2种氨基酸——丝氨酸和蛋氨酸，它们的分子质量也不同，外酶约为270KD(或220KD，与酵母的来源有关)，内酶约为135KD。尽管这两种酶在组成上有较大的差别，但其底物专一性和动力学性质仍十分相似，由于内酶含量很少，极难提取。

蔗糖酶又称转化酶，通过水解蔗糖为土壤中生物体所吸收利用并提供能量，其活性可以反映土壤中易溶性物质的利用以及土壤有机质积累和转化的状况(赵军等，2015；周震峰等，2015)。图3-2表示不同处理对土壤蔗糖酶活性的影响。在水稻整个生育期内，土壤蔗糖酶活性呈现先增加后降低的趋势，在分蘖期达到最大值。与CK处理相比，WB500、MB500、RB300、RB500和RB700处理的四个时期蔗糖酶活性的平均值分别增加了11.21%、20.84%、3.69%、17.84%和11.62%，说明添加生物质炭可以增加土壤蔗糖酶活性。不考虑水稻生育期的变化，从秸秆来源看，添加玉米秸秆生物质炭比添加小麦和水稻秸秆生物质炭更有

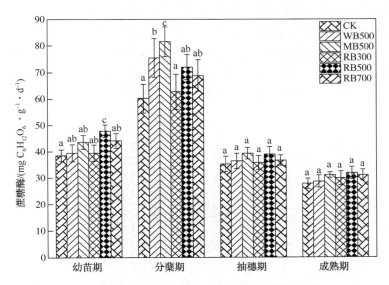

图3-2　施用生物质炭对土壤蔗糖酶活性的影响

注：CK、WB500、MB500、RB300、RB500、RB700分别表示不添加生物质炭的常规处理、500℃裂解的小麦秸秆生物质炭、500℃裂解的玉米秸秆生物质炭和300℃、500℃、700℃裂解的稻秆生物质炭。不同字母表示各处理之间的显著性差异($P<0.5$)。

利于促进蔗糖酶活性增加；从裂解温度来看，500℃裂解的稻秆生物质炭优于300℃和700℃裂解的稻秆生物质炭。

在水稻幼苗期时，500℃裂解的稻秆生物质炭相比其他处理显著提高了土壤蔗糖酶活性，与CK处理相比，增加了24.06%，其余各处理间不存在显著性差异。分蘖期时，WB500、MB500、RB500和RB700均显著增加了土壤蔗糖酶活性，提高幅度分别为25.40%、35.58%、19.64%、14.33%，此时RB300处理对土壤蔗糖酶活性无明显变化。进入抽穗期，土壤蔗糖酶活性迅速降低，所有处理均一定程度上提高了蔗糖酶活性，其中MB500处理的最高，为39.29mg $C_6H_{12}O_6$·g^{-1}·d^{-1}。在成熟期，土壤蔗糖酶活性显著低于水稻分蘖期，添加生物质炭对蔗糖酶活性无显著性影响。

3.3.3 生物质炭对土壤脲酶的影响

土壤脲酶主要来源于植物和微生物，是影响土壤中N转化的关键酶，其活性高低反映了各种生化过程的方向和强度。脲酶是土壤中重要的水解酶，是一种酰胺酶，直接参与尿素的形态转化，能酶促有机质分子中肽键的水解，是尿素分解必不可少的一种酶（赵军等，2015）。

图3-3表示各处理对土壤脲酶活性的影响。由图可知，土壤脲酶活性随着水稻生育期推进呈现先升高后降低的趋势，分蘖期和抽穗期显著高于幼苗期和成熟期。四个时期土壤脲酶活性的平均值表现为：MB500>RB500>RB700>WB500>RB300>CK，分别高于CK处理25.86%、17.19%、15.85%、8.47%、6.91%，

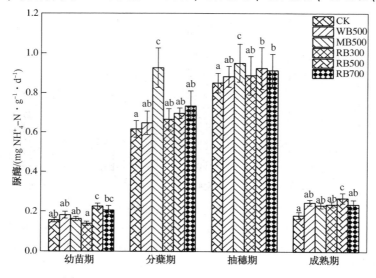

图3-3 施用生物质炭对土壤脲酶活性的影响

说明添加生物质炭可以增加土壤脲酶活性。与蔗糖酶类似，同一裂解温度条件下，玉米秸秆生物质炭对土壤脲酶活性的促进作用优于小麦和水稻秸秆生物质炭；同一稻秆生物质炭，RB500 处理的脲酶活性显著高于 RB300 和 RB700 处理。

在水稻幼苗期，300℃裂解的稻秆生物质炭降低了土壤脲酶活性，其他生物质炭处理均增加了土壤脲酶活性，但不显著。从幼苗期到分蘖期，土壤脲酶活性显著增加，此时，MB500 处理的脲酶活性比 CK 处理显著提高了 50.30%，同一稻秆生物质炭中，土壤脲酶活性表现为 RB700>RB500>RB300。在抽穗期，土壤脲酶活性达到整个生育期最高值，各处理均显著增加了土壤脲酶活性，同一裂解温度条件下，MB500 处理的脲酶活性最大，而 WB500 和 RB500 处理之间无显著性差异；300℃、500℃和 700℃的稻秆生物质炭都提高了土壤脲酶活性，但300℃的促进作用低于 500℃和 700℃。进入水稻成熟期，脲酶活性降低，但高于分蘖期，RB500 处理使得土壤脲酶活性显著提高了 48.34%。

3.3.4 生物质炭对土壤磷酸酶的影响

生物质炭可以通过改变土壤磷酸酶活性、微生物生物量或微生物群落结构来影响土壤磷素转化。这些影响可以促进有机磷库和难溶性无机磷向有机磷的转化，形成或再生易分解的活性有机磷，也可以通过提高菌根活性来提高植物对磷的吸收利用。有研究结果表明，连续 4 年添加 9.0 t/hm² 玉米芯生物质炭能够增加土壤磷酸酶活性。此外，生物质炭对不同类型土壤中磷酸酶活性的影响存在差异。才吉卓玛(2013)将玉米秸秆生物质炭以不同比例(2%、4%和8%)添加至红壤、水稻土、潮褐土和潮土中的培养试验研究发现，土壤中有效磷含量随生物质炭添加量的提高而显著增加；与不添加生物质炭处理相比，各类型土壤中磷酸酶活性均随生物质炭添加量的提高而降低，尤其红壤和水稻土中磷酸酶活性的降低幅度较为明显；但随着培养时间的延长，添加各比例生物质炭的水稻土中磷酸酶活性均呈先降低后升高的趋势，而潮褐土和潮土中磷酸酶活性的波动幅度很小，基本趋于稳定。Zhai 等(2015)的培养试验发现红壤中酸性磷酸单酯酶活性和潮土中碱性磷酸单酯酶活性均随着玉米秸秆生物质炭添加量的增加而显著降低，并认为这是由于大量无机磷的存在所致(刘玉学等，2016)。

图 3-4 表示各处理土壤磷酸酶的动态变化特征。与蔗糖酶类似，水稻生育期内，土壤磷酸酶活性呈现先增加后降低的趋势，在分蘖期达到最大值。土壤平均磷酸酶活性表现为 RB700>RB300>RB500>WB500>MB500>CK，说明添加生物质炭可以提高土壤磷酸酶活性，与 CK 处理相比，分别增加了 23.46%、23.01%、22.43%、10.75%、10.63%。水稻秸秆生物质炭对土壤磷酸酶的促进作用显著高于小麦和玉米秸秆生物质炭，在不同裂解温度条件下，700℃的稻秆生物质炭处

理的磷酸酶活性最高，为 100.8 μg phenol·g^{-1}·h^{-1}，300℃、500℃和700℃之间不存在显著性差异，说明生物质炭裂解温度的不同对土壤磷酸酶活性的影响不大。

在水稻幼苗期，此时土壤磷酸酶活性是生育期内最低，WB500 和 RB300 处理显著提高了土壤磷酸酶活性，与 CK 处理相比，提高了 42.90% 和 45.21%，说明小麦秸秆生物质炭对幼苗期磷酸酶活性的促进作用优于玉米、水稻秸秆生物质炭，并且低温裂解的生物质炭促进土壤磷酸酶活性增加。进入水稻分蘖期，土壤磷酸酶活性迅速增加，达到生育期最大值，比幼苗期提高了 163.58%～289.01%，WB500 处理与 CK 处理无明显差异，MB500 和 RB500 显著增加土壤磷酸酶活性；同一稻秆生物质炭，不同裂解温度条件下对土壤磷酸酶活性影响表现为 RB700>RB300>RB500，与四个时期的平均值一致。水稻抽穗期，只有 RB500 处理显著增加了土壤磷酸酶活性，其他处理同样增加了磷酸酶活性，但与 CK 出现无明显变化。到水稻成熟期，土壤磷酸酶活性比抽穗期略有降低，但高于水稻分蘖期，添加生物质炭可以增加土壤磷酸酶活性，但作用并不明显。

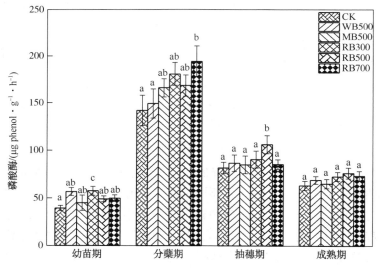

图 3-4　施用生物质炭对土壤磷酸酶活性的影响

3.3.5　生物质炭对土壤蛋白酶的影响

蛋白酶是广泛存在于土壤中的一大酶类，它能水解各种蛋白质以及肽类等化合物为氨基酸，因此土壤中蛋白酶的活性与土壤中氮素营养的转化状况有极其重要的关系。很早以来，人们就已发现土壤中存在蛋白酶，但大部分工作只停留在测定和比较不同土壤中的蛋白酶活性。至于系统地进行有关土壤蛋白酶的基本性质，包括土壤蛋白酶的来源和功能的研究不多。正如土壤中存在的其他酶类一样，许多因子如土壤水分、温度、pH、盐类以及腐殖质含量的变化均能影响土壤蛋白酶的活性。一般在富含腐殖质的休间地土壤，要比耕地土壤中蛋白酶的活性高，同时土壤蛋白酶活性在土壤中的分布，具有明显的层次性和季节性变化。

可以作为土壤蛋白酶活性测定的基质是比较多的，属于蛋白质类的有酪素，精胶和血红蛋白等等，也有些研究者利用二肽类的衍生物如2-苯丙酰亮氨酸或苯甲酰精氨酰胺作为测定土壤蛋白质酶活性的基质。无论是利用蛋白质为基质，或是利用二肽类的衍生物为基质，在测定时主要是依据基质被酶促水解后新释放出的氨基酸，然后用氨基酸的特征颜色反应，以比色法求出氨基酸量来表示酶的活性(郑洪元等，1981)。

图3-5表示各处理对土壤蛋白酶活性的影响。从整体来看，从幼苗期到分蘖期，除WB500处理外，其他各处理使土壤蛋白酶活性增加，从分蘖期到成熟期，蛋白酶活性呈现下降趋势。各处理平均值表现为WB500>MB500>RB500>RB700>RB300>CK，说明添加生物质炭提高了土壤蛋白酶活性，分别比CK处理提高了28.34%、24.63%、20.85%、11.85%、2.55%。在水稻的每个生长时期，从裂解温度来看，RB500处理的蛋白酶活性最大，其次是RB700处理，最小是RB300处理。表明小麦秸秆生物质炭对土壤蛋白酶活性的促进作用显著高于玉米和水稻秸秆生物质炭，500℃的稻秆生物质炭对土壤蛋白酶活性的促进作用优于300℃和700℃。

不同水稻生长时期，各处理对土壤蛋白酶活性的影响不一致。在水稻幼苗期，RB300处理与CK处理无明显差异，而其他生物质炭都在一定程度上提高了

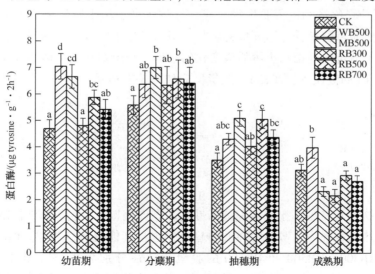

图3-5　施用生物质炭对土壤蛋白酶活性的影响

土壤蛋白酶活性，其中 WB500 处理的蛋白酶活性最高，为 7.04 μg tyrosine · g^{-1} · 2h^{-1}，MB500、RB500 和 RB700 比 CK 处理提高了 42.09%、25.35% 和 15.62%。进入水稻分蘖期，土壤蛋白酶活性增加，而 WB500 处理比 CK 处理降低了 9.40%，同一裂解温度不同秸秆生物质炭的土壤蛋白酶活性表现为 MB500>RB500>WB500。在抽穗期，生物质炭显著增加了土壤蛋白酶活性，提高幅度为 14.94%~45.28%，MB500 和 RB500 处理的蛋白酶活性显著高于其他处理，分别为 5.10 μg tyrosine · g^{-1} · 2h^{-1} 和 5.06 μg tyrosine · g^{-1} · 2h^{-1}。进入水稻成熟期后，蛋白酶活性低于水稻分蘖期，WB500 处理延缓了蛋白酶活性降低的趋势，但与 CK 处理相比，WB500 处理仍然提高了土壤蛋白酶活性，而其余处理都降低了蛋白酶活性，减少的幅度为 6.47%~30.92%。

3.3.6　生物质炭对土壤脱氢酶的影响

脱氢酶，是指一类能催化物质(如糖类、有机酸、氨基酸)进行氧化还原反应的酶，在酶学分类中属于氧化还原酶类。反应中被氧化的底物称为氢供体或电子供体，被还原的底物称为氢受体或电子受体。当受体是氧气时，催化该反应的酶称为氧化酶，其他情况下都称为脱氢酶。不同的脱氢酶几乎都根据其底物的名称命名。生物体中绝大多数氧化还原反应都是在脱氢酶及氧化酶的催化下进行。物质经脱氢酶催化氧化，最后通过电子传递链而被氧化，此时通过氧化磷酸化作用生成腺苷三磷酸(ATP)，是异养生物体取得能量的主要途径。土壤脱氢酶活性易被存在于土壤中的胞外酚氧化酶，或能催化脱氢酶反应的无机化合物所掩盖。Cu 可与反应最终产物进行非生物反应，导致污染土壤中脱氢酶活性的测定结果偏低。虽然脱氢酶易受土壤环境的影响，但由于它不能以复杂的形态积累于土壤中，因而不适合作为指示土壤质量变化的指标，与土壤呼吸、微生物生物量无显著的相关性(周健民等，2013)。脱氢反应如图 3-6 所示。

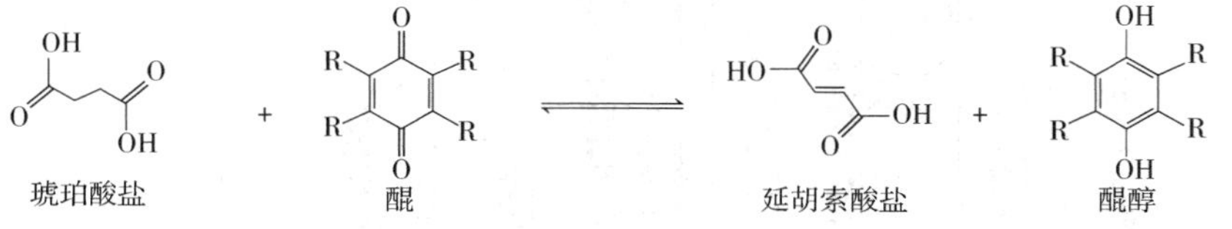

琥珀酸盐　　+　　醌　　　　　　　　延胡索酸盐　　+　　醌醇

图 3-6　脱氢反应

图 3-7 表示各处理土壤脱氢酶活性的动态变化特征。脱氢酶活性随着水稻分蘖期到成熟期表现为先增加后降低的趋势，这与其他酶活性类似。CK、WB500、MB500、RB300、RB500 和 RB700 的脱氢酶活性分别为 0.167、0.206、0.205、0.175、0.210、0.188 μg TPF · g^{-1} · h^{-1}，秸秆生物质炭提高了土壤脱氢酶活性。

就生物质原料来说，同一裂解温度条件下，小麦、玉米和水稻秸秆生物质炭之间无明显差异；就裂解温度而言，500℃的稻秆生物质炭的土壤脱氢酶活性显著高于300℃和700℃裂解的稻秆生物质炭。

在不同的水稻生长期，其土壤脱氢酶活性对生物质炭添加均有不同的响应。水稻幼苗期，添加生物质炭提高了土壤脱氢酶活性，其中 RB500 处理的脱氢酶活性最高，为 0.108μg TPF · g^{-1} · h^{-1}，而 RB300 处理的脱氢酶活性与 CK 处理相差不大。在水稻分蘖期，RB300 处理与幼苗期类似，添加300℃的稻秆生物质炭并未显著增加土壤脱氢酶活性，此时 WB500、RB500 和 RB700 处理的脱氢酶活性达到生育期内最大值，分别比 CK 处理显著增加了 42.72%、49.26% 和 29.66%。进入抽穗期，各处理的脱氢酶活性表现为 MB500＞RB500＞RB300＞WB500＞RB700＞CK，玉米秸秆生物质炭对土壤脱氢酶活性的促进作用（37.65%）优于水稻（24.92%）和小麦秸秆生物质炭（6.85%）。在水稻成熟期，土壤脱氢酶活性高于水稻幼苗期，300℃、500℃和700℃裂解的稻秆生物质炭显著降低了土壤脱氢酶活性，分别比未添加生物质炭处理降低了 11.53%、2.56% 和 1.70%，而 WB500 和 MB500 处理显著提高了脱氢酶活性。

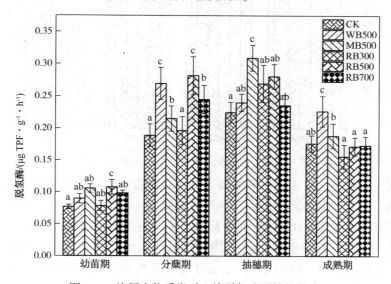

图 3-7　施用生物质炭对土壤脱氢酶活性的影响

3.3.7　生物质炭对土壤过氧化氢酶的影响

土壤中的过氧化氢酶能够酶促过氧化氢分解为氧气和水，与土壤微生物活动密切相关，有机质含量高的土壤，过氧化氢酶的活性较强，有利于解除过氧化氢的毒害作用和提高土壤肥力（赵军等，2015）。

图 3-8 表示生物质炭对土壤过氧化氢酶活性的影响。从幼苗期到成熟期，土壤过氧化氢酶活性呈现先升高后降低的趋势，在分蘖期达到最大值。各处理的平均值表现为：RB500>MB500>WB500>RB700>RB300>CK，说明添加生物质炭可以增加土壤过氧化氢酶活性，分别比 CK 处理提高了 21.89%、17.83%、17.05%、10.01%、4.89%。同一裂解温度条件下，水稻秸秆生物质炭相比小麦和玉米秸秆生物质炭更有利于提高稻田土壤过氧化氢酶活性，但三者之间无明显差异，说明生物质炭的秸秆种类可能不是影响土壤过氧化氢酶活性的重要因素；同一稻秆生物质炭，500℃裂解的生物质炭对过氧化氢酶活性的促进作用优于300℃和700℃裂解的生物质炭。

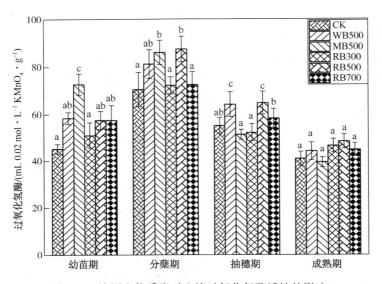

图 3-8　施用生物质炭对土壤过氧化氢酶活性的影响

不同生物质炭对土壤过氧化氢酶活性的影响随水稻生长期不同表现不同。在水稻的各个生长时期，同一水稻秸秆不同裂解温度条件下，土壤过氧化氢酶活性表现为 RB500>RB700>RB300。在水稻幼苗期，各生物质炭处理均显著增加了土壤过氧化氢酶活性，其中 MB500 处理的过氧化氢酶活性显著高于其他处理，为 $72.65 mL\ 0.02 mol\cdot L^{-1} KMnO_4\cdot g^{-1}$，而小麦秸秆生物质炭和水稻秸秆生物质炭之间无显著性差异。进入水稻分蘖期，添加 300℃和 700℃的稻秆生物质炭土壤的过氧化氢酶活性与 CK 处理相差不大，三种秸秆生物质炭都显著增加了土壤过氧化氢酶活性，其中 RB500 处理最大。与分蘖期相比，抽穗期的过氧化氢酶活性降低，这可能与水稻生长环境条件变化有关，与前两个时期不同，MB500 和 RB300 处理使土壤过氧化氢酶活性降低，与 CK 处理相比，分别降低了 6.84%和 5.39%，而 WB500、RB500 和 RB700 显著提高了土壤过氧化氢酶活性。在水稻成熟期, 此时过氧化氢酶活性值小于水稻幼苗期, 除 MB500 处理外, 其余处理均显著增加了土壤过氧化氢酶活性。

3.3.8 生物质炭对土壤 GMea 的影响

因为单一酶活性不能涵盖土壤整体酶的信息, 采用酶活性几何平均值 (GMea) 表征土壤质量指数, 将不同单位的土壤酶值浓缩为单一数值评价土壤总体酶活性。

如表 3-6 所示, 各处理的酶活性几何平均值在水稻不同生长季表现不同。从时间上来看, 水稻分蘖期时土壤 GMea 值最大, 其次是抽穗期, 成熟期和幼苗期都较小, 两者之间无显著性差异。各处理在幼苗期、分蘖期和抽穗期表现一致, 从大到小依次为: RB500>MB500>WB500>RB700>RB300>CK。在水稻成熟期则表现为 WB500>RB500>RB700>MB500=RB300>CK。说明添加秸秆生物质炭可以提高土壤酶活性, 对酶活性的影响程度与秸秆原料和热解温度有关。同时, 酶活性也受作物生长周期的影响, 在水稻生长旺盛时, 作物对土壤养分的需求量较高, 养分循环的变化速率增加, 土壤酶的活性较高。

表 3-6　秸秆生物质炭对水稻不同生长时期酶几何平均值的影响

	幼苗期	分蘖期	抽穗期	成熟期
CK	3.96±0.09a	8.49±0.13a	6.88±0.07a	4.39±0.15a
WB500	4.96±0.07c	9.96±0.20bc	7.52±0.12abc	5.17±0.31c
MB500	5.02±0.04c	10.82±0.36c	7.95±0.36bc	4.47±0.11ab
RB300	4.24±0.09b	9.30±0.20ab	7.35±0.06ab	4.47±0.01ab
RB500	5.16±0.10c	10.49±0.13c	8.38±0.22c	5.00±0.06ab
RB700	4.89±0.17c	10.11±0.11bc	7.45±0.22abc	4.71±0.02ab

3.3.9 生物质炭对土壤 FDA 水解酶的影响

室外种植于 2017 年 5 月至 2017 年 11 月在江苏省南部丹阳大田中进行, 设置 7 个片区, 每个片区 20 m^2(宽 5m×长 4 m), 设置 3 组平行试验, 每个片区通过 0.5 m 田埂隔离, 即共设 7 个处理, 分别为: ①未施用生物质炭(CK); ②小麦秸秆生物质炭(WBC); ③玉米秸秆生物质炭(CBC); ④300℃水稻秸秆生物质炭(NBC$_3$); ⑤700℃水稻秸秆生物质炭(NBC$_7$); ⑥500℃水稻秸秆生物质炭(NBC$_5$)。施肥按照当地田间管理要求施加一次基肥, 追加两次肥料, 所有处理统一采用常规田间管理。生物质炭施用量(10t/hm^2)参照以往的试验, 种植前将生物质炭均匀撒入田中, 翻耕土壤, 30 天后即可种植水稻。具体设计方案见表 3-7。

表 3-7　生物质炭和肥料用量

处理号	处理方式	施肥
CK	未添加生物质炭	
WBC	小麦秸秆生物质炭	
CBC	玉米秸秆生物质炭	各处理方式施肥量相同
NBC$_3$	300℃水稻秸秆生物质炭	
NBC$_5$	500℃水稻秸秆生物质炭	
NBC$_7$	700℃水稻秸秆生物质炭	

土壤 FDA 水解酶用荧光素二乙酸酯比色法测定，FDA 可以被土壤中许多酶催化水解，发生酶促反应，生成相对稳定的荧光素，用此反应的是微生物总酶活性和土壤质量，是一种迅速、灵敏、简便的测定微生物酶活的方法。实验步骤如下：

（1）称取 1g 土样置于三角瓶中，加入 25ml、pH 值为 7.6 的磷酸盐缓冲液和 0.1mL 4.8mmol/LFDA 溶液，摇匀后于 30℃恒温摇床(150r/min)培养 1h；

（2）取出后加入 25ml 丙酮终止反应。过滤之后在紫外分光光度计（490nm）进行比色，以每 g±1h 后产生的荧光素微克数表示。

不同生物质炭处理对土壤 FDA 水解酶活性的影响见图 3-9。

由图 3-9 所示，在水稻整个生长期土壤 FDA 水解酶活性变化较小，总体呈

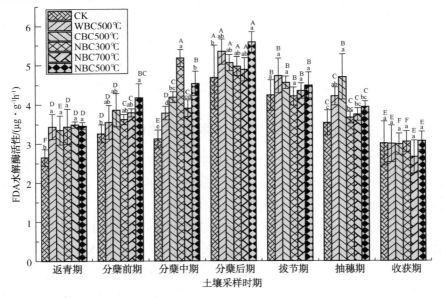

图 3-9　生物质炭对土壤 FDA 水解酶活性的影响

现缓慢增长的趋势，并在分蘖后期达到峰值，之后缓慢降低。返青期经过 BC 处理的 FDA 水解酶活性显著高于 CK 处理，增加幅度为 26.4%~31.7%，彼此之间无显著性差异。到分蘖前期，土壤 FDA 水解酶开始增加，各处理对土壤 FDA 水解酶活性均有所促进，但不显著，仅 NBC$_5$ 显著提高 27.9%。在分蘖中期经过 BC 处理的 FDA 水解酶活性显著高于 CK 处理，增加幅度 21.2%~65.7%。从分蘖后期到抽穗期，经过 BC 处理相较于 CK 处理均分别提高了 4.3%~19.0%、2.6%~11.6% 和 3.9%~32.9%，各处理间对比 CK 在统计上无显著差异，仅抽穗期时 WBC（27.9%）和 CBC（32.9%）处理土壤 FDA 水解酶活性显著提高。收获时，施用生物质炭处理对土壤 FDA 水解酶无显著影响。每个时期采样时 FDA 水解酶活性的最高处理分别是 NBC$_7$、NBC$_5$、NBC$_3$、NBC$_5$、WBC、CBC 和 NBC$_5$，较 CK 处理分别提高了 31.7%、27.9%、65.7%、19.0%、11.6%、32.9% 和 9.0%，说明各个时期施用生物质炭和炭基缓释肥对土壤 FDA 水解酶活性有促进作用。

3.3.10　土壤酶活性和理化性质之间的相关性分析

土壤中养分含量是酶促反应的底物，酶具有专一性，有必要通过研究土壤理化性质和酶活性之间的关系，进一步探究生物质炭对土壤酶活性的影响机理。从表 3-8 可以看出，土壤蔗糖酶、磷酸酶、蛋白酶、过氧化氢酶与碱解氮、铵态氮呈极显著正相关；土壤蔗糖酶、脲酶、磷酸酶、脱氢酶与硝态氮呈极显著负相关；有机碳与土壤蔗糖酶、蛋白酶、过氧化氢酶呈极显著正相关，与脱氢酶呈显著负相关；土壤 pH 值与蔗糖酶、脲酶、磷酸酶、蛋白酶、脱氢酶和过氧化氢酶呈极显著正相关；土壤速效磷与脲酶呈显著正相关。其他酶活性与理化性质之间存在相关性，但未达到显著水平。

土壤酶是土壤动物、微生物和植物根系等的分泌物，能催化土壤中的生物化学反应，在有机物分解和养分循环中起着重要作用，其活性大小反映了土壤肥力。土壤酶活性对秸秆生物质炭的响应不同，其影响因生物质炭热解温度、生物质炭种类和作物生长时期而表现不同。本研究中除个别时期外，添加生物质炭提高了土壤蔗糖酶、脲酶、磷酸酶、脱氢酶、过氧化氢酶和蛋白酶活性。生物质炭添加提高土壤酶活性的机制可能是：①生物质炭的多孔结构为土壤微生物生长提供了良好的栖息环境；②生物质炭含有部分不稳定碳，为微生物生长提供能源物质，促进微生物生长（陈俊辉，2013）；③生物质炭可以吸附酶促反应的反应底物，促进酶促反应提高酶活性。Khadem 和 Raiesi 等（2017）研究了 200~600℃ 裂解的玉米秸秆生物质炭对钙质土壤酶活性的影响，发现与不添加生物质炭相比，添加生物质炭使土壤蔗糖酶、蛋白酶、脱氢酶和过氧化氢酶活性分别增加了 1.26~5.77、1.03~2.88、1.2~3.1 和 1.3~4.3 倍，这是因为添加生物质炭后增

表 3-8 土壤酶活性与土壤理化性质的相关性

	速效磷		碱解氮		铵态氮		硝态氮		有机碳		pH	
	r	P	r	P	r	P	r	P	r	P	r	P
蔗糖酶	0.002	0.989	0.877**	0.001	0.815**	0.001	-0.242*	0.040	0.326*	0.005	0.488**	0.001
脲酶	0.258*	0.029	0.219	0.045	0.081	0.497	-0.382**	0.001	0.015	0.900	0.519**	0.001
磷酸酶	0.120	0.314	0.694**	0.001	0.642**	0.001	-0.507**	0.001	0.055	0.645	0.486**	0.001
蛋白酶	-0.020	0.870	0.724**	0.001	0.690**	0.001	0.083	0.488	0.545**	0.001	0.567**	0.001
脱氢酶	0.216	0.068	0.143	0.230	0.010	0.931	-0.520**	0.001	-0.232*	0.05	0.381**	0.001
过氧化氢酶	0.157	0.187	0.752**	0.001	0.677**	0.001	-0.088	0.462	0.354*	0.002	0.587**	0.001

注：＊表示 $P \leqslant 0.05$，＊＊表示 $P \leqslant 0.01$。

加了土壤有机碳含量。本研究也发现有机碳与土壤蔗糖酶、蛋白酶、过氧化氢酶呈极显著正相关。生物质炭添加后脱氢酶活性增加，因为生物质炭引起土壤 pH 和金属氧化态的改变，底物利用性增加，生物质炭为土壤提供还原条件，增强电子还原提高脱氢酶活性（Jain et al，2016）。Zhang 等（2015）研究了花生壳、水稻和油菜秸秆生物质炭对酸性土壤酶活性的影响，结果表明添加生物质炭增加了土壤脲酶、蔗糖酶、过氧化氢酶活性，且三种生物质炭均提高了土壤 GMea 值，土壤 pH 增加是土壤 GMea 值的影响因素。Acosta-Martinez 等（2000）研究发现土壤酶活性与土壤 pH 值显著正相关，这与本课题组研究结果一致。蛋白酶是将蛋白质水解为多肽，将寡肽水解为氨基酸，在土壤中有机氮矿化中起着重要作用。本研究中添加生物质炭提高了土壤蛋白酶活性，并且与土壤蔗糖酶、脲酶、磷酸酶、过氧化氢酶活性正相关，说明在生物质炭存在下，土壤酶可能不会被蛋白酶水解失活或破坏。此外，课题组还发现蛋白酶活性与土壤碱解氮和铵态氮显著正相关（$P = 0.001$）。

随着水稻的生长，酶活性几何平均值 GMea 在水稻幼苗期时较低，因为土壤的温度较低，酶促反应受到抑制，土壤酶活性较低；水稻进入分蘖期和抽穗期，GMea 值最高，水稻生长旺盛，对养分的需求较大，此时根系吸收养分能力最强，土壤温度升高可以促进土壤酶催化有机物分解成无机物，为植物生长提供养分，因此酶活性升高。随着水稻进入成熟期，根系吸收养分的能力减弱，根系活力降低，分泌物减少，酶活性降低。本研究中，添加生物质炭显著增加了土壤酶活性几何平均值 GMea，说明生物质炭可以提高土壤酶活性。施用生物质炭可以有效改善土壤物理化学性质，为酶促反应提供底物，提高土壤酶活性（Wang et al，2015）。Kotroczó 等（2014）研究认为，土壤酶活性的变化主要是由根系反应驱动的，新鲜的生物质炭可以为酶促反应提供底物，并刺激植物根部分泌酶进入土壤中。同一裂解温度下，水稻秸秆生物质炭对酶活性的增加幅度高于小麦和玉米秸秆生物质炭，这可能与秸秆自身的性质有关。不同秸秆生物质炭对四个时期平均蔗糖酶、脲酶、蛋白酶、脱氢酶和过氧化氢酶活性的影响不存在明显差异，而水稻和玉米秸秆生物质炭处理的土壤磷酸酶活性高于小麦秸秆生物质炭处理。周玉祥等（2017）研究表明添加3%和5%的玉米秸秆生物质炭和水稻秸秆生物质炭显著增加了土壤过氧化氢酶、蛋白酶和脱氢酶活性，而没有提高脲酶活性。同一水稻秸秆生物质炭，裂解温度为500℃土壤酶活性更高，这可能是因为当裂解温度适中时，生物质炭可以为微生物生长提供碳源，促进微生物分泌酶，提高酶活性。随着温度升高，生物质炭中不稳定部分被氧化，产生的组分可占据生物质炭样品的孔隙空间，导致表面积和孔体积显著减少（Zhang et al，2019），酶或底物吸附被阻塞，降低酶活性（Chintala et al，2014）。且当裂解温度较高时，生物质炭的不稳定性碳转化为芳香性碳，稳定性高，不易被微生物分解利用，微生物活性减小，酶活性降低；也可能是生物质炭吸附位点占据酶促反应结合位点，抑制酶促反应，从而降低酶活性（Bailey et al，2011；Lehmann et al，2011；Wang et al，2015）。

参 考 文 献

［1］伊努尔·依克木，张丙昌，P买提明·苏来曼. 古尔班通古特沙漠生物结皮中微生物量与土壤酶活性的季节变化［J］. 中国沙漠，2013，33（4）：1091-1097.

［2］Acosta-Martinez V，Tabatabai M. Enzyme activities in a limed agricultural soil［J］. Biology and Fertility of Soils，2000，31：85-91.

［3］Allahyar，Khadem，Fayez，et al. Influence of biochar on potential enzyme activities in two calcareous soils of contrasting texture［J］. Geoderma，2017.

［4］Bailey V L，Fansler S J，Smith J L，et al. Reconciling apparent variability in effects of biochar amendment on soil enzyme activities by assay optimization［J］. Soil Biology & Biochemistry，2011，43（2）：296-301.

［5］Bamminger C，Zaiser N，Zinsser P，et al. Effects of biochar，earthworms，and litter addition on soil microbial activity and abundance in a temperate agricultural soil［J］. Biology & Fertility of Soils，2014，50（8）：1189-1200.

［6］Bomberg M，Münster U，Pumpanen J，et al. Archaeal communities in boreal forest tree rhizospheres respond to changing soil temperatures［J］. Microbial Ecology，2011，62（1）：205-217.

［7］Burns R G，Deforest J L，Marxsen J，et al. Soil enzymes in a changing environment：Current knowledge and future directions［J］. Soil Biology & Biochemistry，2013，58：216-234.

［8］Castellano S D，Dick R P. Cropping and sulfur fertilization influence on sulfur transformations in soil［J］. Soil Science Society of America Journal，1991，55（1）：114.

［9］Chintala R，Schumacher T E，Kumar S，et al. Molecular characterization of biochars and their influence on microbiological properties of soil［J］. Journal of Hazardous Materials，2014，279：244-256.

［10］Crewther W G，Lennox F G. Enzymes of aspergillus oryzae iii. the sequence of appearance and some properties of the enzymes liberated during growth［J］. Australian Journal of Biological Sciences，1953，6.

［11］Demisie W，Liu Z，Zhang M. Effect of biochar on carbon fractions and enzyme activity of red soil［J］. Catena，2014，121：214-221.

［12］Dick R P，Deng S. Multivariate factor analysis of sulfur oxidation and rhodanese activity in soils［J］. Biogeochemistry，1991，12（2）：87-101.

［13］G Gascó，Paz-Ferreiro J，Cely P，et al. Influence of pig manure and its biochar on soil CO_2 emissions and soil enzymes［J］. Ecological Engineering，2016.

［14］Holmes W E，Zak D R. Soil microbial biomass dynamics and net nitrogenmineralization in northern hardwood ecosystems[J]. Soil Science Society of America Journal, 1994, 58(1): 238.

[15] Jain S, Mishra D, Khare P, et al. Impact of biochar amendment on enzymatic resilience properties ofmine spoils[J]. Science of the Total Environment, 2016, 544(feb. 15): 410-421.

[16] Elzobair K A, Stromberger M E, Ippolito J A, et al. Contrasting effects of biochar versus manure on soil microbial communities and enzyme activities in an Aridisol[J]. Chemosphere, 2015.

[17] Kotroczó Z, Veres Z, Fekete I, et al. Soil enzyme activity in response to long-term organic matter manipulation[J]. Soil Biology & Biochemistry, 2014, 70: 237-243.

[18] Lehmann J, Rillig M C, Thies J, et al. Biochar effects on soil biota – A review[J]. Soil Biology and Biochemistry, 2011, 43(9): 1812-1836.

[19] Li Q, Chen J, Feng J, et al. How do biotic and abiotic factors regulate soil enzyme activities at plot and microplot scales under afforestation[J]. Ecosystems, 2020.

[20] Nannipieri P, Kandeler E, Ruggiero P. Enzyme activities and microbiological and biochemical processes in soil[J]. Enzymes in the Environment, 2002: 1-34.

[21] Park S C, Smith T J, Bisesi M S. Activities of phosphomonoesterase and phosphodiesterase from Lumbricus terrestris[J]. Soil Biology & Biochemistry, 1992, 24(9): 873-876.

[22] Pazferreiro J. Interactive effects of biochar and the earthworm Pontoscolex corethrurus on plant productivity and soil enzyme activities [J]. Journal of Soils & Sediments, 2014, 3 (14): 483-494.

[23] Pazferreiro J, Fu S L. Biological indices for soil quality evaluation: perspectives and limitations [J]. Land Degradation & Development, 2016, 1(27): 14-25.

[24] Singh J S, Raghubanshi A S, Singh R S, et al. Microbial biomass acts as a source of plant nutrients in dry tropical forest and savanna[J]. Nature, 1989, 338(6215): 499-500.

[25] Skujins J. History of abiontic soil enzyme research[J]. Soil Enzymes, 1978.

[26] Syers J K, Sharpley A N, Keeney D R. Cycling of nitrogen by surface-casting earthworms in a pasture ecosystem[J]. Soil Biology & Biochemistry, 1979, 11(2): 181-185.

[27] Wang X, Song D, Liang G, et al. Maize biochar addition rate influences soil enzyme activity and microbial community composition in a fluvo-aquic soil[J]. Applied Soil Ecology, 2015, 96: 265-272.

[28] Wood T G. Field investigations on the decomposition of leaves of Eucalyptus delegatensis in relation to environmental factors[J]. Pedobiologia, 1974, 14: 343-371.

[29] Zhai L, Caiji Z, Liu J, et al. Short-term effects of maize residue biochar on phosphorus availability in two soils with different phosphorus sorption capacities[J]. Biology and Fertility of Soils, 2015, 51: 113-122.

[30] Zhang J, Zhou S, Sun H, et al. Three-year rice grain yield responses to coastal mudflat soil properties amended with straw biochar[J]. Journal of Environmental Management, 2019, 239 (JUN. 1): 23-29.

[31] Zhang Y, Tan Q, Hu C, et al. Differences in responses of soil microbial properties and trifoliate

orange seedling to biochar derived from three feedstocks[J]. Journal of Soils & Sediments, 2015, 15(3): 541-551.

[32] 才吉卓玛. 生物质炭对不同类型土壤中磷有效性的影响研究[D]. 北京: 中国农业科学院, 2013.

[33] 曹慧, 孙辉, 杨浩等. 土壤酶活性及其对土壤质量的指示研究进展[J]. 应用与环境生物学报, 2003, (01): 105-109.

[34] 陈俊辉. 田间试验下秸秆生物质炭对农田土壤微生物群落多样性的影响[D]. 南京: 南京农业大学, 2013.

[35] 高海宁, 张勇, 秦嘉海等. 祁连山黑河上游不同退化草地有机碳和酶活性分布特征[J]. 草地学报, 2014, 22(2): 283-290.

[36] 顾美英, 葛春辉, 马海刚等. 生物质炭对新疆沙土微生物区系及土壤酶活性的影响[J]. 干旱地区农业研究, 2016, 034(4): 225-230, 273.

[37] 关松荫. 土壤酶及其研究法[M]: 北京: 农业出版社, 1986.

[38] 郭明英, 朝克图, 尤金成等. 不同利用方式下草地土壤微生物及土壤呼吸特性[J]. 草地学报, 2012, 20(1): 42-48.

[39] 韩福贵, 王理德, 王芳琳等. 石羊河流域下游退耕地土壤酶活性及土壤肥力因子的相关性[J]. 土壤通报, 2014, 45(06): 1396-1401.

[40] 胡延杰, 翟明普, 武觊文等. 杨树刺槐混交林及纯林土壤酶活性的季节性动态研究[J]. 北京林业大学学报, 2001, 23(5): 23-26.

[41] 李林海, 邱莉萍, 梦梦. 黄土高原沟壑区土壤酶活性对植被恢复的响应[J]. 应用生态学报, 2012, 23(12): 3355-3360.

[42] 李娜, 范树茂, 陈梦凡等. 生物质炭与秸秆还田对水稻土碳氮转化及相关酶活性的影响[J]. 沈阳农业大学学报, 2017, 48(04): 431-438.

[43] 刘玉学, 唐旭, 杨生茂等. 生物质炭对土壤磷素转化的影响及其机理研究进展[J]. 植物营养与肥料学报, 2016, 22(06): 1690-1695.

[44] 鲁萍, 郭继勋, 朱丽. 东北羊草草原主要植物群落土壤过氧化氢酶活性的研究[J]. 应用生态学报, 2002, 13(6): 675-679.

[45] 罗珠珠, 黄高宝, 蔡立群等. 不同耕作方式下春小麦生育期土壤酶时空变化研究[J]. 草业学报, 2012, (6): 97-104.

[46] 马瑞萍, 安韶山, 党廷辉等. 黄土高原不同植物群落土壤团聚体中有机碳和酶活性研究[J]. 土壤学报, 2014, 51(01): 104-113.

[47] 梅杰, 周国英. 不同林龄马尾松林根际与非根际土壤微生物、酶活性及养分特征[J]. 中南林业科技大学学报, 2011, (4): 52-55.

[48] 南丽丽, 郭全恩, 曹诗瑜等. 疏勒河流域不同植被类型土壤酶活性动态变化[J]. 干旱地区农业研究, 2014, 032(001): 134-139.

[49] 秦燕, 牛得草, 康健等. 贺兰山西坡不同类型草地土壤酶活性特征[J]. 干旱区研究, 2012, 29(05): 870-877.

[50] 尚杰，耿增超，陈心想等．生物质炭对土壤酶活性和糜子产量的影响[J]．干旱地区农业研究，2015，000(2)：146-151，158.

[51] 唐珺瑶，贾蓉，曲东等．生物质炭对水稻土中脱氢酶活性和铁还原过程的影响[J]．水土保持学报，2016，030(3)：262-267.

[52] 田呈明，刘建军，梁英梅等．秦岭火地塘林区森林根际微生物及其土壤生化特性研究[J]．水土保持通报，1999，019(002)：19-22.

[53] 王理德，王方琳，郭春秀等．土壤酶学研究进展[J]．土壤，2016，48(01)：12-21.

[54] 王理德，姚拓，何芳兰等．石羊河下游退耕区次生草地自然恢复过程及土壤酶活性的变化[J]．草业学报，2014，000(4)：253-261.

[55] 王群，夏江宝，张金池等．黄河三角洲退化刺槐林地不同改造模式下土壤酶活性及养分特征[J]．水土保持学报，2012，26(04)：133-137.

[56] 文都日乐，李刚，张静妮等．呼伦贝尔不同草地类型土壤微生物量及土壤酶活性研究[J]．草业学报，2010，19(05)：94-102.

[57] 吴旭东，张晓娟，谢应忠等．不同种植年限紫花苜蓿人工草地土壤有机碳及土壤酶活性垂直分布特征[J]．草业学报，2013，(1)：248-254.

[58] 伍光和，张建明，王乃昂等．自然地理学[M]：北京：高等教育出版社，2007：502.

[59] 肖育贵．不同林型凋落物土壤微生物数量动态的研究[J]．林业科技通讯，1996，000(009)：28-29.

[60] 徐雁，向成华，李贤伟．土壤酶的研究概况[J]．四川林业科技，2010，031(2)：14-20.

[61] 杨成德，龙瑞军，陈秀蓉等．东祁连山高寒灌丛草地土壤微生物量及土壤酶季节性动态特征[J]．草业学报，2011，020(6)：135-142.

[62] 杨梅焕，曹明明，朱志梅．毛乌素沙地东南缘沙漠化过程中土壤酶活性的演变研究[J]．生态环境学报，2012，021(1)：69-73.

[63] 姚钦．生物质炭施用对东北黑土土壤理化性质和微生物多样性的影响[D]：中国科学院大学(中国科学院东北地理与农业生态研究所)，2017.

[64] 姚胜蕊，束怀瑞．有机物料对苹果根际营养元素动态及土壤酶活性的影响[J]．土壤学报，1999，(03)：428-432.

[65] 张成娥，陈小丽．植被破坏前后土壤微生物分布与肥力的关系[J]．水土保持学报，1996，(4)：77-83.

[66] 张成霞，南志标．放牧对草地土壤微生物影响的研究述评[J]．草业科学，2010，27(1)：65-70.

[67] 张其水，俞新妥．杉木连栽林地营造混交林后土壤微生物的季节性动态研究[J]．生态学报，1990，(02)：15-20.

[68] 赵军，耿增超，张雯等．生物质炭及炭基硝酸铵肥料对土壤酶活性的影响[J]．西北农林科技大学学报(自然科学版)，2015，43(09)：123-130.

[69] 赵兰坡，姜岩．土壤磷酸酶活性测定方法的探讨[J]．土壤通报，1986，(3).

[70] 赵林森，王九龄．杨槐混交林生长及土壤酶与肥力的相互关系[J]．北京林业大学学报，

1995，017(4)：1-8.

[71] 郑洪元，张德生．土壤蛋白酶活性的测定及其性质[J]．土壤通报，1981，(03)：32-34.

[72] 周健民，沈仁芳．土壤学大辞典(精)[M]：北京：科学出版社，2013.

[73] 周玉祥，宋子岭，孔涛等．不同秸秆生物质炭对露天煤矿排土场土壤微生物数量和酶活性的影响[J]．环境化学，2017，(1).

[74] 周震峰，王建超，饶潇潇．添加生物质炭对土壤酶活性的影响[J]．江西农业学报，2015，27(06)：110-112.

[75] 荆玉琳．秸秆生物质炭对稻田土壤理化性质及微生物特性的影响[D]．北京：首都师范大学，2019.

第4章 ▶ 生物质炭对土壤微生物的影响

　　土壤微生物在生态系统中扮演重要的角色，许多重要的生态学过程都受其影响，这些过程包括土壤的形成、有机物质的分解与转换、养分的循环与利用、作物的生长与病害及温室气体的排放（Gyaneshwar et al，2002；Lynch et al，2004；Welbaum et al，2004；朱金山等，2018）。土壤微生物群落结构多样性是评价土壤肥力的重要指标，添加生物质炭会对土壤中微生物活性和群落组成产生影响（Pietikäinen et al，2003）。不同种类的微生物其生存条件之间存在显著差异，一般情况下细菌适宜在偏碱性条件下生长繁殖，而真菌正好相反（Ameloot et al，2014）。Grossman 等（2010）采用 DGGE 的方法研究了亚马孙黑土土壤细菌和古菌的种群结构，表明亚马孙生物黑土土壤细菌和古菌的种群结构与相邻未改造土相比有90%以上的群落存在差异。O′Neill（2009）研究发现，富含生物质炭的亚马孙黑土中的细菌多样性比不添加生物质炭的土壤中细菌多样性增加了25%。生物质炭与土壤微生物作用如图4-1所示。

　　生物质炭对土壤微生物群落结构多样性的影响与生物质炭原材料、生物质炭添加量及本体土壤的性质有关。3%的麦壳生物质炭和柳木生物质炭对温带农田土壤细菌群落结构没有产生显著影响，而经过快速裂解生产的生物质炭分别添加到土壤中12个月后，均降低了细菌的比例，明显改变了土壤微生物群落结构（Gomez et al，2014）。产生这种情况的原因可能是生物质炭添加后，土壤中的C/N发生改变（Rousk et al，2013），说明生物质炭的营养物质（包括来自于生物质炭本身和从非根际土中吸取的营养物质）能够对微生物的生长和活性产生影响（Liao et al，2016；Nan et al，2016）。生物质炭在土壤中添加量不同，同样对土壤微生物群落结构存在显著影响，当生物质炭添加量过低时微生物群落结构无明显变化；而当施炭量达到一定值以上，微生物群落结构则会发生明显改变。另外，生物质炭在土壤中的存留时间也会影响微生物群落结构的变异。有研究发现长期添加生物质炭和短期生物质炭施用的土壤中微生物群落明显不同，并且生物质炭施

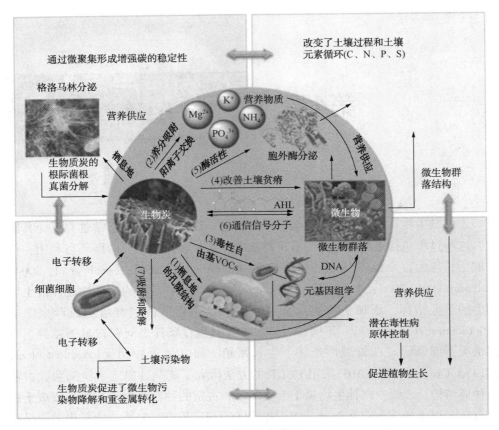

图 4-1　生物质炭与土壤微生物作用（Zhu et al, 2017）

用后短时间内土壤中细菌多样性会明显降低（Khodadad et al, 2011）。Zheng 等（2016）发现一次性添加生物质炭四年后，生物质炭增加了细菌多样性，改变了细菌群落组成。Warnock 等（2007）认为生物质炭的多孔结构能够为微生物提供栖息场所，并对微生物信号转导化合物产生吸附作用。不同类型生物质炭的孔密度和孔径大小差异较大，这对进入生物质炭孔隙中的有机体的大小以及生物质炭比表面积产生影响（Keech et al, 2005）。某些生物质炭可以为细菌和真菌提供增殖空间，使其免受原生动物的捕食（Zackrisson et al, 1996）。在土壤生物质炭中已发现有腐生和菌根真菌的存在。另一些生物质炭能将较大的土壤植食动物（比如螨虫和弹尾虫）限制在外。生物质炭的这种排除土壤植食动物的能力可能会使土壤微生物更加高效地调节 N、P 养分物质的转化。

　　然而，微生物也有可能主要占据生物质炭的表面而非其内部孔隙，因为厌氧条件可能会限制细菌和真菌在生物质炭内部小孔隙中的生长。Vanek 等（2015）发现生物质炭可以通过其与丛枝菌根的相互作用来提高土壤磷素的有效性进而有利于菜豆吸收。尽管如此，目前有关生物质炭对土壤磷素转化、微生物以及土壤微生物与土壤食物网之间特定的相互作用等方面的影响研究仍然相对缺乏。因此，对于生物质炭影响土壤微生物的机理尚需进一步研究证实（刘玉学等，2016）。

4.1 土壤微生物多样性研究方法

土壤微生物多样性是指微生物群落种内和种间差异，是维持环境管理和评价土壤质量的基础，主要包括物种多样性、遗传多样性及生态多样性。其中，土壤微生物多样性最直接的表现形式是物种多样性，主要指土壤微生物丰富度和均一性。随着人类社会和科学技术的不断发展，人们对土壤微生物多样性的研究越来越多。目前，主要采用分离培养技术、生物化学技术和分子生物学方法等研究土壤微生物多样性（姚钦，2017）。

这些土壤微生物多样性的研究方法各有优缺点，应该根据具体研究目的将几种方法综合应用，以达到真实全面解析土壤微生物多样性的效果。

4.1.1 基于生物化学技术的研究方法

（1）微生物平板计数法

微生物平板计数法主要是利用不同营养成分的培养基分离培养微生物，通过纯菌株鉴定和菌落计数来进行微生物多样性分析，是最方便、快捷、廉价的研究方法之一。但是由于培养基基质和培养条件的限制，农田土壤生态系统中绝大多数微生物特征都不能通过传统平板计数法进行多样性描述，无法对生态系统中整体微生物进行定量化研究（姚钦，2017）。

（2）Biolog碳素利用法

Biolog微平板分析方法是基于微生物利用单一碳源能力的差异来描述微生物功能多样性动态变化的方法。自1989年研发以来，最早用于纯种微生物鉴定，目前已经发展成为土壤微生物群落功能多样性研究的重要技术手段。

常用Biolog生态测试板为96孔板，包括31种碳源和1个空白对照，根据微生物对微孔中碳源利用速度和强度分析微生物代谢多样性，进而得出不同条件下微生物群落结构多样性特征。有研究采用Biolog生态板研究添加生物质炭对重壤土中微生物的影响，发现生物质炭增加了微生物整体代谢活性，但是对微生物代谢多样性没有显著影响，生物质炭显著提高了碳源利用效率和代谢多样性。

该方法重复性好，灵敏度高，但是也有一定的缺陷。Biolog系统只能检测快速生长微生物的功能多样性，另外微孔中的碳源缓冲液一般为中性pH，可能会限制一些喜好偏酸或偏碱微生物的生长，进而影响检测结果。

（3）磷脂脂肪酸（PLFA）法

磷脂脂肪酸（phospholipid fatty acid，PLFA）方法是利用生物化学方法对微生物PLFA的种类和含量进行分析，从而建立起来的微生物群落结构多样性分析技术。PLFA是微生物细胞膜的基本结构成分之一，由于不同种类的微生物PLFA的含量和组成不同，因此PLFA也是微生物分类的主要依据，具有结构多样性和生物学特异性。PLFA法主要利用有机溶剂浸提微生物PLFA，将不同种类的微生物特征性脂肪酸组成PLFA图谱，根据不同微生物相关特异性脂肪酸定量识别土壤微生物群落结构和丰度特征。研究发现添加生物质炭会影响农业堆肥过程中微生物群落结构的变化。生物质炭增加了土壤中 G^+ 细菌、G^- 细菌和真菌PLFA浓度，且不同原料的生物质炭对土壤微生物群落结构的影响不同。

PLFA法由于操作快速、精确，并且能够大量处理样品，同时不受培养条件等因素影响，已经广泛应用于微生物多样性研究。但是细胞膜脂肪酸会受到温度和养分等外界因素的影响，干扰PLFA测定。另外，单个脂肪酸不能代表某一特殊的种属，因为许多脂肪酸可能出现在同一种属，因此分析结果会与其他微生物混淆。

4.1.2　基于分子生物技术的研究方法

变性梯度凝胶电泳（denatured gradient gel electrophoresis，DGGE）技术是基于当双链DNA分子在含有甲酰胺和尿素两种变性物质的凝胶中进行电泳时，根据核酸分子量的不同，DNA分子解链的速度和程度产生差异，从而导致迁移速度发生变化，使得它们在聚丙烯酰胺凝胶上滞留位置不同，将同样长度但序列不同的DNA片段分开。该技术在1993年首次由Muzyer应用于生物种群遗传多样性和种群差异研究。因此，DGGE技术通常被应用于鉴别大小相同但序列组成不同的DNA分子。DGGE技术在微生物群落结构研究中具有简单、直观和高效等特点，已经成为当今微生物结构多样性研究的常用方法。生物质炭均能显著改变稻田土中真菌群落结构。生物质炭施用提高了根际土细菌多样性，而降低了真菌多样性。目前采用DGGE方法研究微生物群落多样性的报道较多，但是DGGE测定的DNA片段长度一般在500~1000by，将该方法应用于微生物生态多样性研究还有待进一步发展。

4.1.3　高通量测序技术

随着科学技术的不断发展，基于分子生物学技术的研究方法已广泛用于土壤微生物多样性研究。但是许多技术只能在科或属水平上分析土壤微生物的群落结构,不能更详细地对土壤微生物进行分析研究。在分子生物学发展过程中相继出现了第一代、第二代、第三代高通量测序技术,为土壤微生物多样性的研究开拓了新天地。

由于高通量测序具有测序深度大、准确性高和测序样本量大等优点,已经成为当今微生物系统进化和分类研究、种群多样性和功能多样性分析的重要工具。高通量测序能全面和准确地在微生物分类水平上反映微生物优势种群及其物种组成。应用此方法的研究表明,生物质炭显著提高了土壤细菌多样性指数和丰富度指数。由此可见,应用高通量测序技术对土壤微生物的研究在很大程度上提高了大家对土壤微生物多样性的认识,为全面准确地诠释微生物群落结构特征奠定良好基础,也为微生物生态学发展和深度挖掘提供新途径。目前应用较广泛的是Illumina 公司 Solexa 平台的 Miseq 法,Miseq 高通量测序具有速度快、可信度高、成本低的特点,并能以最大限度挖掘微生物基因组信息。

正是由于上述研究方法的开发和使用,土壤微生物多样性的相关研究才得以发展延伸,其中就包括了本章 4.2 节的研究。4.2 节在前人研究的基础上,介绍张玉虎教授团队利用 Illumina Miseq 高通量测序等技术手段,研究在水稻分蘖期和成熟期秸秆生物质炭对土壤中微生物丰度和多样性的影响。

4.2 生物质炭对土壤微生物多样性影响

4.2.1 生物质炭对土壤微生物相对丰度的影响研究进展

土壤微生物丰度的变化是反映生物质炭对土壤微生物影响的重要指标之一。生物质炭具有较大比表面积和多孔结构,能够改善土壤透气性和保水能力,进而为土壤微生物提供较好的生活环境来生长繁殖和躲避捕食者(Jaafar et al.,2014)。生物质炭也可以通过改善土壤理化性质来为微生物提供适宜的环境和充足的养分,促进微生物生长繁殖,影响微生物丰度变化(Ameloot et al,2013)。研究表明施用生物质炭能够显著提高土壤微生物量,也能够增加土壤接种菌存活率及其对植物的侵染率。生物质炭类型直接影响生物质炭对土壤微生物的作用,有研究认为以酵母为原料的生物质炭能够促进真菌生长,而来源于葡萄糖的生物质炭则会增加革兰氏阴性细菌的数量。不同热解条件产生的生物质炭对土壤微生物的影响也不同。例如,由于低温制备的生物质炭含有易挥发性物质较多,而这类易挥发性物质多数为低分子易分解有机化合物,为微生物生长提供所需碳源,促进微生物生长繁殖,因此低温制备的生物质炭通常能够增加微生物的生物量及活性(姚钦，2017)。

另外，生物质炭对土壤微生物的影响也会因微生物种类的不同而不同。两大菌根真菌类群：丛枝菌根真菌和外生菌根真菌，通常会受到生物质炭的积极影响。同时，施用生物质炭也能够显著增加真菌和革兰氏阴性菌生物量，并且促进根瘤菌生物固氮能力和土壤硝化微生物菌群活性，明显增加土壤固氮菌的固氮基因和氧化亚氮还原基因的丰度(Harter，2014)。然而，由于生物质炭具有相对稳定特性，不能直接被土壤微生物充分分解利用，因此生物质炭对土壤微生物丰度的影响很大程度上依赖于土壤环境和特性的改变，生物质炭与土壤微生物之间的相互作用机理还有待进一步深入探讨(Kuzyakov et al，2014)。

水稻土区别于其他土壤最本质的特点是氧化还原电位(Eh)可以随着空间和时间的变化呈规律性的分布和周期性的变化。淹水前，土壤处于氧化状态，Eh值达到480~630mV，而淹水后，各土层逐渐变为还原状态，还原性物质大量积累，使 Eh 大幅下降(丁昌璞，2008)。水稻土中氧气的分布特点和氧化还原电位空间和时间变化影响着电子受体如 NO_3^-、Fe^{3+}、SO_4^{2-} 和 CH_4 的分布趋势，这也就决定了不同微生物功能菌群的空间分布和周期变化特点。水稻土中微量的化学梯度变化可以影响功能微生物的活性和群落分布，例如产甲烷菌、硫酸盐还原菌、硝酸盐还原菌和铁还原菌。不同的微生物菌群之间相互联系、相互竞争，一起参与着水稻土中的 C、N、S 等的生物地球化学循环(李琼，2014)。

稻田土壤中微生物的代谢活动对于调节土壤营养物质的循环，维持稻田土壤肥力，促进水稻的养分吸收具有重要意义(蔡元锋等，2014；朱金山等，2018)。同时，稻田土壤微生物种类多，数量大，是土壤有机碳矿化的驱动者(Cayuela et al，2009)。土壤微生物能同化大气 CO_2，也是土壤碳库的固持者。Liang 等(2010)研究表明，土壤中有活性微生物的微生物量碳(MBC)含量约是无活性微生物的 40 倍，土壤微生物量碳(MBC)含量超过总有机碳含量的 80%，可见微生物是土壤中的一个庞大碳库；有研究表明，水稻土壤具有偏低的碳转化速率，因此稻田土壤中碳含量比旱地土壤高 12%~58%(王晓彤等，2020)。

为了验证并充实上述结论，张玉虎教授团队利用 PCR 扩增和 Illumina Miseq 高通量测序等技术手段，基于大田试验，研究在水稻分蘖期和成熟期小麦秸秆生物质炭、水稻秸秆生物质炭和玉米秸秆生物质炭对土壤中微生物丰度和群落结构多样性的影响(荆玉琳，2019)。

4.2.2 秸秆生物质炭对稻田土壤微生物丰度和多样性的影响研究

（1）试验设计

试验地位于江苏省丹阳市珥陵镇德木桥村(31°51′53.64″N，119°35′27.47″

E)，属于典型的亚热带季风气候，年平均气温 15.8℃，年平均降雨量为 1091.9mm，全年日照总时数为 1904.2 h。土壤理化性质见表 4-1。

表 4-1 土壤基本理化性质

pH	容重/ g·cm⁻³	有机碳/ g·kg⁻¹	总氮/ g·kg⁻¹	全磷/ g·kg⁻¹	碱解氮/ mg·kg⁻¹	NH_4^+/ mg·kg⁻¹	NO_3^-/ mg·kg⁻¹	速效磷/ mg·kg⁻¹	CEC/ cmol·kg⁻¹
5.6	1.10	22.33	1.31	0.4	199.5	25.56	2.99	79.43	20.55

试验共设 6 个处理(具体处理设置见表 4-2)，每个处理 3 个重复，共 18 块试验小区。每个小区为 4 m×5 m = 20 m²。小区外围的一侧设有高 20cm 的田埂，田埂用塑料薄膜包被以防串流和侧渗。生物质炭在 2017 年 6 月 10 日一次性撒施与表层土壤，翻耕，将生物质炭与土壤混合。

表 4-2 试验处理设置

处理	生物质炭原材料	裂解温度/℃	添加量/(t·hm⁻²)	化肥施用量
CK	—			常规
WB500	小麦秸秆	500	10	与 CK 等量施肥
MB500	玉米秸秆	500	10	与 CK 等量施肥
RB300	水稻秸秆	300	10	与 CK 等量施肥
RB500	水稻秸秆	500	10	与 CK 等量施肥
RB700	水稻秸秆	700	10	与 CK 等量施肥

水稻选用当地的优势品种南粳 5055，采用人工插秧的方式，水稻株行距 15×15cm。2017 年 6 月 17 日插秧，2017 年 6 月 10 日施加基肥，2017 年 6 月 30 日第一次追肥，2017 年 8 月 11 日第二次追肥。施肥量见表 4-3。在水稻生长期间(淹水-排水-再水化-潮湿)对排水周期 F-D-F-M 进行管理。详细地说，在 6 月 17 日至 7 月 22 日期间保持了水稻淹水，随后在 7 月 22 日至 8 月 2 日为期 12d 晒田，最后间歇灌溉使土壤在润湿状态直至收获。

表 4-3 田间施肥管理

基肥/ (kg·hm⁻²)			第一次追肥/ (kg·hm⁻²)	第二次追肥/ (kg·hm⁻²)	
N	P_2O_5	K_2O	N	N	K_2O
72.00	79.20	72.00	54.00	55.20	45.00

土壤样品采集。分别于 2017 年 6 月 27 日、7 月 22 日、9 月 17 日、11 月 2 日采集土壤样品，分别处于水稻幼苗期、分蘖期、抽穗期和成熟期。按照"S"形

5点取样，采集0~20cm表层土壤，去除根系和石子等杂质，将5个样品均匀混合为一个样品，将样品密封在塑料袋中，并运送到实验室进行分析。一部分土壤风干后，过2mm筛，储存在4℃冰箱中，用于土壤理化性质分析。

试验材料。将小麦秸秆、玉米秸秆在500℃条件下，将水稻秸秆在300℃、500℃和700℃条件下，经炭化炉高温裂解2h制成生物质炭，分别标记为：WB500、MB500、RB300、RB500、RB700。施入大田之前将生物质炭磨碎，过2mm筛，使其混合均匀。生物质炭的理化性质见表4-4。材料及试验田如图4-2所示。

表4-4　供试生物质炭的基本理化性质

生物质炭	单位	WB500	MB500	RB300	RB500	RB700
C	%	66.4	60.23	55.72	64.29	68.73
N	%	1.19	1.49	1.40	0.86	0.35
H	%	2.35	2.61	3.26	2.12	1.33
O	%	30.06	35.67	39.62	32.73	29.59
O/C	—	0.45	0.59	0.71	0.51	0.43
H/C	—	0.03	0.04	0.06	0.03	0.02
比表面积	$m^2 \cdot g^{-1}$	31.22	14.28	5.81	26.40	184.83
平均孔径	nm	4.36	5.85	5.25	9.06	4.71
CEC	$cmol \cdot kg^{-1}$	4.25	3.82	34.83	16.96	12.58
pH		11.5	10.2	9.5	12.3	12.8
灰分	%	25.83	24.18	25.83	30.26	33.72
挥发分	%	23.84	28.86	37.60	21.48	12.84
固定碳	%	50.33	46.96	36.57	48.26	53.44
有机碳	$g \cdot kg^{-1}$	567.41	518.11	607.23	537.97	503.40
全氮	$g \cdot kg^{-1}$	0.458	1.105	1.245	0.613	0.529
全磷	$g \cdot kg^{-1}$	1.851	1.833	1.706	1.993	2.153
全钾	$g \cdot kg^{-1}$	23.57	14.46	22.80	27.15	27.06

图4-2　研究材料与试验田

（2）测定方法

① 土壤 DNA 测定。采用 Power Soil DNA isolation kit（MoBio Laboratories, Inc., Carlsbad, CA, U. S. A）提取土样中的微生物 DNA。称取 2.0g 土壤样品，液氮冷冻研磨，严格按照试剂盒操作说明提取土壤 DNA。对于合格的样本检测区域进行高保真 PCR 扩增，设置 3 个重复实验，同时以标准的细菌基因组 DNA Mix 作为阳性对照。扩增引物根据选定的检测区域相应确定，具体序列如下：

细菌 16S rDNA（V4-V5 区）扩增引物序列为：

Primer F = Illumina adapter sequence 1 + GTGCCAGCMGCCGCGG

Primer R = Illumina adapter sequence 2 + CCGTCAATTCMTTTRAGTTT

PCR 扩增反应体系与扩增反应条件分别见表 4-5 和表 4-6。

表 4-5　PCR 扩增反应体系

组分	终浓度
5×Reaction Buffer（NEB Q5™）	1×
Mg^{2+}	2 mM
dNTP	0.2 mM
Forward Primer	0.1μM
Reverse Primer	0.1μM
Q5™DNA Polymerase	1 U
Template DNA	2μL
Nuclease-Free Water	to 20μL

表 4-6　PCR 扩增反应条件

	温度/℃	时间	循环数
预变性	95	2min	1
变性	94	20 s	
退货	55	40 s	35
延伸	72	1min	
终末延	72	2min	1
保存	4	∞	1

琼脂糖凝胶电泳检测扩增产物是否单一和特异。将同一个样本的 3 个平行扩增产物混合，每个样本加入等体积的 AgencourtAMpure XP 核酸纯化磁珠对产物进行纯化。

② Illumina Miseq 数据处理。土壤 DNA 提取步骤如图 4-3 所示。

优化序列

a. 使用 TrimGalore 软件去除序列末端质量低于 20 的碱基并去除可能包含的 adapter 序列，之后去除长度小于 100 bp 的短序列；

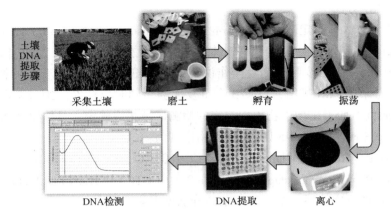

采集土壤　　磨土　　孵育　　振荡

DNA检测　　DNA提取　　离心

图 4-3　土壤 DNA 提取步骤

b. 使用 FLASH2 软件拼接双末端测序得到的成对序列，得到 merge 序列，并且进一步去除超过 90% 的碱基质量低于 20 的序列；

c. 使用 mothur 软件查找并去除序列中的引物，删除包含 N 碱基/homopolymer 超过 6 bp 的序列；

d. 使用 usearch 去除总碱基错误率大于 2 的序列以及长度小于 100 bp 的序列，得到质量和可信度较高的优化序列（clean reads），该数据将用于后续生物信息分析。

③ OTU（operational taxonomic units）聚类

操作分类单元（OTU，operational taxonomic units）是在系统发生学研究或群体遗传学研究中，为便于分析而人为设置的分类单元标志。简单地说，OTU 类似于种，是根据高变区序列比对得出的，一般相似度大于 97% 的序列可归为同一个 OTU。OTU 聚类分析步骤如下：

a. 序列长度和碱基组成两者完全相同的序列是重复序列，提取非重复序列，减少中间分析过程的冗余计算；

b. 根据重复序列的次数，对于去除其中重复的序列按照从大到小排序；

c. 使用 UPARSE 去除 singleton 序列，即在所有样本中只出现一次的序列；

d. 以 97% 的相似性对序列进行聚类，相似度大于 97% 的序列将聚集到同一个水平上的 OTU，同时使用 denovo 模式去除嵌合体序列，最终产生的 OTU 代表序列将用于后续物种注释。

由于每个样本对应的 reads 数量之间存在很大的差距，为了避免因样本数据大小不同而造成分析时的偏差，当样本达到足够测序深度时，需要对每个样本进行随机抽平处理，一般选择测序样本中最少 reads 数作为基数，即将所有样本的 reads 数统一抽平到该值，从而准确预测 OTU 的丰度。

（3）微生物分析

a. 物种分类学分析

在之前的 OTU 聚类分析中，OTU 聚类是根据序列相似性进行，然后需要将每条 OTU 代表序列与数据库进行一一比对，从而完成 OTU 的分类学注释。利用 mothur 软件的 classify. seqs 命令，找出与 OTU 序列相似度最高且可信度达 80% 以上的物种信息用于 OTU 的注释。分类水平包括：kingdom（界），phylum（门），class（纲），order（目），family（科），genus（属），species（种）。细菌比对数据库为 RDP。

b. Alpha 多样性分析

Alpha 多样性指数可以用于度量群落生态中的每个样本的物种丰富度和多样性结果与分析。利用 mothur 软件计算菌落丰富度（community richness）指数 Chao1 和 ACE，用于估计样本中的物种总数。数值越大代表物种越多。利用 mothur 软件计算菌落多样性（community diversity）指数 Shannon 和 Simpson，用来评估样本中微生物的多样性指数。Shannon 值越大，说明群落多样性越高；Simpson 指数值越大，说明群落多样性越低。Coverage 指各样本文库的覆盖率，数值越高，说明样本中序列被测出的概率越高，没有被测出的概率越低，该指数反映本次测序结果是否代表了样本中微生物的真实情况。

（4）门水平微生物丰度变化

添加秸秆生物质炭改变了土壤细菌群落的相对丰度。通过 Illumina Miseq 测序检测出 43 个细菌门，从图 4-4 可以看出，土壤中优势菌门为变形菌门（Proteobacteria）、绿湾菌门（Chloroflexi）、酸杆菌门（Acidobacteria）、拟杆菌门（Bacteroidetes）、厚壁菌门（Firmicutes），它们的相对丰度分别为 26.56% ~ 34.24%、12.62% ~ 23.95%、9.27% ~ 12.65%、2.51% ~ 10.14%、2.21% ~ 10.73%。除此之外，还有一些相对丰度较小的菌门，如：浮霉菌门（Planctomycetes）、伊格纳维氏菌门（Ignavibacteriae）、放线菌门（Actinobacteria）、疣微菌门（Verrucomicrobia）、芽单胞菌门（Gemmatimonadetes）、硝化螺旋菌门（Nitrospirae）、螺旋体门（Spirochaetes）、奇古菌门（Thaumarchaeota）、装甲菌门（Armatimonadetes）、广古菌门（Euryarchaeota），它们的相对丰度大于 0.1%。

从图 4-5 可以看出，在水稻分蘖期和成熟期不同处理组之间，绿湾菌门（Chloroflexi）、酸杆菌门（Acidobacteria）、拟杆菌门（Bacteroidetes）、放线菌门（Actinobacteria）的相对丰度有明显差异。从图 4-5 可知，除 RB500 处理外，CK、WB500、RB500 处理成熟期酸杆菌门（Acidobacteria）相对丰度大于分蘖期；在水稻分蘖期，与 CK 处理相比，WB500、MB500 和 RB500 处理酸杆菌门的相对丰度分别减少了 4.88%、24.21%、3.41%，而在水稻成熟期，RB500 和 MB500 处理

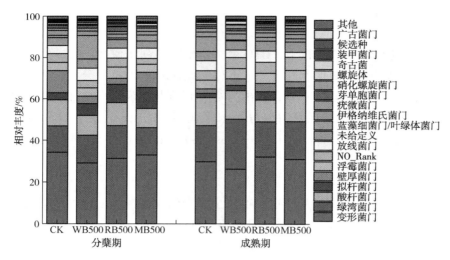

图 4-4　秸秆生物质炭对细菌门类相对丰度的影响

注：CK、WB500、MB500、RB500 分别表示不添加生物质炭的
常规处理、500℃裂解的小麦、玉米和水稻秸秆生物质炭。

的酸杆菌门相对丰度低于未添加生物质炭的 CK 处理。分蘖期相比，成熟期绿湾菌门（Chloroflexi）的相对丰度显著增加了 7.29%~80.08%；无论是在水稻分蘖期还是成熟期，除 RB500 处理外，添加生物质炭均使土壤绿湾菌门相对丰度增加，其中成熟期 WB500 处理的绿湾菌门相对丰度最高，为 23.95%。对比水稻分蘖期和成熟期放线菌相对丰度的变化，CK 和 WB500 处理的放线菌门（Actinobacteria）相对丰度增加，而 RB500 和 MB500 处理减少；在水稻分蘖期，生物质炭添加可以增加土壤放线菌的相对丰度。从图 4-5 可知，与不添加生物质炭的 CK 处理相比，小麦、玉米和水稻秸秆生物质炭显著增加了土壤拟杆菌门（Bacteroidetes）相对丰度（$P<0.05$），而成熟期低于分蘖期。另外生物质炭添加增加了分蘖期疣微菌门（Verrucomicrobia）和螺旋体门（Spirochaetes）的相对丰度，减少了厚壁菌门（Firmicutes）和硝化螺旋菌门（Nitrospirae）的相对丰度；与之相反，生物质炭减少了成熟期疣微菌门和螺旋体门的相对丰度，增加了厚壁菌门和硝化螺旋菌门的相对丰度。

从表 4-7 可知，土壤碱解氮和拟杆菌门显著正相关（$r=0.762$，$P<0.05$）。土壤 NH_4^+-N 含量与绿湾菌门显著负相关（$r=-0.733$，$P<0.05$），与拟杆菌门显著正相关（$r=0.770$，$P<0.05$）。土壤有机碳与酸杆菌门显著负相关（$r=-0.815$，$P<0.05$），与拟杆菌门显著正相关（$r=0.788$，$P<0.05$）。土壤 pH 值与拟杆菌门、厚壁菌门和放线菌门正相关，与变形菌门、绿湾菌门、酸杆菌门和浮霉菌门负相关，但未达到显著水平（$P>0.05$）。

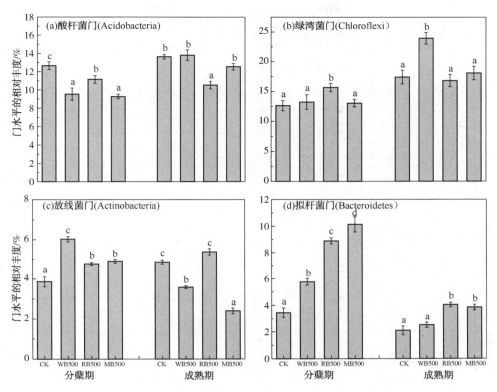

图 4-5　秸秆生物质炭对优势菌群门类相对丰度的影响

表 4-7　土壤细菌中优势菌门与土壤化学性质的相关关系

	速效磷	碱解氮	NH_4^+-N	NO_3^--N	有机碳	pH
变形菌门	0.395	0.195	0.333	0.257	0.441	-0.067
绿湾菌门	-0.251	-0.638	**-0.733***	-0.216	-0.658	-0.390
酸杆菌门	-0.506	-0.674	-0.662	-0.542	**-0.815***	-0.575
拟杆菌门	0.430	**0.762***	**0.770***	0.361	**0.788***	0.635
厚壁菌门	-0.005	0.225	0.385	-0.242	0.417	0.163
浮霉菌门	0.410	-0.269	-0.387	0.519	-0.154	-0.160
放线菌门	0.327	0.514	0.475	0.252	0.378	0.309

（5）纲水平微生物丰度变化

生物质炭对土壤主要细菌纲相对丰度的变化见表 4-8。土壤中共检测出 80 个菌纲，其中优势细菌纲为厌氧绳菌纲（Anaerolineae）、放线菌纲（Actinobacteria）、浮霉菌纲（Planctomycetia）、梭状菌纲（Clostridia）、变形菌纲亚类和酸杆菌纲亚类，相对丰度分别为 9.34%~11.08%、63.52%~5.52%、

表 4-8 秸秆生物质炭对土壤细菌纲类相对丰度的影响

%

序号	纲	分蘖期				成熟期			
		CK	WB500	RB500	MB500	CK	WB500	RB500	MB500
1	δ-变形菌纲	10.30a	10.54a	12.46b	11.59b	12.49a	14.09b	14.37b	16.00b
2	厌氧绳菌纲	9.43a	9.34a	11.08b	9.52b	13.09a	18.56b	12.38a	13.19a
3	No_ Rank	10.51a	9.04a	11.10a	8.84b	11.98a	11.64a	11.95a	13.88a
4	β-变形菌纲	11.53c	6.73a	7.20a	8.46b	7.06b	5.14a	7.27b	6.12ab
5	未给定义	6.67a	6.38a	6.22a	5.45a	7.90a	7.43a	7.05a	6.70a
6	α-变形菌纲	6.72a	6.97a	7.21a	6.71a	6.74b	4.61a	6.78b	5.45ab
7	放线菌纲	3.52a	5.52c	4.45b	4.72b	4.43b	3.11ab	4.92b	2.24a
8	γ-变形菌纲	5.15b	4.47b	3.98b	5.84b	3.12b	1.96a	3.26b	2.89b
9	浮霉菌纲	2.97a	2.96a	4.23b	2.84a	3.34a	4.08b	4.05b	4.12b
10	梭状菌纲	6.71b	1.74a	1.57a	5.35b	0.80a	0.92a	1.83a	1.04b
11	酸杆菌纲_Gp1	2.73a	2.30a	2.61a	3.20b	2.54b	1.10a	2.17b	3.40b
12	酸杆菌纲_Gp3	2.85a	2.24a	3.03b	2.36a	2.83b	1.44a	2.27b	2.84b
13	伊格纳维氏菌门	2.44a	2.15a	1.85a	1.81a	2.32a	2.92a	2.17a	2.09a
14	叶绿体	0.62a	4.30c	0.52a	1.80ab	6.67c	0.24a	1.66b	1.42b
15	酸杆菌纲_Gp6	1.83a	1.20a	3.12b	1.05a	1.95a	3.22b	1.62a	1.60a
16	鞘脂杆菌纲	2.53b	2.69b	1.85a	2.30a	1.58a	1.14a	1.18a	1.38b
17	拟杆菌纲	1.90a	1.41a	1.98a	4.80b	1.05b	0.44a	1.28b	1.19b
18	芽孢杆菌纲	3.50b	1.56a	0.87a	1.17a	1.11a	1.81a	1.71a	1.66a
19	芽单胞菌纲	1.33ab	1.41ab	2.29b	0.96a	1.17a	1.03a	1.20b	1.52b
20	蓝菌纲	0.46a	6.96c	0.30a	1.07b	0.51a	0.20a	0.22a	0.12a
21	酸杆菌纲_Gp7	0.97a	1.19b	1.41b	0.61a	1.02a	1.17a	1.20a	1.09a
22	酸杆菌纲_Gp4	0.82b	0.48a	0.92b	0.23a	1.09a	2.26b	0.71a	1.30a
23	硝化螺旋菌纲	0.58b	0.52b	0.46b	0.15a	0.75a	1.83b	0.91a	1.39b
24	Subdivision3	0.59a	0.73a	0.74a	0.86a	0.79a	0.89a	0.66a	0.75a
25	螺旋体纲	0.73a	0.77a	0.76a	1.14a	0.97a	0.39a	0.77b	0.41a

2.84%~4.32%、1.57%~6.71%。变形菌纲又分为δ-变形菌纲(Deltaproteobacteria)、β-变形菌纲(Betaproteobacteria)、α-变形菌纲(Alphaproteobacteria)和γ-变形菌纲(Gammaproteobacteria),相对丰度从大到小依次为δ-变形菌纲>β-变形菌纲>α-变形菌纲>γ-变形菌纲。酸杆菌纲包括Gp1、Gp3、Gp6、Gp7、Gp4,其中酸杆菌纲_Gp1(Acidobacteria_Gp1)和酸杆菌纲_Gp3(Acidobacteria_Gp3)相对丰度较高,分别为2.30%~3.20%和2.24%~3.03%。由表4-8可知,添加秸秆生物质炭显著增加了分蘖期δ-变形菌纲、放线菌纲和螺旋体纲(Spirochaetia)的相对丰度,减少了β-变形菌纲、梭状菌纲、伊格纳维氏菌纲(Ignavibacteria)、芽单胞菌纲(Gemmatimonadetes)和硝化螺旋菌纲(Nitrospira)的相对丰度。对于成熟期来说,生物质炭增加了δ-变形菌纲、浮霉菌纲、梭状菌纲、芽单胞菌纲、酸杆菌纲Gp_7(Acidobacteria_Gp7)和硝化螺旋菌纲,减少了叶绿体(Chloroplast)、蓝菌纲(Cyanobacteria)和螺旋体纲。

(6)属水平微生物丰度变化

图4-6表示秸秆生物质炭对土壤细菌属相对丰度的影响。土壤共检测出573个属,选择前20个相对丰度大于1%的属画图,其余归类为其他(others)。从图4-6可以看出,除了No_Bank和未分类细菌,优势菌属主要为酸杆菌亚群6(Gp6)和地杆菌属(Geobacter),相对丰度均大于1%,分别为1.05%~3.22%和1.10%~2.22%。各处理组的优势细菌属还有长蝇菌属(Longilinea)、芽单胞菌属(Gemmatimonas)、厌氧粘细菌属(Anaeromyxobacter)、芽孢杆菌属(Bacillus)、Pseudolabrys和Bacillariophyta,它们的最高相对丰度大于1%。

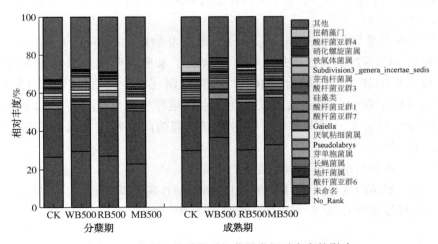

图4-6　秸秆生物质炭对细菌属类相对丰度的影响

生物质炭施用显著改变了一些细菌属丰度的变化。图 4-7 表示酸杆菌亚群 6、地杆菌属、长蝇菌属、厌氧粘细菌属、硝化螺旋菌属(Nitrospira)和铁氧体菌属(Sideroxydans)相对丰度的变化。从图中可以看出，各处理成熟期的地杆菌属、长蝇菌属、硝化螺旋菌属和铁氧体菌属相对丰度高于分蘖期，而成熟期的厌氧黏细菌属相对丰度小于分蘖期。

酸杆菌亚群 6(Gp6)是所有细菌属中相对丰度最大的，属于酸杆菌门(Acidobacteria)。在水稻分蘖期，小麦秸秆生物质炭和玉米秸秆生物质炭降低了土壤酸杆菌亚群 6 的相对丰度，与 CK 处理相比，分别降低了 34.78% 和 42.55%，而添加水稻秸秆生物质炭增加了酸杆菌亚群 6 相对丰度。在水稻成熟期，仅小麦秸秆生物质炭处理增加了酸杆菌亚群 6 相对丰度，水稻和玉米秸秆生物质炭与未添加生物质炭 CK 处理间无明显差异。

地杆菌属(Geobacter)的相对丰度仅次于酸杆菌亚群 6 的第二大细菌属，属于变形菌门(Proteobacteria)。从图 4-7 可知，生物质炭增加了水稻成熟期地杆菌属的相对丰度，与 CK 处理相比，WB500、RB500 和 MB500 分别增加了 38.62%、51.65% 和 51.65%。在水稻分蘖期，添加小麦秸秆生物质炭地杆菌属的性对丰度与 CK 处理显著减少了 27.64%，而玉米秸秆生物质炭处理显著高于小麦和水稻秸秆生物质炭。

对于硝化螺旋菌属(Nitrospira)来说，属于硝化螺旋菌门(Nitrospirae)，生物质炭在水稻分蘖期和成熟期表现出不同的作用。在水稻分蘖期，与 CK 处理相比，添加小麦、水稻和玉米秸秆生物质炭分别使土壤硝化螺旋菌属的相对丰度减少了 4.19%、22.75% 和 71.86%。在水稻成熟期，添加生物质炭显著增加了硝化螺菌属的相对丰度，其中添加小麦秸秆生物质炭的土壤硝化螺旋菌属的相对丰度最高，为 1.56%。

厌氧黏细菌属(Anaeromyxobacter)也属于变形菌门(Proteobacteria)，相对丰度为 0.48%~2.04%。添加生物质炭增加了水稻分蘖期厌氧黏细菌属的相对丰度，WB500、RB500 和 MB500 处理分别比 CK 处理增加了 13.18%、47.48% 和 24.00%。而在水稻成熟期，水稻秸秆生物质炭显著增加了厌氧粘细菌属的相对丰度，而玉米秸秆生物质炭处理的厌氧粘细菌属的相对丰度最低，为 0.48%。

(7)细菌相对丰度与土壤酶活性的相关性

大田下细菌门优势菌相对丰度与土壤酶(碱性磷酸酶、脲酶、蔗糖酶、FDA 水解酶和纤维素酶)之间的相关性分析见表 4-9。

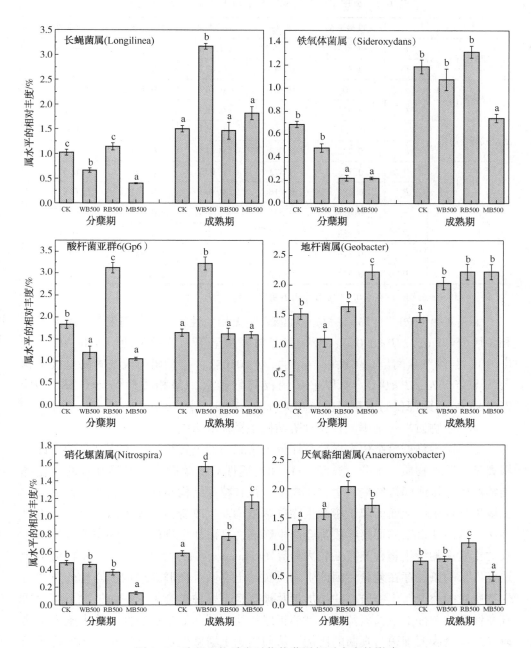

图 4-7　秸秆生物质炭对优势菌属相对丰度的影响

表 4-9　大田下细菌门相对丰度与土壤酶的相关性分析

		碱性磷酸酶	脲酶	蔗糖酶	FDA 水解酶	纤维素酶
变形菌门	r	-0.076	-0.022	0.616	0.275	-0.140
	P	0.814	0.946	0.033	0.387	0.665
绿弯菌门	r	0.308	0.387	0.129	0.167	0.629*
	P	0.331	0.214	0.689	0.604	0.028
酸杆菌门	r	-0.115	0.797**	0.163	0.106	0.584*
	P	0.722	0.002	0.613	0.744	0.046
拟杆菌门	r	0.223	-0.673*	0.003	0.098	-0.611*
	P	0.487	0.016	0.993	0.761	0.035
厚壁菌门	r	-0.334	0.526	0.466	0.066	0.581*
	P	0.288	0.079	0.127	0.840	0.048
放线菌门	r	0.316	-0.662*	0.155	-0.003	-0.014
	P	0.317	0.019	0.631	0.992	0.964

注：＊和＊＊分别表示在 0.05 和 0.01 水平上差异显著。

由表 4-9 可知，变形菌门与土壤酶之间无相关性，绿弯菌门仅与纤维素呈正相关性（$r=0.629$，$P<0.05$）；酸杆菌门与脲酶呈极显著相关性（$r=0.797$，$P<0.01$），与纤维素酶呈相关性（$r=0.584$，$P<0.05$）；拟杆菌门仅与脲酶呈极负相关（$r=-0.673$，$P<0.01$）；厚壁菌门仅与纤维素酶呈相关性（$r=0.581$，$P<0.05$）；放线菌门仅与脲酶呈极负相关（$r=-0.662$，$P<0.01$）。

（8）生物质炭对土壤微生物群落结构多样性的影响

土壤微生物群落结构多样性是评价土壤肥力的重要指标，土壤理化性质即土壤类型、营养物质、水分、温度、pH 和通透性对土壤微生物群落结构的变化都能够产生直接或间接影响。生物质炭由于具有特殊结构与性质，能够有效地改善土壤理化性质，从而引起土壤微生物群落结构发生改变，土壤中添加生物质炭对细菌、真菌和古菌的群落组成都会产生影响，且添加生物质炭土壤与不含生物质炭的土壤中的微生物种类存在较大差异（Lehmann et al，2011）。由于不同微生物适宜生长的条件存在差异，因此生物质炭对土壤微生物群落结构多样性的影响与生物质炭的类型、生物质炭的添加量及被改良土壤种类有关。一般情况下细菌适宜在偏碱性条件下生长繁殖，而真菌正好相反。因此如果在酸性土壤中施入生物质炭，就会改变细菌与真菌的比例，从而影响土壤微生物群落结构。而生物质炭在土壤中添加量不同，同样对土壤微生物群落结构存在显著影响，当生物质炭添加量过低时微生物群落结构无明显变化，而当施炭量达到一定值以上，微生物群落结构则会发生明显改变（Mitchell et al，2015）。随土壤中生物质炭施用量的增加，根际土壤和非根际土壤的细菌群落差异也会增大。关于不同种类生物质炭对不同类型被改良土壤中微生物群落结构影响的研究发现，3%的麦壳生物质炭和柳木生物质炭对温带农田土壤细菌群落结构没有产生显著影响，而经过快速裂解生产的生物质炭分别添加到四种类型土壤12个月后，均降低了真菌和细菌的比例，明显改变了土壤微生物群落结构（Gomez et al，2014）。而这种真菌和细菌的比例变化很可能取决于生物质炭添加后的土壤C/N或是被改良土壤本身的C/N，说明生物质炭内部的营养物质（包括来自生物质炭本身和从非根际土中吸取的营养物质）能够对微生物的生长和活性产生影响。另外，生物质炭在土壤中的存留时间也会影响微生物群落结构的变异。有研究发现长期添加生物质炭和短期生物质炭施用的土壤中微生物群落明显不同，并且生物质炭施用后短时间内土壤中细菌多样性会明显降低，而在古老富含生物质炭的亚马孙黑土中（Amazonian dark earth，ADE），研究发现细菌种群密度高于邻近的自然林地土壤，并且由于长期受生物质炭的影响其细菌多样性也明显高于邻近土壤。添加生物质炭后，生物质炭的施用增加了细菌多样性，改变了细菌群落组成。一般情况下生物质炭中能够直接影响土壤微生物群落的活性物质在短时间内会被微生物快速利用，而生物质炭在土壤中比较稳定，存留时间长，因此生物质炭对土壤微生物群落结构的长期影响主要是通过土壤理化性质（如土壤容重、pH和养分含量）等环境条件的改变实现的。综上所述，添加生物质炭不仅能直接影响微生物群落结构多样性，而且能通过改变土壤理化性质来影响微生物群落组成。

Alpha多样性指数可以用来度量群落生态中的每个样本的物种丰富度和多样性，如表4-10所示，利用Chao1和ACE指数表示细菌丰富度，数值越大表示物种越多。在水稻分蘖期和成熟期，各处理的Chao1指数和ACE指数均表现为RB500>CK>WB500>MB500，说明添加水稻秸秆生物质炭可以促进细菌群落的种群丰富度，增加了土壤细菌群落的物种数，但在水稻成熟期影响不显著，而小麦秸秆生物质炭和玉米秸秆生物质炭显著降低了土壤细菌种类数，两者之间不存在明显差异。从分蘖期到成熟期，CK和RB500处理的物种丰富度增加，WB500和MB500处理的物种丰富度减少，说明小麦秸秆生物质炭和玉米秸秆生物质炭处理抑制了细菌群落生长，使细菌群落物种降低。用Shannon和Simpson表示菌落的多样性，Shannon值越大，说明群落多样性越高；Simpson指数值越大，说明群落多样性越低。在水稻分蘖期，Shannon指数表现为RB500>WB500>CK>MB500，Simpson指数表现为RB500<WB500<CK<MB500，说明添加水稻秸秆生物质炭使土壤细菌群落多样性增加，但小麦秸秆和玉米秸秆对土壤细菌群落多样性的影响并不显著，Simpson指数与Shannon指数算法不同，但两种方法相互验证一致。在水稻成熟期，Shannon指数表现为RB500>CK>MB500>WB500，水稻秸秆的

Simpson 指数显著低于 CK 对照，说明水稻秸秆生物质炭同样使土壤细菌群落多样性增加。从时间上来看，从水稻分蘖期到成熟期，生物质炭处理使土壤细菌群落多样性降低，其中小麦秸秆生物质炭和玉米秸秆生物质炭作用最为显著。综合来看，无论是分蘖期还是成熟期，添加水稻秸秆生物质炭均提高了细菌群落的物种丰富度和细菌群落多样性，而玉米秸秆生物质炭表现为抑制作用，说明添加水稻秸秆生物质炭更有利于土壤细菌群落的生长。Coverage 大于 97%，说明本次测样结果能够较好地反映样品中群落的种类和结构。

表 4-10　秸秆生物质炭对土壤微生物 Alpha 多样性的影响

	Chao1	ACE	Shannon	Simpson	Coverage/%
分蘖期					
CK	7027.92±215.02b	7101.12±173.29b	7.18±0.36a	0.0024±0.0001b	97.63
WB500	6899.96±114.23a	6937.54±120.95a	7.20±0.57a	0.0020±0.0012a	97.76
RB500	7104.56±194.71c	7138.32±224.36b	7.32±0.19b	0.0017±0.0004a	97.67
MB500	6854.26±181.28a	6766.15±145.62a	7.15±0.16a	0.0029±0.0003c	97.71
成熟期					
CK	7380.05±79.25b	7302.50±201.35b	7.21±0.13b	0.0027±0.0009a	97.56
WB500	6273.18±125.46a	6253.05±135.82a	6.79±0.45a	0.0042±0.0012c	97.87
RB500	7389.00±229.92b	7441.47±76.87b	7.27±0.18b	0.0021±0.0006a	97.57
MB500	6347.58±85.48a	6305.13±115.44a	7.02±0.33a	0.0036±0.0011b	97.96

本研究中土壤细菌最丰富的菌门是变形菌门（Proteobacteria），其他优势菌门为绿湾菌门（Chloroflexi）、酸杆菌门（Acidobacteria）、拟杆菌门（Bacteroidetes）、厚壁菌门（Firmicutes），这与其他研究结果相似（Cole et al，2018；程扬 等，2018）。与对照相比，添加生物质炭显著提高了土壤绿湾菌门和拟杆菌门的相对丰度，生物质炭提高了水稻分蘖期土壤放线菌门的丰度，另外添加生物质炭降低了土壤酸杆菌门的相对丰度。说明优势菌门对生物质炭添加响应敏感。戴中民通过高通量测序研究了猪粪生物质炭和水稻秸秆生物质炭对水稻根际和非根际土壤微生物的影响，结果表明添加生物质炭增加了根际和非根际土壤拟杆菌门和放线菌门的相对丰度（戴中民，2017），这与课题组的研究结果一致。程扬等研究了秸秆生物质炭对玉米根际和非根际土壤微生物的影响，发现添加 5 t·hm^{-2} 生物质炭后，提高了玉米根际土壤酸杆菌门的相对丰度，但施加 10 t·hm^{-2} 生物质却使酸杆菌门相对丰度降低（程扬 等，2018）。因为酸杆菌门对养分的利用能力强，属于贫养型微生物，生物质炭添加会增加土壤碳源，抑制贫养型微生物生长，因此酸杆菌门相对丰度减少，而拟杆菌门属于富养型微生物，生物质炭添加为微生物生长提供碳源，提高拟杆菌门的相对丰度（戴中民，2017）。课题组研究中也发

现，土壤有机碳含量与酸杆菌门相对丰度显著负相关，与拟杆菌门相对丰度显著正相关。研究表明小麦秸秆生物质炭显著增加了水稻土中细菌的丰度，可能是因为土壤微生物生物量提高，另外小麦秸秆生物质炭含有较高小分子的碳水化合物和灰分，为细菌代谢提供合适的底物（陈俊辉，2013）。有研究表明，pH 是影响土壤细菌丰度的主要因子（Rousk et al，2009），本研究中，各细菌优势菌门与土壤 pH 存在相关关系，但未达到显著水平。

在本课题组的研究中，添加水稻秸秆生物质炭提高了水稻细菌群落的种群丰富度和细菌群落多样性，对成熟期细菌群落的种群丰富度影响不显著，而小麦秸秆生物质炭和玉米秸秆生物质炭显著降低了土壤细菌群落的丰富度，对细菌群落多样性影响不显著。说明土壤微生物对不同秸秆生物质炭的响应不同，这可能与秸秆自身材料的养分含量和酸碱度有关。从分蘖期到成熟期，小麦秸秆生物质炭和玉米秸秆生物质炭处理的土壤 Chao1 和 ACE 指数减小，说明添加小麦和玉米秸秆生物质炭对细菌群落有抑制作用。研究表明添加 20 t·hm⁻² 和 40 t·hm⁻² 小麦秸秆生物质炭都提高了细菌多样性指数，不同类群微生物丰度的影响差异可能与生物质炭本身碳源的可利用性有关（陈俊辉，2013）。Li 等（2019）研究 500℃ 裂解的玉米秸秆生物质炭对紫色土细菌群落的影响发现，玉米秸秆生物质炭使土壤真菌丰富度和多样性增加，而对细菌丰富度没有显著影响。陈俊辉（2013）通过 DGGE 和 T-RFLP 及高通量测序的方法研究了秸秆生物质炭对三个地区水稻土细菌多样性的影响，结果表明生物质炭施用短期内，大部分细菌的群落结构是相对稳定的。Liu 等（2011）研究发现稻田土壤中产甲烷古菌群落在添加竹炭和水稻秸秆生物质炭后变化并不明显。

4.3　生物质炭对微生物生态功能的影响

由于生物质炭特殊的结构和性质，土壤中添加生物质炭能够影响土壤的反硝化作用，CH_4、碳氧化合物的矿化和营养物质的转变等生物化学反应进程。影响这些反应进程的主要原因体现为生物质炭的添加改变了土壤碳源或其他养分的有效性，及其对土壤酶或其他有机、无机营养元素的吸附作用，土壤水分保持或者渗滤特性的改变，以及土壤气孔的变化等（Sun et al，2014）。此外，由这些原因而引起的微生物群落结构和丰度的变化也会诱导土壤生态系统中反应活性和新陈代谢的变化。生物质炭可以提高作物根部真菌的繁殖能力，促进植物根瘤菌的生物固氮，提高土壤硝化微生物菌群活性。生物质炭施入土壤后，土壤微生物丰度越高，越能够促进炭自身的矿化作用和生物氧化作用，且随着微生物量的升高，可能越容易刺激氧化作用发生（Zubin et al, 2013）。另外，生物质炭对土壤中其他碳的矿化作用也存在影响，在短时间内能够刺激土壤微生物活性，促进或者抑制土壤矿化作用。

生物质炭的多孔特性会影响厌氧消化(AD)系统的质量转化和微生物代谢。生物质炭改善了微生物群落代谢，并增强了 AD 过程中微生物繁殖的潜力。最近的研究表明，生物质炭具有通过种间电子转移促进厌氧微生物共代谢的潜力。

4.3.1 生物质炭对微生物群落厌氧消化中微生物富集和繁殖的影响

加强微生物群落的代谢平衡是稳定 AD 过程的有效途径。生物质炭作为在 AD 系统中以不同废物流为底物形成生物膜的适宜的载体，能起到支持细胞固定和微生物生长的作用。生物质炭较大的比表面积和多孔结构有利于同食性产乙酸菌和产甲烷菌的定居，然后促进总有机碳的去除以及 AD 中的反应速率。使用生物质炭作为添加剂，AD 中厌氧微生物的数量会增加。Liang（2016）发现，在不同的环境温度下，生物质炭介导的 AD 可以优化微生物群落结构并丰富甲烷单胞菌属物种，高达 74.9%，比未添加生物质炭的组高出 17%。同时，硫酸盐还原细菌(SRB)的丰度明显降低，因此 H_2S 浓度显著降低。甲烷菌属通常是有机物质中 AD 丰富的古细菌，但是，添加生物质炭似乎可以提高其对强酸性条件的抵抗力。当 AD 系统的葡萄糖浓度从 6 g/L 增加到 8 g/L 时，同食单胞菌的百分比从 8.0% 增加到 29.2%。相比于无生物质炭添加的情况，处理增加了食盐菌共养杆菌属（Syntrophobacter spp.）的百分比，其从 0% 增加到 13.6%（Luo et al, 2015）。Schwede 等(2016)成功地将 AD 残留物中的产甲烷古菌固定在源自城市固体绿色废物的生物质炭（575℃热解）。在这项研究中，固定的产甲烷菌生物质炭和人工合成气混合物（H_2、CO、CO_2 和 CH_4）在嗜温性 AD 中孵育。在最初的 24h 内，通过 CH_4 的形成可以观察 H_2、CO_2 和 CO 的转化。然而，用高压灭菌生物质炭在整个 AD 中均未观察到 CH_4 的产生。该结果证实生物质炭是产甲烷古菌的合适载体。古细菌的进化，从空间和时间的角度看，随着生物质炭的存在，脂肪酸氧化和产生生物膜的 Syntrophomonas spp 紧密接触在生物质炭的表面。同时，与松散结合的生物质炭和上清液相比，其在紧密结合的生物质炭中的百分比高得多。观察到瘤胃菌科(Ruminococcaceae)、紫单胞菌科（Porphyromonadaceae）和肠内菌科(Enterobacteriaceaeae)属的细菌在悬浮液组分中占主导地位，其次是松散结合的生物质炭，最后是紧密结合的生物质炭（Luo et al, 2015）。罗等观察到甲烷八叠球菌属菌种的定殖，使用自动核糖体基因间隔分析(ARISA)在葡萄糖溶液的中温 AD 系统(35℃)中对源自果木的生物质炭（在 800℃时热解）进行分析。对于添加生物质炭的组，发现古细菌紧密结合在生物质炭上，并且其比例高于未添加生物质炭的对照，其中甲烷八叠球菌属（Methanosarcina spp.）残留在粗生物质炭的孔道内，而甲烷菌属倾向于附着在细生物质炭的外表面上这种现象有利于在 AD 系统中形成产甲烷区。在糖蜜废料流的 AD 中，Vrieze（2016）发现源自松木的生物质炭（在 650℃ 下热解）具有通过高活性产甲烷区稳定 AD 的潜力。与没有添加生物质炭的 AD 相比，两种甲烷菌属的相对丰度，混合液和生物质炭中甲烷和甲烷菌的含量均增加。到 AD 末，虽然只占到混合液的 0.5%，但甲烷藻科在生物质炭上的相对丰度要高得多（占总产甲烷群落的 13.7%），这表明甲烷藻科在作为载体材料的生物质炭上选择性富集。在没有添加生物质炭的 AD 中，甲烷菌的相对丰度降低到混合液中检测极限以下的值。在混合液和载体材料中，甲烷微生物微粒的平均含量增加了 10 倍。甲烷藻科和甲烷菌的丰度与甲烷产量呈显著正相关，而甲烷微生物的丰度与甲烷产量呈显著负相关。这项研究表明，生物质炭是选择性富集产甲烷菌的合适载体材料。

从生物质炭粒度的角度来看，如表 4-11 所示，在较大的生物质炭颗粒（2~5mm）处理中，II 型比较小的生物质炭颗粒（75~150μm）处理高。甲烷菌属位于生物质炭紧密结合部分的表面，并且在 2~5mm 粒径的类型中含量最高。甲烷菌属各种尺寸的松散结合部分都富集，而生物质炭紧密结合的部分则富含小颗粒（75~150μm）（L. Qiu，2019）。从改性生物质炭的角度来看，碳纳米管中的大多数微生物群落都属于梭状芽胞杆菌，主要涉及瘤胃菌科和梭菌科。关于微生物的代谢，瘤胃菌科的代谢产物主要包括乙酸盐和乙醇，而梭菌科（Clostridiaceaceae）则为丁酸盐。但是，其他发酵细菌属例如好热菌属（Caloramator spp.）、厌氧棒菌属（Anaerobaculum spp.）、热熔古塔菌（Thermogutta spp.）和产乙醇产氢芽孢菌（Hydrogenispora spp.）存在生物质炭时，其丰度相对较低（L. Qiu，2019）。

表 4-11　生物质炭添加后 AD 系统中古细菌的时空演变（L. Qiu，2019）

微生物群落类型		
微生物群落的空间演化	所有的生物质炭颗粒	Syntrophomonas spp.（紧密结合部分），Methanosaeta spp.（松散结合部分）
	较大的生物质炭颗粒（2~5nm）	Clostridium、Oxobacter and Clostridiaceae type II、Methanosarcina spp.（紧密结合部分），Methanosaeta spp.（松散结合部分），Methanoculleus（紧密结合部分）
	中等生物质炭颗粒（0.5~1mm）	Methanosaeta spp.（松散结合部分），Methanosarcina spp.（生物质炭内层），Methanoculleus（紧密结合部分）
	小尺度生物质炭（75~150μm）	生物质炭内层：Methanosaeta spp.（紧密结合部分），Methanosarcina spp.，Methanoculleus；生物质炭外表面：Methanosaeta spp.（紧密结合部分）
	碳纳米管	Ruminococcaceaeand Clostridiaceae

微生物群落类型		
微生物群落的时间演变	厌氧消化早期	Methanosaeta spp
	厌氧消化后期	Methanosaeta spp. （松散部分），Methanoculleus（紧密结合部分），Methanosarcina spp. （生物质炭内层）
	42 天厌氧消化	Methanomicrobiales （增加十倍）
	厌氧消化结束	Methanosaetaceae（13.7%）

4.3.2 生物质炭对种间电子迁移的影响

（1）种间电子迁移机制

在 AD 系统中，营养伙伴之间的种间电子迁移（IET）在氧化高有机物和将 CO_2 还原为 CH_4 方面起着至关重要的作用，这也是突破热力学障碍以维持营养细菌和产甲烷菌之间繁殖的关键过程。众所周知，产生甲烷的同养微生物涉及间接的种间电子转移（IIET）机制：种间氢转移（IHT）和种间甲酸转移（IFT）。最近，直接种间电子转移（DIET）被认为是 AD 系统中的新机制。DIET 机制取代氢成为 IET 的主要途径，可以提高厌氧系统对某些恶劣条件的抵抗力，并维持产乙酸菌和产甲烷菌之间的同养作用（Lovley & R.，2011）。在 DIET 群落中，从生电微生物释放的电子被直接转移到捕获电子的微生物中，放生电微生物，如地杆菌（Geobacter sp），已知希瓦氏菌属（Shewanella）和希瓦氏菌能够通过细胞色素 c 链向细胞外电子受体传输电子。生物 DIET 包括两种机制，即通过生物成分（例如 c 型细胞色素和导电菌毛）进行细胞间电子转移。在第一种机制中，电子通过细胞膜上的细胞色素 c 直接传递给受体（Mehta et al，2005）。萨默斯等报道，金属还原泥土杆菌（Geobacter metallireducens）和硫还原泥土杆菌（Geobacter sulfreducens）能够形成依靠 G 的导电细胞色素 c 的导电聚集体。在第二种机制中，细胞外电子通过菌毛和其他细胞附属物转移。导电菌毛是微生物在适当的条件下进行远距离电子转移所产生的蛋白质细丝，并且在许多研究中已经通过原子力显微镜（AFM）得以观察。通过菌毛，可以发生更远范围的电子转移，而无需直接与不溶物如矿物质、固体电极、其他微生物，甚至是导电生物膜接触。硫还原菌的导电菌毛可以作为纳米线在从细胞表面到细胞外 Fe（Ⅲ）氧化物的电子转移过程中发挥重要作用。但是，硫还原菌的导电生物膜中细胞色素和电子转移可能无关。AFM 图像显示细胞色素在菌毛上的位置距离不够近，无法实现电子的跳跃或隧穿。此外，细胞色素的失活对生物膜电导率没有任何负面影响。因此，通过硫还原菌的纳米线进行的远距离电子转移是基于非局域性电子转移（Malvankar et al，2011）。

（2）与 CH$_4$ 生成有关的电子迁移机制

IET 机理方面，目前的研究集中在营养缔合体系中通过有机酸（乙酸、丙酸、丁酸和苯甲酸）的转化产生 CH$_4$。已证明主要通过 IET 机理产生甲烷的古细菌是甲烷菌（Methanosarcina spp）和甲烷菌属（Methanosaeta spp）。参与产甲烷古菌的营养代谢的微生物主要包括：Geobacter spp.、Pseudomonas spp.、Syntrophomonadaceae，Syntrophomonas spp.、Sulfurospirillum spp.、Tepidoanaerobacter spp.、Coprothermobacter spp.、Thauera spp.、Clostridium spp.、Peptococcaceae spp.、Bacillaceae spp.、Sporanaerobacter spp.、Bacteroides spp.、and Streptococcus spp.。该领域的新研究表明，地杆菌（Geobacter sp.）及其废水的厌氧生物伙伴之间存在 IET 机制（L. Qiu，2019）。

添加活性炭可以改善地杆菌的电子转移效率。产甲烷菌（M. barkeri）在共培养系统中与金属还原杆菌一起参与 IET。众所周知，向 AD 消化器中添加诸如碳和铁纳米颗粒之类的导电材料可以刺激多种微生物中的 DIET 机制，而不会产生像地杆菌菌种那样的导电纳米线。生物质炭可以在确定的共培养物中促进 IET，并可能有助于丰富具有 DIET 功能的同养伴侣。在生物质炭的表面上，营养细菌的富集可以利用生物质炭作为电子交换的电导管。DIET 的电子转移速度比 IIET 快 10^6 倍，这使基材降解得更快。与 IIET 相比，DIET 机制消耗底物和中间体的速度更快，并且更稳定。此外，DIET 不需要复杂的酶促反应即可产生，消耗和扩散氧化还原介体。在共培养系统中不添加生物质炭就很难降解乙醇，并且仅产生少量 CH$_4$。生物质炭介导的基团可以快速彻底地降解乙醇，并且 CH$_4$ 的产生量等于化学计量的理论值。Tepidimicrobium spp 和甲烷杆菌属在 SDBC 上很丰富，这两种微生物具有细胞外电子转移的潜在能力。生物质炭的添加还可以通过替代 Thermincola spp 来促进 DIET（L. Qiu，2019）。

在阳极上，同时富集甲烷杆菌属；在阴极上，添加诸如生物质炭之类的导电材料不仅可以提供微生物区系的位置，还可以充当电导管。据推测，导电生物质炭可通过在 AD 过程中充当电子导体来促进合成性产乙酸菌和产甲烷菌之间的 DIET，从而加速产 CH$_4$ 作用。添加生物质炭还可以提高电活性厌氧科和甲烷菌属物种的丰富度，从而刺激 DIET。此外，在产酸过程中添加磁铁矿（Fe$_3$O$_4$）可以提高酸化效率，从而在添加活性炭的产甲烷阶段提高了醇和 VFA 向 CH$_4$ 的同养转化（L. Qiu，2019）。最新研究表明，DIET 的潜在机制包括两个方面：一是在丙酸和丁酸积累的情况下抵抗酸，另一种是改变电子转移途径以促进甲烷的产生（Ye et al，2018）。经过生物质炭改性的反应器的 EC 可以加强从电子供体到受体的电子转移和 IET 机制，EC 与 AD 消化池中的离子浓度成正比，其测量值可用于估算 VFA，阳离子和总碱度的浓度。如先前报道（Franke-Whittle et al，2014），经生物质炭修正的 AD 的 EC 值为 9.97~28.20mS · 2cm⁻¹。生物质炭 EC 的与其稠环的芳香族结构和芳香族基团呈正相关。由于气化生物质炭具有很高的芳香性，因此经过生物质炭改性的 AD 的 EC 值显著高于不含生物质炭的 AD。尽管生物质炭的电导率比颗粒活性炭(GAC)的电导率低 1000 倍，但生物质炭具有活性氧化还原特性。因此，当丁酸盐氧化细菌将丁酸盐氧化为乙酸盐时，由于产甲烷古菌的代谢不活跃，生物质炭充当了临时电子受体，因此会发生 DIET(Wang et al，2018)。生物质炭的 EC 极弱，但足以通过促进 IET 来提高乙醇的代谢率。然而，已发现生物质炭可以减少从土壤到大气中的 CH₄ 释放。生物质炭作为一种复杂的材料，可以通过 EC 以外的其他特性来调节环境。导电物质介导的 DIET 机制如图 4-8 所示。

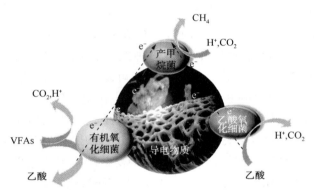

图 4-8　导电物质介导的 DIET 的机制(L. Qiu，2019；Gahyun et al，2018)
注：生物质炭作为导电材料可以促进 DIET，已被确定为参与
AD 中 VFA 厌氧降解的同养微生物之间 IET 的重要机制。

目前，尚不清楚在生物质炭介导的厌氧环境中参与 IET 过程的具体菌株。缺乏产甲烷菌原细菌的微机制认知和电子吸收，这是由细胞外生物和非生物有机体提供的。此外，地杆菌和产甲烷菌之间的直接电子传输需要在同养-产甲烷的联系上进行阐释。因此，通常通过添加生物质炭间接验证 IET 机制在相应的同养系统中是否存在。总之，生物质炭可以用作微生物生长，繁殖和代谢的载体材料。研究生物质炭介导的 AD 中的 IET 机制具有重要的技术意义，可以实现 AD 的质量提高和效率提高。它对农业和森林废弃物的利用和生态资源的有效开发具有重要的现实意义(L. Qiu，2019)。

许多文献表明，生物质炭介导的 AD 可以显著提高产甲烷效率。近年来，关于生物质炭在 AD 中的应用已经被广泛研究。但是很少考虑生物质炭的环境效益，并且其速度缓慢，这引发了一个问题，即如何将环境效益与商业动机相结合，以推动更全面的实施。因此，政府政策可以在加速商业规模生产和应用中发挥重要作用(Pourhashem et al，2018)。为了促进生物质炭大规模工业应用，应该采取一些措施：①科研和开发支持，可以为早期创新提供必要的基础，并且将来可能成为商业上可行的选择；②非金融政策支持，这是培育消费者和扩大市场需求的关键机制；③商业金融激励措施，可以及时刺激应用程序调整，以适应业务实践的即时变化(L. Qiu，2019)。

4.4　生物质炭–微生物在土壤中相互作用机制

生物质炭影响土壤微生物活性和生物量，改变土壤细菌与真菌的比例和土壤酶活性，并重塑微生物群落结构。当今，有很多技术用于测试微生物活性和群落结构，包括麦角固醇提取，定量实时聚合酶链反应(q-PCR)，荧光原位杂交(FISH)，磷脂脂肪酸定量(PLFA)，16S rRNA 的分子指纹图谱基因片段，包括变性梯度凝胶电泳(DGGE)和末端限制性片段长度多态性(TRFLP)，以及土壤微生物基因的高通量测序(Zhu et al，2017)。通常使用高通量测序进行检测酸性细菌、放线菌、双歧杆菌和疣状微生物的相对丰度变化，微生物基因的宏基因组学测序能够实现由土壤微生物群落结构变化反映的功能注释(J Ckel et al，2004)。

生物质炭对微生物活性的影响是多种多样的(Zhu et al，2017)。生物质炭的孔隙结构和表面为土壤微生物提供庇护；生物质炭颗粒上的养分和离子为土壤微生物提供养分供其生长；生物质炭触发 VOC 和环境持久性自由基的潜在毒性；生物质炭通过改善微生物生长必不可少的土壤特性(包括通气条件、水含量和pH)来改变微生物栖息地；生物质炭引起影响与微生物有关的土壤元素循环的酶活性变化；生物质炭通过信号分子的吸附和水解相结合，中断了微生物细胞之间的微生物种内和种间通讯；同时生物质炭可能包含一些可以作为微生物交流信号的分子；生物质炭增强了土壤污染物的吸附和降解，降低了其对微生物的生物利用度和毒性。

4.4.1　生物质炭为微生物提供栖息场所

由于生物质炭的多孔结构，其可以作为微生物栖息场所，生物质炭提供的每单元栖息孔体积比土壤提供的更多。微生物细胞可以附着在生物质炭表面 (Abit et al，2012)；在这样的情况下，具有较大比表面积的生物质炭也能为微生物提供栖息地。这些孔的比例和大小取决于生物质炭的生产温度，较高的温度会导致更多的水和有机物挥发，从而形成较大的孔。此外，生物质炭原料还决定孔的大小和丰度(Gul et al，2015)。但是，细菌细胞和真菌菌丝的定植在生物质炭的内外孔之间具有空间异质性（Quilliam et al，2013）。此外研究发现，在埋在沙质壤土长达3年的450℃产生的木材衍生生物质炭中有少量微生物定植（生物质炭的粒径范围为0-2 mm至10 mm），内表面生物群阳性的平均百分比为40.7%，但微生物分布非常稀疏，此外大多数情况下，直径小于1mm的孔（占当前总孔的17%）不宜微生物生长。尽管生物质炭不能为微生物提供像大块土壤一样多的可矿化碳和养分来源，但是生物质炭的大小、孔隙率和表面积可以代表微生物定植的合适位置。在生态环境中，生态位既为生物提供了自然栖息地，又为生物提供了食物（Gul et al，2015）。

4.4.2 生物质炭为土壤微生物提供营养

生物质炭含有多种养分（例如K、Mg、Na、N和P），并由于其有巨大的表面积，高孔体积和负表面电荷吸收作用，从而丰富了土壤养分（Chen et al，2012）。生物质炭大的比表面积，使得微生物定植的机会增大，而黑色的炭则吸收更多的热量，从而加快微生物的生长和酶的活性。微生物定植与生物质炭表面电荷、化合物和离子结合，营养物质的浓度和从生物质炭中解吸或溶解的溶解性有机碳（DOC）有关。低分子量DOC生物质炭的挥发性部分是微生物的首选碳源（Gul et al，2015）。来自不同来源（杏仁壳、肉鸡垫料、棉籽壳和豌豆壳）的生物质炭提取物具有类似SOC的高腐殖质和腐殖质状结构，以及热稳定的木质素DOC。生物质炭能改善土壤的阳离子交换能力（CEC），保留更高养分，利于土壤微生物活动（Zhu et al，2017）。生物质炭的营养条件在很大程度上取决于其原料和热解温度。由草本材料（作物残留物）和粪便产生的生物质炭通常比木材生物质炭具有更高的灰分含量，因此能够提供更多的养分（Adnan et al，2015）。对于农作物残余生物质炭和粪便生物质炭，灰分含量随热解温度升高而增加。生物质炭中的养分可以释放到土壤中，因此其可作为缓释肥料，为土壤肥力和微生物生长带来长期利益。生物质炭调节了养分循环所必需的土壤微生物功能（Zhu et al，2017；Aaron et al，2014）。生物质炭中挥发性成分中存在酯和酚类化合物。DOC和其他可代谢化合物的性质以及生物质炭的pH影响生物质炭微生物生长。革兰氏阳性细菌优先利用生物质炭衍生的C，这表明这种物质缺乏大量易降解的有机物质。此外，大多数生物质炭的碱性pH值对革兰氏阳性菌可能比革兰氏阴性菌更有利。然而，随着生物质炭年龄的增长，其pH值下降，这可能会促进真菌的生长。尽管它直接影响微生物的生长，但生物质炭矿化的速率及其对微生物生物量的输入要比天然有机碳低得多。相对于土壤，生物质炭中的养分含量低，并且它对低分子量物质的吸附能力高，这说明了土壤基质中和表面上生物质炭表面内微生物的定植性较低。生物质炭通过对营养素阳离子吸附和表面官能团，尤其是含氧基团(如羧酸根)对无机阴离子吸附来向土壤微生物提供营养。生物质炭 CEC 随着热解温度的升高而升高，原料类型和热解程序参数(包括温度、加热速率和保温时间)影响生物质炭的官能团，进而影响生物质炭改善土壤 CEC 的能力(Mukherjee et al，2011)。生物质炭的 CEC 取决于 pH，pH 和 CEC 的变化之间可能存在相互作用。此外，生物质炭与土壤矿物质之间的相互作用导致了生物质炭老化期间矿物质的长期存在(Zhu et al，2017)。

生物质炭的芳香性能抵抗微生物的分解，并且部分生物质炭还可以作为土壤微生物的碳源。生物质炭通常可用于微生物利用的可用碳很少，因为它们比其原料具有更高的 C/N，由于缺乏 N 供应而很难被微生物降解。因此，生物质炭改良剂增加了 SOC 库，增强了土壤碳固存(Yanardag et al，2015)。细菌和真菌对于不同的碳源有自己的偏好，并且对环境因素(例如 pH 和水条件)的变化具有不同的耐受性。与细菌相比，真菌能够在土壤较大的团聚体($>200\mu m$)上定植，这些团聚体具有较高的 SOC、C/N 和总氮(Zhang，2015)，这种能力可能是由于真菌的生存优势所致。在相同的环境条件下，促进大团聚体形成的生物质炭应用更有利于真菌而不是细菌生长。H/C 和 O/C 通常都随热解温度的升高而降低，其芳香性和非极性结构更紧密。生物质炭的 C/N 主要取决于原料类型。此外，由于芳香族碳的缩合结构，升高的热解温度会导致某些原料的 C/N 升高(Zhu et al，2017)。

4.4.3　生物质炭对微生物的毒性

生物质炭中的某些化合物被称为微生物抑制剂，包括苯、甲氧基苯酚和苯酚、羧酸、酮、呋喃和多环芳烃，从生物质炭中提取的有机溶剂包含多种有机化合物，包括正链烷酸、羟基和乙酰氧基酸、苯甲酸、二醇、三醇和酚，而从生物质炭中提取的水包含二羧酸、芳香有机酸和多元醇以及羟基酸、正链烷酸和苯甲酸(Zhu et al，2017)。生物质炭的挥发性有机化合物随原料类型、元素组成、热解温度以及加热程序和条件的不同而有所不同。在中等温度(300 和 400℃)下产生的生物质炭中 PAHs，多氯二噁英和呋喃(PCDD/DF)的浓度和毒性高于高温($>$400℃)下产生的生物质炭(Honghong et al，2016)。吸附在生物质炭上的 VOCs 种类的组成多样性可能是土壤微生物活性对生物质炭的各种响应的主要促成因素。尽管新鲜生物质炭中的 VOCs 可以作为某些微生物(例如黏液芽孢杆菌)的碳源，但它们可以对微生物产生潜在的毒性作用。VOCs 还可对微生物土壤病原体产生直接毒性，从而有利于植物生长(Zhu et al，2017)。

在生物质炭热解过程中产生稳定的持久性自由基(PFR)，包括半醌、苯氧基、环戊二烯基和酚类，也可以诱导对微生物的毒性效应(TRUONG et al，

2010)。PFR 丰富度取决于热解温度和时间。羟基自由基(·OH)、超氧自由基阴离子(·O$_2^-$)和过氧化氢(H$_2$O$_2$)可以在活的微生物细胞中诱导氧化应激,降低细胞内的谷胱甘肽(GSH)、谷胱甘肽过氧化物酶(GP$_x$)和超氧化物歧化酶(SOD)的水平,并随着诸如羟基的活性氧(ROS)的产生而降低细胞膜的完整性(Zhu et al,2017;Shaohua et al,2014)。半醌自由基(QH)是燃烧产生的超细微粒中发现的一种自由基颗粒物,这些自由基可以还原氧形成超氧化物,然后形成 H$_2$O$_2$,H$_2$O$_2$ 在过渡金属离子存在下可以引发 Fenton 反应。这些 Fenton 反应产生的·OH 会引起 DNA 链断裂,从而导致 DNA 损伤(Dellinger et al,2001)。

参 考 文 献

[1] Ameloot N, Sleutel S, Case S D C, et al. Cmineralization and microbial activity in four biochar field experiments several years after incorporation[J]. Soil Biology & Biochemistry, 2014, 78: 195−203.

[2] Cayuela M L, Sinicco T, Mondini C. Mineralization dynamics and biochemical properties during initial decomposition of plant and animal residues in soil[J]. Applied Soil Ecology, 2009, 41 (1): 127.

[3] Cole E J, Zandvakili O R, Blanchard J, et al. Investigating responses of soil bacterial community composition to hardwood biochar amendment using high−throughput PCR sequencing[J]. Applied Soil Ecology, 2018.

[4] Gomez J D, Denef K, Stewart C E, et al. Biochar addition rate influences soil microbial abundance and activity in temperate soils[J]. European Journal of Soil Science, 2014, 65(1): 28−39.

[5] Grossman J M, O Neill B E, Tsai S M, et al. Amazonian anthrosols support similar microbial communities that differ distinctly from those extant in adjacent, unmodified soils of the samemineralogy [J]. Microbial Ecology, 2010, 60(1): 192−205.

[6] Gyaneshwar P, Naresh Kumar G, Parekh L J, et al. Role of soil microorganisms in improving P nutrition of plants[J]. Plant and Soil, 2002, 245(1): 83−93.

[7] Keech O, Carcaillet C, Nilsson M C. Adsorption of allelopathic compounds by wood−derived charcoal: the role of wood porosity[J]. Plant & Soil, 2005, 272(1−2): 291−300.

[8] Khodadad C L M, Zimmerman A R, Green S J, et al. Taxa−specific changes in soil microbial community composition induced by pyrogenic carbon amendments [J]. Soil Biology & Biochemistry, 2011, 43(2): 385−392.

[9] Liang C, Balser T C. Microbial production of recalcitrant organic matter in global soils: implications for productivity and climate policy[J]. Nature Reviews Microbiology, 2010, 9(1): 75.

[10] Liao N, Li Q, Zhang W, et al. Effects of biochar on soil microbial community composition and activity in drip−irrigated desert soil[J]. European Journal of Soil Biology, 2016, 72: 27−34.

[11] Liu Y, Yang M, Wu Y, et al. Reducing CH_4 and CO_2 emissions from waterlogged paddy soil with biochar[J]. Journal of Soils & Sediments, 2011, 11(6): 930-939.

[12] Lynch J M, Benedetti A, Insam H, et al. Microbial diversity in soil: ecological theories, the contribution of molecular techniques and the impact of transgenic plants and transgenic microorganisms[J]. Biology & Fertility of Soils, 2004, 40(6): 363-385.

[13] Nan X, Tan G, Wang H, et al. Effect of biochar additions to soil on nitrogen leaching, microbial biomass and bacterial community structure[J]. European Journal of Soil Biology, 2016, 74: 1-8.

[14] O'Neill B, Grossman J, Tsai M T, et al. Bacterial community composition in Brazilian Anthrosols and adjacent soils characterized using culturing and molecular identification[J]. Microbial Ecology, 2009, 58(1): 23.

[15] Pietikäinen J, Kiikkilä O, Fritze H. Charcoal as a habitat for microbes and its effect on the microbial community of the underlying humus[J]. Oikos, 2003, 89(2): 231-242.

[16] Rousk J, Brookes P C, Bååth E. Contrasting soil pH effects on fungal and bacterial growth suggest functional redundancy in carbonmineralization[J]. Applied & Environmental Microbiology, 2009, 75(6): 1589-1596.

[17] Rousk J, Dempster D N, Jones D L. Transient biochar effects on decomposer microbial growth rates: evidence from two agricultural case-studies[J]. European Journal of Soil Science, 2013, 64(6): 770-776.

[18] Vanek S J, Lehmann J. Phosphorus availability to beans via interactions between mycorrhizas and biochar[J]. Plant & Soil, 2015, 395(1-2): 105-123.

[19] Warnock D D, Lehmann J, Kuyper T W, et al. Mycorrhizal responses to biochar in soil – concepts and mechanisms[J]. Plant & Soil, 2007, 300(1-2): 9-20.

[20] Welbaum G E, Sturz A V, Dong Z, et al. Managing soil microorganisms to improve productivity of agro-ecosystems[J]. Critical Reviews in Plant Sciences, 2004, 23(2): 175-193.

[21] Yang L, Yanqi Y, Fei S, et al. Partitioning biochar properties to elucidate their contributions to bacterial and fungal community composition of purple soil[J]. Science of the Total Environment, 2019, 648: 1333-1341.

[22] Zackrisson O, Nilsson M, Wardle D. Key ecological function of charcoal from wildfire in the boreal forest[J]. Oikos, 1996, 77.

[23] Zheng J, Chen J, Pan G, et al. Biochar decreased microbial metabolic quotient and shifted community composition four years after a single incorporation in a slightly acid rice paddy from southwest China[J]. Science of the Total Environment, 2016, 571: 206-217.

[24] Zhu X, Chen B, Zhu L, et al. Effects and mechanisms of biochar-microbe interactions in soil improvement and pollution remediation: A review[J]. Environmental Pollution, 2017, 227: 98-115.

[25] 蔡元锋, 吴宇澄, 王书伟等. 典型淹水稻田土壤微生物群落的基因转录活性及其主要生

理代谢过程[J].微生物学报,2014,54(09):1033-1044.

[26] 陈俊辉.田间试验下秸秆生物质炭对农田土壤微生物群落多样性的影响[D]:南京农业大学,2013.

[27] 程扬,刘子丹,沈启斌等.秸秆生物质炭施用对玉米根际和非根际土壤微生物群落结构的影响[J].生态环境学报,2018,27(10):92-99.

[28] 戴中民.生物质炭对酸化土壤的改良效应与生物化学机理研究[D].杭州:浙江大学,2017.

[29] 丁昌璞.中国自然土壤、旱作土壤、水稻土的氧化还原状况和特点[J].土壤学报,2008,045(1):66-75.

[30] 李琼.不同处理方式对酸性硫酸盐土中微生物群落结构的生态学研究[D].杭州:浙江大学,2014.

[31] 刘玉学,唐旭,杨生茂等.生物质炭对土壤磷素转化的影响及其机理研究进展[J].植物营养与肥料学报,2016,22(06):1690-1695.

[32] 荆玉琳.秸秆生物质炭对稻田土壤理化性质及微生物特性的影响[D].北京:首都师范大学,2019.

[33] 王晓彤,周雅心,蓝兴福等.炉渣与生物质炭配施对稻田土壤性质及微生物特征的影响[J].水土保持学报,2020,34(1):333-343.

[34] 朱金山,张慧,马连杰等.不同沼灌年限稻田土壤微生物群落分析[J].环境科学,2018,39(05):432-443.

第5章 ▶ 生物质炭对土壤温室气体排放的影响

温室气体不断增加是引起全球气候变暖的主要原因，减少大气温室气体浓度，已成为全球人类亟待解决的问题（Gray，2007）。农田土壤作为温室气体的主要排放源，对大气中3种温室气体（CO_2、CH_4、N_2O）浓度的影响不容忽视（张玉铭等，2011；郭艳亮等，2015）。因此，减少土壤温室气体排放是缓解全球气候变暖的有效措施。一方面由于生物质炭在土壤中表现出对物理、化学和生物方面较高的抗性，能够稳定持续地保存在土壤中；另一方面生物质炭的多孔性、巨大的比表面积以及高C/N比，使其能够改善土壤通气状况，增加土壤营养元素的有效性，营造更好的微生物生存环境，促进某些特殊类群微生物的繁衍与扩张以及土壤团聚体的形成（Brodowski et al，2005；Xiao B，2004）。因此生物质炭作为一种新颖的、高效的碳封存技术收到了广泛的关注。同时，伴随生物质炭生产获得的可再生能源副产品、对农业生产过程中温室气体排放的抑制潜力，能够进一步增强生物质炭技术应用系统的固碳、减排潜力。

（1）温室气体排放研究　向土壤中施加生物质炭对土壤温室气体排放的影响是当前国际生物质炭研究的前沿领域，也是关乎废弃有机物资源能否实现生物质炭还田的关键（颜永毫等，2013a）。目前，关于生物质炭添加对土壤温室气体排放影响的研究较多，但是由于不同学者所选用的研究材料和研究方法不同，所得出的结论也不尽相同。Saarnio等（2013）对热带以及温带地区和实验室内的研究均表明，施入农田土壤中的生物质炭可以通过单位面积增产、减少N_2O释放并增加土壤碳储存等途径来缓解气候变暖。Shenbagavalli等（2012）在研究生物质炭对土壤中碳氮动态变化影响的试验中发现，生物质炭能够减少土壤温室气体的释放，尤其是CO_2和N_2O。Karhu等（2011）的田间试验研究发现，添加生物质炭使土壤CH_4的平均累积吸收量较对照增加了96%，但是对土壤CO_2和N_2O排放没有显著的影响作用，其研究结果表明，生物质炭能够通过增加生物质碳储存、促进土壤对CH_4的吸收等途径来缓解气候变暖。Bruun等（2011）的实验室研究发现，

157

将快速分解的生物质炭单独施入土壤后促进了 N_2O 的释放，若将高低两种添加比例(3%和1%)的生物质炭分别与厌氧消化污泥混合后施入土壤，则高生物质炭添加量(3%)的土壤 N_2O 释放较低添加量的减少了47%。他们认为，这与生物质炭和污泥混合处理提高了土壤微生物活动性和增加氮素的不可移动性有关。Zheng 等(2012)通过分别向两种中性土壤(干旱和湿润)中添加生物质炭和氮肥的室内培养试验研究发现，有外加氮源的条件下，N_2O 是土壤温室气体的主要成分，生物质炭添加使土壤 N_2O 的释放量减少 3%~60%，CO_2 释放增加 10%~21%，CH_4 释放增加 5%~70%；而无外加氮源条件下，CO_2 是土壤温室气体的主要组成部分，生物质炭对土壤可提取 NO_3^-、NH_4^+ 或 N_2O 的释放无显著影响。其研究结果表明，施用生物质炭是减少土壤氮淋溶和温室气体释放的有效管理措施，尤其对于高氮含量的中性至酸性土壤。Stewart 等(2013)的室内培养试验研究发现，随着生物质炭添加量的增加，CO_2 释放呈线性增加，N_2O 呈指数减少。柯跃进等(2014)的为期130d 的室内培养试验研究发现，在整个培养期内，生物质炭与耕地土壤混合处理能够减少土壤 CO_2 的排放，且减排率最高可达 41.5%。因此，对于一特定区域内土壤添加生物质炭，必须要经过本地化验证，方可确定生物质炭添加对当地土壤 3 种温室气体排放的影响程度(郭艳亮等，2015)。稻田 CH_4 的产生、消耗和大气传输如图5-1所示。

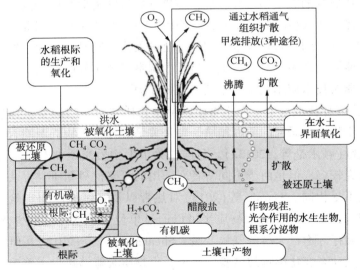

图5-1　稻田 CH_4 的产生、消耗和大气传输(许欣，2017)

(2)固碳减排潜力研究　为了科学准确地了解生物质炭技术应用的固碳减排潜力，部分学者从不同的角度利用不同的方法对生物质炭技术的固碳减排潜力进行了评估，如表5-1所示(姜志翔，2013)。

表 5-1　不同尺度下的生物质炭碳封存潜力评估(姜志翔，2013)

计算尺度	原料来源	碳封存减排潜力(CO_{2e} 计)	文献
全球水平	全球范围可利用生物质原料	$1.28 \sim 1.36 \times 10^9 t \cdot a^{-1}$ 2100 年可达 $20.1 \sim 34.9 \times 10^9 t \cdot a^{-1}$	(Lehmann et al, 2006)
全球水平	农林废弃物、城市废弃物	$1.0 \sim 1.8 \times 10^9 t \cdot a^{-1}$ 100 累积封存量为 $66 \sim 130 \times 10^9 t$	(Woolf et al, 2010)
全球水平	全球初级生产率的 10%	$11 \times 10^9 t$	(Matovic，2011)
区域水平 (USA)	林业和农业可利用生物质原料	$1.7 \times 10^9 t$	(Lehmann，2007)
区域水平 (UK)	林业和废弃物资源	$1.8 \sim 3.7 \times 10^6 t \cdot a^{-1}$	(J et al，2012)
单位原料	农作物秸秆	每 t 原料潜力为 $0.86 \sim 0.89 t$	(ROBERTS et al，2010a)
单位原料	不同林业和废弃物资源	每 t 原料潜力为 $0.7 \sim 1.3 t$	(Hammond et al，2011a)
单位原料	农作物秸秆	每 t 原料潜力为 $0.25 \sim 0.40 t$	(张阿凤等，2011)
单位面积	农作物秸秆和能量作物	每 hm^2 土地潜力 $2 \sim 19 t$	(GAUNT et al，2008)

　　Lehmann 等(2006)最早从全球范围对应用生物质炭的固碳、减排潜力进行了评估，其评估结果显示：在全球范围内转变传统的"收割-燃烧(slash-burn)"农业耕种模式到生物质炭耕种模式(slash-carbon)将会获得 $0.19 \sim 0.21 \times 10^9 tC \cdot a^{-1}$ 的固碳减排潜力，将会抵消 12% 人类活动引起的土地利用变化而导致的 C 排放($1.7 \times 10^9 tC \cdot a^{-1}$，IPCC2001)；回收农业和林业废弃物进行生物质炭生产，每年可获得碳封存潜力为 $0.16 \times 10^9 tC$；Lehmann 接着又从目前生物质能源生产的角度对生物质炭的生产潜力进行了评估，认为在目前的生物质能源生产体系下每生产 1GJ 的能量将获得 30.6kg C 的生物质炭，按照 2001 年全球 6EJ 的生物质能源生产量(UNDP，2004)，每年可获得碳封存潜力为 $0.18 \times 10^9 t$ C，预计到 2100 年可获得最大碳封存潜力为 $9.5 \times 10^9 t$ C。Lehmann 的评估仅是考虑了生物质炭自身的碳封存潜力，而对生物质炭应用其他方面的减排潜力(如可再生能源生产、农业生产过程温室气体减排等)没有涉及。而 Woolf 等(2010)综合考虑了生物质炭应用可能获得固碳潜力的各个方面，对生物质炭技术应用进行了评估。基于可持续发展的思想，设置了低、中、高三个全球生物质原料可持续性获得潜力，评估应用生物质炭技术能够获得每年 $1.0 \sim 1.8 \times 10^9 t$ 的固碳、减排潜力，经过一百年累计潜力可达到 $66 \sim 130 \times 10^9 t$(以 CO_2 计)，其中一半的潜力来源于生物质炭自身的碳封存，约 30% 来源于可再生能源生产取代化石能源使用减排，其他来源于 CH_4 和 N_2O 等温室气体减排。

随着对生物质炭固碳、减排的研究不断深入，Roberts 等和 Hammond 等利用生命周期评价(life cycle assessment，LCA)方法对生物质炭技术应用的固碳减排潜力进行了更加详细的评估。Roberts 等(2010)通过对不同生物质原料类型的 LCA 表明：利用不同原料(玉米秸秆和庭院废弃物)进行生物质炭的生产和应用获得的固碳、减排潜力为 $0.86 \sim 0.89\text{t CO}_{2e} \cdot \text{t}^{-1}$ 原料，其中 62% ~ 66% 来源于封存在生物质炭中的碳。Hammond 等(2011)的评估结果显示：利用不同生物质原料的生物质炭技术固碳、减排潜力为 $0.7 \sim 1.3\text{t CO}_{2e} \cdot \text{t}^{-1}$ 原料；以获得生物质能源表达的潜力为 $1.4 \sim 1.9\text{t CO}_{2e} \cdot \text{MWh}^{-1}$，与其他生物质能源技术(平均净碳排放为 $0.05 \sim 0.30\text{t CO}_{2e} \cdot \text{MWh}^{-1}$)相比具有巨大的优势；通过生命周期阶段分析可知，减排量最大的是生物质炭自身的碳封存(40% ~ 50%)，其次是生物质炭对农业生产过程中温室气体排放的影响(25% ~ 40%)。

目前国内学者对生物质炭的研究更多是集中在其对农业土壤中温室气体排放(Wang et al，2012；Zhang et al，2012)、土壤污染物(Cao et al，2011；Wang et al，2012)等方面的基础研究，而对生物质炭的固碳、减排评估方面的研究很少。张阿风等(2011)探讨了一种秸秆燃烧和转化生物质炭以及农业应用整个系统全生命周期的温室气体的排放量和碳汇清除量计量的方法，并运用该方法对秸秆生物质炭的生产和稻田施用的总效应进行了初步评估，结果表明秸秆生物质炭能够产生的净碳汇为 $0.25 \sim 0.40\text{t CO}_{2e} \cdot \text{t}^{-1}$ 原料(姜志翔，2013)。

为了验证上述结果，张玉虎教授团队选择我国水稻的主产区之一的长江流域——江苏省为试验基地，通过盆栽试验和大田试验，分别探究不同原料生物质、裂解温度以及用量的生物质炭对温室气体排放的影响(张向前，2018；胡茜，2019)。

5.1 不同原料生物质炭施用
对土壤温室气体排放的影响研究

本节试验以水稻秸秆、玉米秸秆和小麦秸秆为原材料制作的生物质炭作为试验材料，通过测定稻田整个生长季的 CO_2、CH_4、N_2O 排放规律和 CO_2、CH_4、N_2O 累积排放量，探究施加不同原料生物质炭对稻田土壤温室气体的排放影响(胡茜，2019)。

5.1.1 试验设计

本试验主要分为两大块进行，分别为盆栽试验和大田试验。盆栽试验于 2017

年 4 月至 2017 年 11 月间在常州大学知行楼北侧空地进行，试验设计 4 个处理组，每组三组重复，分别为 CK(常规施肥)、RBC(添加水稻秸秆炭)、CBC(添加玉米秸秆炭)、WBC(添加小麦秸秆炭)，生物质炭施加量均为 3%。取 6kg 土自然风干破碎后过 20 目筛与生物质炭均匀混合，放置到直径为 30cm、深度为 40cm 的 PVC 材质的圆盆内，各处理组重复 3 次。所有处理组正常施肥，施用 1.89g 尿素，1.71g 磷酸二氢钾，0.5g 氯化钾作为基肥，后期追肥按 110mg/kg 的量追施氮肥，分别在分蘖期和抽穗期追加。播种采用人工插播，种植密度为每盆三穴，每穴 2~3 株，盆栽为淹水管理，在分蘖期结束时晾干一次以结束无效分蘖。

盆栽供试土壤采自大田试验附近稻田土壤，土壤为黄黏土，全氮含量为 1.19g/kg，全磷含量为 0.64g/kg，全钾含量为 1.44g/kg，有机碳含量为 18.85g/kg，碱解氮含量 101.5mg/kg，速效磷 44.9mg/kg，土壤容重 1.12g/kg，pH 值为 6.43。供试水稻品种为当地种植较多的南粳 5055，生物质炭由南京勤丰秸秆科技有限公司提供，品种为水稻(丹阳)秸秆炭、玉米秸秆炭、小麦秸秆炭，制备温度为 500℃、缺氧条件下(加热速率为 15℃·min^{-1}，2h)，其中生物质炭的全量元素情况如表 5-2 所示。盆栽水稻生长过程如图 5-2 所示。

表 5-2　生物质炭全态元素含量

生物质炭种类	全氮/(g/kg)	全磷/(g/kg)	全钾/(g/kg)	有机碳/(g/kg)
RBC	0.6128	1.993	27.147	537.97
CBC	1.1050	1.833	14.46	518.11
WBC	04577	1.851	23.567	567.41

图 5-2　盆栽水稻生长过程

图 5-3　静态箱

1—温度计，连接温度传感器；2—12V 直流电池，连接电风扇，混匀空气；3—内置电风扇、温度传感器；4—锡箔纸，防止箱内温度过快升高；5—采气口，连接三通阀；6—连接凹槽，用于水封

盆栽试验采用的装置实际为一套自行设计的便携式的静态箱（图 5-3），主要分为底座和采气桶两个部分组成，圆桶的顶端有深度 5cm、直径 3cm 的凹槽，可以在采气时利用液体水封达到密闭的作用。采气桶直径 30cm，高 70cm，采气桶顶部固定有风扇以及温度传感器，用于采气时混合密闭环境中的气体确保试验的准确性，温度传感器可以借用温度计测定采样时密闭环境的温度。在采气桶中部有气孔，利用软管、针筒以及三通阀确保采气顺利进行。

盆栽采集土壤。在水稻生长的每个生长季采集土壤，采集土壤时，准备所用工具，包括自封袋、铁铲、装有水的水桶、橡皮筋。采集前，将自封袋标号。采集土壤时，用橡皮筋将水稻捆成一束，用铁铲采集盆内土壤，采集时注意多点采样，尽量不要伤及水稻根系，每盆取大约 100g 左右，取 0～10cm 左右深的土壤，装入自封袋，每采集完一个样，将铁铲在水桶中洗净，然后采集下一个，防止土壤混合。将自封袋储存于 -4℃ 冰箱备用。

盆栽水稻采气：

a. 采气时间

盆栽每 10 天左右采集一次温室气体。采气过程，采气时间选定为上午 9 点开始。

b. 采气流程

采气前准备好 500mL 注射器、温度计，记录版、事先打印的记录、笔以及气袋，每盆水稻对应 4 个气袋，分别装时间 0、10min、20min、30min 时采集的气体。开始采气，首先将采气箱移至培养盆前。培养盆的顶端凹槽内灌入水，以防止培养盆和采气箱接触的部位漏气，同时将采气箱放到培养盆上。然后将温度计插到采气箱顶部接口，测试采气箱的内温度。采气时，开启采气箱内风扇，用 500mL 注射器抽取气体。首先，将三门阀打开，抽取采气箱的气体两次，注射到气袋中，每取完一次，关闭三门阀。取完气后检测气袋的密封性，防止漏气，并将采气装置撤回。将气袋运回实验室，2 天内寄出测定。测定采用气象色谱仪测定 CO_2、N_2O、CH_4 气体的含量。图 5-4 为盆栽采集土壤场景，图 5-5 为采气体时场景。

图 5-4　盆栽采集土壤场景

图 5-5　盆栽采集温室气体场景

大田试验设置在江苏省丹阳市珥陵镇(31°51′53.64″N，119°35′27.47″E)，试验区域大小约为 20m²(5m×4m)，共 12 块，与盆栽分组设计相同，生物质炭施用量为 3%(10t/hm²)，一次性加入并人工搅拌均匀，施肥量与丹阳当地施肥习惯一致。试验区域间由宽 30cm、高 40cm 田埂覆膜隔开，在试验区域东侧和西侧分别修建了一条引水渠和排水渠，确保每块试验区域之间不会发生水体交换。水稻育苗和插秧如图 5-6 所示。

图 5-6　水稻育苗和插秧

大田所使用的静态箱与盆栽原理类似，由一个 90cm×90cm 的底座在插播前埋入土壤中，顶部凹槽露出在土壤表面，水稻生长前期由于植株较矮只采用采气箱(长宽为 90cm，高 50cm)进行温室气体采集，待植株顶部可以接触到采气箱顶部风扇时，利用预制好的中通中继箱先放置在底座上然后再继续使用采气箱(在下一节详细论述)。田间试验场景如图 5-7 所示。

温室气体的测定主要包括了 CO_2、CH_4 和 N_2O 气体，其中 CO_2 和 CH_4 利用火焰离子检测器(FID)，N_2O 使用电子捕获检测器(ECD)检测含量。温室气体测定委托北京多米伦特科技有限公司完成。

CH_4 和 N_2O 排放通量计算公式(蔡祖聪等，2009)：

$$F = \rho \times V / A \times dc/dt \times 273 / (273 + T)$$

图 5-7　田间试验场景

式中，F 为 CH_4-C 排放通量（$mg \cdot m^{-2} \cdot h^{-1}$）或 N_2O-N 排放通量（$\mu g \cdot m^{-2} \cdot h^{-1}$）；$\rho$ 为标准状态下 CH_4-C 或 N_2O-N 的密度，分别为 $0.54g \cdot L^{-1}$ 和 $1.25g \cdot L^{-1}$；V 为采样箱内有效体积（m^3），此研究为 $0.125m^3$，A 为采气箱所覆盖的稻田土壤面积（m^2），此研究为 $0.25m^2$；dc/dt 为 CH_4 和 N_2O 的排放速率（$ulL^{-1} h^{-1}$）；T 为采样过程中静态箱内的平均温度（℃）。

温室气体累积排放量（$kg \cdot hm^{-2}$）计算公式（王聪等，2014）：

$$R_c = \left\{ \frac{(F_1 + F_n)}{2} + \sum_{j=1}^{n} \left[\frac{F_i + F_{i+1}}{2} \times (t_{i+1} - t_i) \right] \right\} \times 24 \times 0.01 \times a$$

式中，R_c 为温室气体累积排放量（$kg \cdot hm^{-2}$）；n 为水稻生长期观察次数；F_i 和 F_{i+1} 为第 i 次和第 $i+1$ 次采样时温室气体排放通量（$mg \cdot m^{-2} \cdot h^{-1}$ 或 $ug \cdot m^{-2} \cdot h^{-1}$），$F_1$、$F_n$ 分别为第一次和最后一次采样时温室气体排放通量；t_{i+1} 和 t_i 为第 $i+1$ 次和第 i 次采样时间间隔（d）；a 为转化系数，为水稻整个生长天数（翻耕到收割）除采样期间天数，为 135/130。

综合温室效应（global warming potential，GWP）多被用来估算 CH_4、N_2O 等多种温室气体对气候变化的综合效应（Frolking et al，2004）。计算公式：

$$GWP = 25 \times RCH_4 + 298 \times RN_2O$$

式中，GWP 表示综合温室效应，单位是 $CO_{2-eq} kg \cdot hm^{-2}$，$RCH_4$ 表示 CH_4 季节累积排放量，RN_2O 表示 N_2O 季节累积排放量。在 100 年尺度上，单分子 CH_4、N_2O 所引起的全球增温潜势（GWP，$kg \cdot hm^{-2}$）分别为 CO_2 的 25 倍和 298 倍

（Yanai et al，2007a）。

温室气体排放强度（green house gas intensity，GHGI）用来表示粮食单位产量下温室气体的排量，是将环境效益和经济效益相统一的综合评价指标（Herzog et al，2006）。

计算公式：

$$GHGI = GWP/Output$$

式中，GHGI 表示温室气体排放强度，单位是 $CO_{2-eq}kg \cdot kg^{-1}$。GWP 表示综合温室效应，单位是 $CO_{2-eq}kg \cdot hm^{-2}$。Output 表示水稻产量，单位是 $kg \cdot hm^{-2}$。

5.1.2 不同原料生物质炭施用对 CO_2 排放的影响

秸秆还田腐解后能有效增加土壤孔隙度，并且能提高 SOC 含量，因此促进了土壤呼吸和 CO_2 的排放（郝帅帅等，2016）。一些研究发现对于东北地区单季玉米（吕艳杰等，2016）、华北冬小麦——夏玉米（裴淑玮等，2012）、华南地区水稻——小麦轮作（牛东等，2016）等，秸秆还田提高了 7% ~45%的 CO_2 排放量排放。随着还田量的增加，CO_2 排放也逐渐增加（Guo et al，2016；Wang et al，2019；蒙世协等，2012）。一些研究发现西北干旱地区和内蒙古秸秆还田降低了 6% ~20%CO_2 排放量（Hu et al，2015；Yeboah et al，2016；程功等，2019；吕锦慧等，2018），原因可能是：①秸秆覆盖降低了土壤温度；②秸秆覆盖阻碍了 CO_2 从土壤向大气排放；③秸秆覆盖与土壤接触面小导致分解速率低（Kaisi et al，2005）。一般来说秸秆还田能促进土壤 CO_2 排放，但是研究发现秸秆制成的生物质炭对土壤呼吸影响很小（张国等，2020）。

（1）盆栽条件下

如图 5-8 所示，在水稻的整个生长季中，添加生物质炭的处理，土壤中

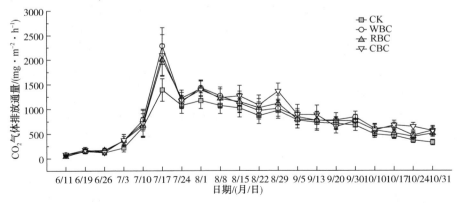

图 5-8　盆栽土壤 CO_2 排放通量

CO_2排放通量显著地高于 CK 处理。在水稻生长前期这种差距不明显，随着第一次追肥，土壤中增加了大量的氮源，有利于土壤中动植物的生长发育。在 7 月 3 日的采样结果中发现 WBC、RBC、CBC 处理的 CO_2 的排放通量显著性高于 CK 处理，此时 WBC、RBC、CBC 处理比 CK 处理 CO_2 排放通量分别高出了 68.72%、69.57%、73.25%。在 7 月 17 日 CO_2 排放通量达到了峰值，此时 CK 处理的 CO_2 排放通量最低为 $1386.72mg \cdot m^{-2} \cdot h^{-1}$，添加生物质炭的处理组则显著高于 CK（$P<0.05$）。其中 WBC 处理更是达到了 $2281.68mg \cdot m^{-2} \cdot h^{-1}$，相对于 CK 处理提高了 64.54%。后续的水稻生长季，盆栽土壤 CO_2 排放通量一直以三组添加生物质炭处理为第一梯度，对照处理的 CO_2 远远低于各处理组。

对盆栽土壤的 CO_2 气体排放通量进行统计计算，得到如图 5-9 的累积排放量结果，发现添加生物质炭会提高土壤 CO_2 的累积排放量（$P<0.05$）。WBC、RBC、CBC 处理相对于 CK 处理分别增加了 22.04%、17.83% 和 25.29%。这里与前面所提到的常见温室气体（CH_4、N_2O）的规律不同，很多的研究表明添加生物质炭会减少 CH_4、N_2O 的累积排放量，同时会增加土壤 CO_2 的排放，其中一部分是由于土壤矿化产生的 CO_2 的原因，复杂有机物会被微生物分解成简单的有机物，最终有一部分碳就会变成 CO_2 释放到空气中，还有一部分的 CO_2 来自植物的呼吸作用，当不透光的静态箱罩住取样区域，植物的呼吸作用会大于光合作用，土壤中的有机物被植物吸收利用，一部分转化为自身生长发育所需碳，另外一部分将以 CO_2 的形式释放。因此，施加生物质炭提高了土壤微生物的活性以及群落结构多样性，同时对土壤有改良作用，使得作物性状优于对照处理，从而添加生物质炭会增加 CO_2 排放量。

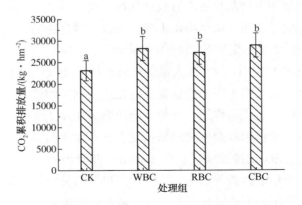

图 5-9　盆栽土壤 CO_2 累积排放量

注：图中不同的小写字母代表着不同处理间差异显著（$P<0.05$）。

（2）大田条件下

大田土壤中微生物含量高，种群丰富，并且活性强。观察图5-10看出在时间尺度上，CO_2排放通量的差异性在水稻种植后第七天就已经体现出来。因此可以通过土壤CO_2排放通量的区别，间接地判断出添加生物质炭具有改良土壤性质、增加植物量的作用。

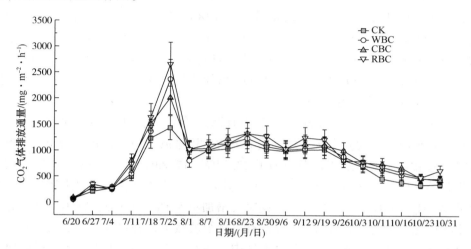

图5-10　大田土壤CO_2排放通量

土壤中CO_2排放通量在整个水稻生长季中变化趋势主要分为两段，第一段是逐渐增长的阶段，从水稻种植开始到水稻分蘖，呈现出一个快速增长的趋势。在这个阶段内，土壤中含有大量的有机物质、营养性元素等，在水稻秧苗期土壤的化学活性、生物化学活性低、植物作用影响小，土壤的微生物还未开始大量繁衍，有研究显示添加生物质炭可以有效地提高土壤中易氧化态碳，这部分碳会被土壤中的微生物优先使用，从而抑制土壤本底碳，微生物的呼吸作用会产生大量的CO_2。利用同位素法标定生物质炭中的碳元素，发现土壤中施入生物质炭后，在土壤呼吸作用产生的CO_2中发现大量的已标记碳，土壤微生物中也同样发现大量的标记碳元素。这说明土壤中的生物会优先地使用生物质炭总携带的易氧化态碳，用于自身繁衍以及代谢作用，施加生物质炭会加速土壤呼吸作用。第二阶段是缓慢下降阶段，动植物及微生物的繁衍发育会产生大量的CO_2，在水稻分蘖期随着追肥的进行，CO_2的排放通量达到了峰值，此时植物的代谢能力最强，土壤微生物发展成一个稳定的群落结构，生物质炭携带的易氧化态碳消耗殆尽。生物质炭对土壤呼吸作用的促进效果开始下降，随着时间推移，水稻土壤中的呼吸作用在稳步下降，直至成熟收获期。

将大田土壤CO_2排放通量的数据进行整理计算得到累积排放量，从图5-11

可以看出来，当添加生物质炭后，土壤的 CO_2 累积排放量显著提高，且各处理组之间均具备显著性差异，从大到小依次排列为 RBC>CBC>WBC>CK。与 CK 对比发现，各生物质炭处理组的累积排放量分别提高了 26.59%、20.71%、13.06%。这里虽然生物质炭施入会增加土壤 CO_2 的排放，但是同时也说明了生物质炭会改良土壤，促进土壤中动植物的呼吸作用，加强代谢，对作物增产等。在课题组试验中可以发现不论是哪一种生物质炭对土壤都是具有积极意义，将实验室水平的研究扩展到实际生产应用中去，也为了生物质炭可以更好更快地造福农业生产提供了理论支持和实践意义。

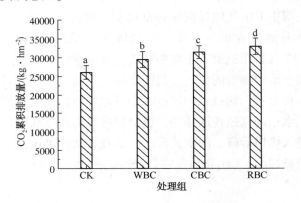

图 5-11　大田土壤 CO_2 累积排放量

注：图中不同的小写字母代表着不同处理间差异显著（$P<0.05$）。

5.1.3　不同原料生物质炭施用对 CH_4 排放的影响

土壤 CH_4 排放涉及厌氧环境下的产甲烷菌和甲烷氧化菌参与的一系列反应（Weller et al，2015）。土壤 CH_4 排放主要来源于水稻田。旱田特别是西北干旱地区土壤能够吸收 CH_4，表现出弱汇的作用（Yeboah et al，2016；吕锦慧等，2018）。南方水旱轮作情况下，处于旱作的农田呈现弱源或弱汇的态势（靳红梅等，2017；牛东等，2016；盛海君等，2018；王祥菊等，2016）。由于水分是微生物分解 SOC 的限制因素，保耕对这两种条件下 CH_4 吸收影响比较小（Tan et al，2019；Yeboah et al，2016；韩圆圆等，2017；张国等，2020）。

（1）盆栽条件下

如图 5-12 所示，施加不同生物质炭对稻田土壤 CH_4 气体的排放通量均受到不同程度的抑制作用，整个生长期出现了两个排放峰（6 月 19 日、7 月 17 日），峰值均出现在追肥之后，施加氮肥后会促进土壤中铵态氮和硝态氮的浓度，从而影响到以硝态氮和铵态氮为营养物质的产甲烷菌的生命活动，且呈现促进作用。

因此在追肥后稻田土壤的 CH_4 排放会出现峰值(Knoblauch et al, 2011)。随着时间的推移，外界不再进行氮肥的追加后，CH_4 的排放量逐渐降低，直至维持在一个水平线上。在 6 月 19 日 CH_4 排放达到第一个峰值，其中 CK、WBC、RBC、CBC 处理分别为 79.89mg·m^{-2}·h^{-1}、53.24mg·m^{-2}·h^{-1}、58.49mg·m^{-2}·h^{-1}、60.12mg·m^{-2}·h^{-1}，CK 处理的 CH_4 排放通量显著高于其他处理组($P<0.05$)。此时盆栽水稻正处于返青期，移栽后水稻秧苗是一个过渡时期，此时的秧苗根系受损、植物代谢降低，对土壤 CH_4 排放影响较小(Zhang et al, 2013)。对 CH_4 气体排放的主要贡献者是土壤中的养分，为产甲烷菌提供了大量的能源。随着第一次追肥结束，土壤中 CH_4 气体排放量逐渐降低，此时从土壤理化性质角度分析，土壤中有机碳、有效氮含量与土壤 CH_4 气体排放呈现正相关关系(王长科等，2013)。当 7 月 17 号再次追肥，土壤中有效氮含量继续增加，此时盆栽一直处于淹水状态，前期土壤中携带的氧气被消耗殆尽，土壤一直保持着缺氧状态，有利于产甲烷菌的生长发育，同时水稻经过一个月的发育，正处于代谢活动最旺盛阶段——分蘖期，水稻的高速传输作用，也会促进 CH_4 的排放。此后随着水稻分蘖期结束，盆栽进入烤田阶段，间歇式覆水，盆栽表面水迅速落干，土壤有氧条件导致产甲烷古菌被抑制，CH_4 排放量降低(Shen et al, 2014)。

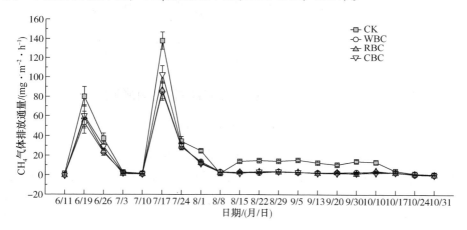

图 5-12　盆栽土壤 CH_4 排放通量

由图 5-13 可以看得出，整个水稻生长季的 CH_4 气体累积排放量表现为 CK 处理最高，通过施加不同的生物质炭，最终均能显著降低土壤 CH_4 的排放量($P<0.05$)。土壤 CH_4 气体的排放主要受到三个方面影响：一方面是 CH_4 的产生量，有研究表明，施加生物质炭会增加土壤中碳库汇入，使得土壤有机质含量显著地上升，为土壤生物与微生物提供大量的碳源，因此会加速 CH_4 的产生速率和产生量(王军等，2016)；另一方面是 CH_4 的消耗量，甲烷氧化菌可以利用 CH_4 作为碳

源在好氧条件下消耗CH_4，施加生物质炭势必会造成土壤容重降低，土壤透气性以及孔隙度增加，因此会促进甲烷氧化菌的代谢，从而造成甲烷消耗量的差异（Shen et al, 2014）；最后一方面是植物的传输作用，相同条件下植物发育越旺盛，土壤排放的CH_4量越多（Liu et al, 2011），在对排放通量的分析中也可以看出，两次排放高峰期，分别对应着水稻的两个时期，而且生长代谢旺盛的分蘖期的CH_4气体排放量峰值显著高于返青期峰值（$P<0.05$）。我们的研究发现添加生物质炭后水稻生长季内CH_4的累积排放量按照不同处理，分别为CK处理的767.04kg·hm^{-2}，WBC处理的413.85kg·hm^{-2}，RBC处理的423.24kg·hm^{-2}，RBC处理的463.14kg·hm^{-2}，分别降低了34.30%、37.03%和37.76%。因此可以说，在生物质炭施用在盆栽内可以有效降低土壤中CH_4的累积排放量，减少部分温室气体的排放。

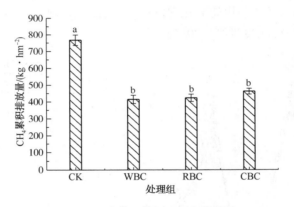

图5-13　盆栽土壤CH_4累积排放量

注：图中不同的小写字母代表着不同处理间差异显著（$P<0.05$）。

（2）大田条件下

观察图5-12与图5-14发现，施加生物质炭对土壤的CH_4气体排放通量的影响比较相似，均表现出在追肥后CH_4气体排放激增，说明CH_4气体对土壤中氮肥含量很敏感，受到土壤有机氮的直接影响。大田试验与盆栽试验中峰值出现时期相似，但峰值大小有较大差异，大田试验在第一次排放峰值的排放通量是：CK为109.93mg·m^{-2}·h^{-1}、WBC为98.44mg·m^{-2}·h^{-1}、RBC为96.34mg·m^{-2}·h^{-1}、CBC为91.38mg·m^{-2}·h^{-1}，大田第一次峰值排放通量相比盆栽试验中相同处理高出了37.59%~84.90%。在水稻进行晒田后，发现此时水稻发育基本完全，土壤中N、P等营养元素的含量基本无明显的变化，此时水稻田水量较之前少，间断式的排水导致土壤厌氧环境被破坏，此时CH_4气体排放速率降至较低的水平（Knoblauch et al, 2011）。而CK处理在此时的CH_4排放通量显著高于施加生物质炭的处理（$P<0.05$），可能就是生物质炭的加入抑制了 CH_4 产生以及排放的过程，土壤空隙的增加也会使土壤中含有大量的 O_2，抑制 CH_4 排放（Shen et al，2014）。

有试验结果表明，增加土壤有机质的量会为产甲烷菌提供生命活动的重要底物，同时有机质的增加会降低土壤还原电位，促进产甲烷菌的代谢和 CH_4 的产生（Zhang et al，2013）。而在本试验结果中发现，添加生物质炭增加了土壤有机质的量，但是同时也抑制了 CH_4 的排放。从多个角度去分析问题发现，一方面不论什么基质制备的生物质炭均具有很强的稳定性，土壤中的产甲烷菌无法直接迅速地利用因添加生物质炭而增加的土壤有机质，另一方面不论什么生物质炭均具备巨大的比表面积以及大量的微孔结构，可以有效吸附土壤中有机物，形成一种包裹性基团缓慢地释放，这不仅仅可以有效抑制微生物对土壤有机质的分解，降低土壤有机碳的矿化率。同时松散多孔的生物质炭可以增加土壤的空隙，增加土壤的通气性，对好氧环境的甲烷氧化细菌也有促进作用，通过对 CH_4 的消耗从而最终降低 CH_4 的排放（姚玲丹等，2015）。

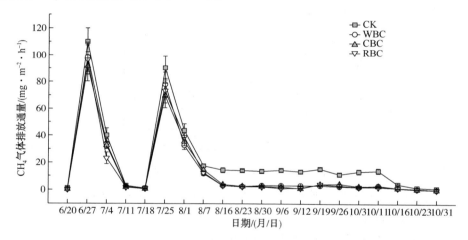

图 5-14　大田土壤 CH_4 排放通量

由图 5-15 可以看得出，大田试验整个水稻生长季的 CH_4 气体累积排放量表与盆栽试验的总体趋势相似，CK 处理的土壤 CH_4 排放量显著地高于生物质炭处理组，且不同生物质炭施加后 CH_4 排放差异不显著，可能由于三种生物质炭的热解温度相似，生物质炭中的结构组成相似，孔隙以及比表面积均达到最优的状态，而这些性质对土壤的改良以及温室气体的减排的影响具有天花板效应，因此实际处理中发现效果差异不明显。课题组的研究主要还是想要证明生物质炭的添加在盆栽和大田均有相同的结果，且适于推广应用。

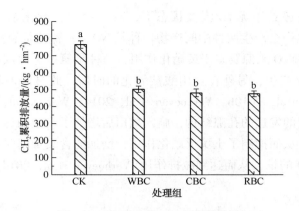

图 5-15　大田土壤 CH_4 累积排放量

注：图中不同的小写字母代表着不同处理间差异显著（$P<0.05$）。

5.1.4　不同原料生物质炭施用对 N_2O 排放的影响

土壤 N_2O 排放主要来源于微生物参与的土壤硝化和反硝化过程（Millar et al，2018）。学者针对秸秆还田对农田 N_2O 排放的影响及机理仍然缺乏一致结论。在旱地中，辽宁沈阳玉米种植实验（Jiang et al，2017）、河北栾城的冬小麦——夏玉米种植实验（闫翠萍等，2016）都表明多年秸秆还田促进了 N_2O 的排放，原因是 C/N 低的秸秆还田促进微生物的硝化、反硝化作用（Shi et al，2011）。也有一些研究发现秸秆还田抑制了 N_2O 排放，可以减少 1%~49%（Lehmann et al，2011；McHenry，2011）。这种抑制的原因是秸秆 C/N 比较高，适宜于微生物分解利用，减少了硝化与反硝化作用的基质，减少了 N_2O 排放（柯跃进等，2014b）。Shan 等（2007）利用 Meta 分析了秸秆还田对 N_2O 排放的影响，得出了秸秆还田不会显著影响 N_2O 排放的结论。不同的秸秆还田量和还田方式、秸秆 C/N 等都对 N_2O 排放产生不同的影响（Xin et al，2016；张国等，2020）。

（1）盆栽条件下

如图 5-16 所示，各处理 N_2O 排放通量变化在整个水稻生长季呈现相似的趋势，N_2O 的排放出现了两个明显峰值，分别为 7 月 17 日，8 月 1 日。可以看出第一次 N_2O 峰值是出现在追肥之后，此时追加的氮肥提高了土壤中 N 的含量，降低了土壤的 C/N，为 N_2O 气体的产生提供了足够的氮源，导致 N_2O 气体的急速增加（Clough et al，2010a），在 8 月 1 日时稻田处于烤田阶段，土壤从缺氧厌氧状态迅速变为好氧有氧状态，抑制了反硝化作用（Spokas et al，2009a）。此后水稻土壤一直处于漫水灌溉状态，土壤 N_2O 排放量维持在一个较低水平。

硝化作用和反硝化作用是土壤 N_2O 排放的两个重要影响因素，土壤进行反硝化作用时，一般处于无氧/厌氧状态下，NO_3^-会被反硝化细菌消耗并还原成N_2，在还原过程中会产生两种中间产物一种是NO，一种就是温室气体之一的N_2O。硝化作用的N_2O来源要多于反硝化作用，一种是氨氮氧化成亚硝酸盐的时候会有副产物N_2O产生，另外在亚硝酸被氧化的时候，此时如果氧气不足就会生产N_2O（Clough et al，2010b；Verhoeven et al，2014；Wang et al，2011）。在试验中由于生物质炭的发达的孔隙结构，施入稻田后增加了土壤的透气性，提升了土壤中的含氧量，从而抑制了土壤反硝化作用，增加的含氧量同时可以减少硝化作用中歧化成N_2O的量，从而达到减排作用（Verhoeven et al，2014）。

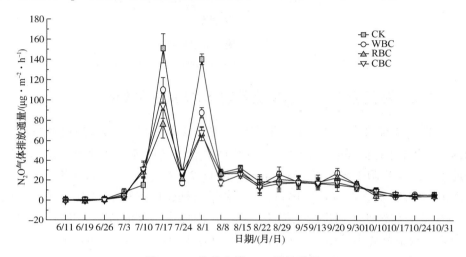

图5-16　盆栽土壤N_2O排放通量

观察图5-17可以发现，添加生物质炭以后盆栽土壤N_2O排放通量显著地降低了（$P<0.05$），其中RBC处理效果最显著，其次分别是CBC处理和WBC处理。CK、WBC、RBC和CBC处理的N_2O累积排放量分别达到了0.93kg·hm^{-2}、0.77kg·hm^{-2}、0.67kg·hm^{-2}、0.68kg·hm^{-2}。添加不同生物质炭后土壤N_2O累积排放量相对于对照处理分别降低了16.29%、27.82%、26.81%。由此可以看出添加生物质炭对土壤N_2O的减排具有积极的意义，虽然各生物质炭处理最终效果不同，但除去WBC和CBC以及RBC之间存在显著性差异，RBC和CBC处理之间减排效果不相上下，对于土壤中施用何种生物质炭影响不大，具体操作还需与实际生产情况相结合，因地制宜，就地取材更重要。生物质炭之所以能够达到减少N_2O排放量的效果，一方面是生物质炭的低密度和多孔隙结构特性增加了土壤的孔隙度和通气性，抑制适应厌氧条件下氮素微生物的反硝化作用，从而减少N_2O排放（Yanai et al，2007b）。土壤通气性改善，含氧量提高，可使土壤中NH_4^+-N、NO_3^--N、PO_4^{3-}等离子被氧化，使得硝化作用和反硝化作用取得电

子的供应减少，从而限制了 N_2O 排放（Clough et al，2010b）。另一方面，土壤通气性的增强还为微生物生长繁殖创造了条件（Verhoeven et al，2014），使得好氧微生物大量繁殖，从而导致硝化菌和反硝化菌可用氮源减少，N_2O 排放受到限制。研究人员认为生物质炭改善了土壤的通气环境，这改变了土壤反硝化细菌群落组成的多样性，从而影响了 N_2O 的排放。此外，水稻秸秆生物质炭的多孔性结构易吸附土壤铵态氮从而减少硝化菌的能源底物，抑制硝化作用（Gul et al，2015；Spokas et al，2009b；韩光明等，2012）。

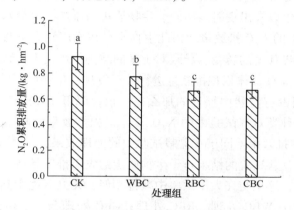

图 5-17　盆栽土壤 N_2O 累积排放量

注：图中不同的小写字母代表着不同处理间差异显著（$P<0.05$）。

（2）大田条件下

观察图 5-18，可以发现在水稻发育前期，土壤中的 N_2O 的排放通量一直处于缓慢增长的状态。此时土壤一直处于漫灌状态，水中溶解氧含量低，不利于土

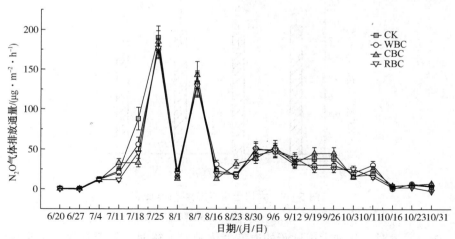

图 5-18　大田土壤 N_2O 排放通量

壤的硝化作用，氨转化为 NO_3^- 的过程受到抑制，不利于 N_2O 通过硝化过程产生。土壤中的反硝化作用又会产生部分 N_2O，添加生物质炭会提高土壤中碳含量，从而影响 C/N 比，过量的碳会消耗土壤中的 NO_3^-，减少了反应底物，从而抑制反硝化作用，N_2O 排放量减少（Wang et al，2011）。追肥时，提高了土壤中 N 的比例，降低了 C/N 比，提供了反硝化作用的氮源，从而导致 N_2O 的排放量急剧增加（Lehmann et al，2011）。大田试验的水肥管理与盆栽相类似，因此 N_2O 气体排放通量的变化趋势以及规律基本类似，差别在于大田土壤环境不同导致 N_2O 气体排放通量的峰值以及出现时间不同。生物质炭的添加在一个水稻生长季减少了盆栽土壤 27.82% 的 N_2O 排放量。因此生物质炭在推广到大田时是具有实践意义的，不会因为外界环境的转变，导致对土壤的减排作用发生反转。

对大田土壤 N_2O 气体累积排放量进行计算发现，生物质炭施入大田后对 N_2O 排放的抑制作用没有盆栽中预计的那么高，仅仅降低了 12.67% 的累积排放量。而且生物质炭的种类对本试验中的 N_2O 气体累积排放量影响不显著。RBC 处理和 CBC 处理的减排效果不同于在盆栽试验中的处理效果，未和 WBC 处理具备显著性差异，说明盆栽试验的结果对于生物质炭的农田推广具备一定的依据，但无法做到完全相同，这里与在大田试验中减排相似，无显著优于其他生物质炭的处理。在盆栽试验中 WBC 处理、RBC 处理、CBC 处理与 CK 相比较分别降低了16.29%、27.82%、26.81%，大田试验中则分别降低了 7.07%、12.67%、4.11%。盆栽试验的效果要显著好于大田试验，这也说明了生物质炭的农业推广还需继续的观察，更多更久的大田试验是有必要的，不能以偏概全，课题组的试验还有很多的不足需要继续去弥补，以得到更科学的结果。

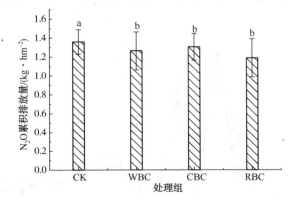

图 5-19　大田土壤 N_2O 累积排放量

注：图中不同的小写字母代表着不同处理间差异显著（$P<0.05$）。

本节通过对盆栽和大田试验的温室气体采集，整理、分析发现，在盆栽试验

176

中施加生物质炭可以显著降低土壤 39.62%~46.05% 的 CH_4 排放，降低 16.29%~27.82% 的 N_2O 排放，增强了 17.83%~25.30% 的 CO_2 排放。在大田施用生物质炭会显著降低土壤 34.30%~37.03% 的 CH_4 排放，降低 4.11%~12.68% 的 N_2O 排放，增强了 13.07%~26.60% 的 CO_2 排放。

5.2 不同裂解温度和用量的生物质炭对土壤温室气体排放的影响研究

本节试验以典型稻麦双季田为研究区，在稻田施加不同裂解温度和用量的水稻秸秆生物质炭，通过分析温室气体（CO_2、CH_4、N_2O）排放规律和排放量变化，明确不同裂解温度和用量稻秆生物质炭对稻田土壤固碳减排效果的影响（张向前，2018）。

5.2.1 试验设计

选择长江下游典型双季田为试验田，分为若干小区。设计 10 组处理（见表5-3），每个处理重复 3 次，每个小区随机排列，小区面积为 6m×6m，小区间留0.5m 宽隔离带并独立灌排水。生物质炭在 2016 年 6 月 6 日一次性撒施于土壤表层，翻耕 20cm，与土壤混合均匀（Li et al，2016）。

表 5-3 稻田不同裂解温度稻秆生物质炭试验设计对照组

序 号	代 号	秸秆类型	裂解温度/℃	施加量/(t·hm⁻²)	施肥情况
1	CK	—	—	—	无
2	BC0	—	—	—	常规
3	DBC300	丹阳水稻秸秆	300	10	常规
4	DBC500	丹阳水稻秸秆	500	10	常规
5	DBC700	丹阳水稻秸秆	700	10	常规
6	HBC300	哈尔滨水稻秸秆	300	10	常规
7	HBC500	哈尔滨水稻秸秆	500	10	常规
8	HBC700	哈尔滨水稻秸秆	700	10	常规
9	DBC500₂.₈	丹阳水稻秸秆	500	2.8	常规
10	DBC500₂₀	丹阳水稻秸秆	500	20	常规

注：CK 为不施加生物质炭、不施加化肥，BC0 为不施加生物质炭；2.8t 为每公顷水稻秸秆制备生物质炭量，施加 10t·hm⁻² 生物质炭参考秦晓波（秦晓波等，2015）、李松（李松等，2014）等。

供试水稻品种为武运粳"24"。2016 年 6 月 20 日插秧，每平方米插 90 株。2016 年 6 月 7 日施加基肥，2016 年 6 月 23 日第一次追肥，2016 年 8 月 8 日第二次追肥。施肥量见表 5-4。2016 年 11 月 2 日收割，水稻生长期共 135 天，期间水分管理方式见表 5-5。

表 5-4　试验田施肥量

基肥/(kg·hm⁻²)			第一次追肥/(kg·hm⁻²)	第二次追肥/(kg·hm⁻²)	
N	P$_2$O$_5$	K$_2$O	N	N	K$_2$O
72.00	79.20	72.00	54.00	55.20	45.00

表 5-5　水稻生育期水分管理信息表

生育期	时　间	水分管理方式
幼苗期	6 月 20 日~7 月 10 日	淹水泡田
分蘖期	7 月 11 日~8 月 5 日	浅水勤灌
拔节期	8 月 6 日~9 月 13 日	干湿交替，以烤田为主
出穗开花期	9 月 13 日~10 月 16 日	复水，淹水与晒田交替进行
结实成熟期	10 月 16 日~11 月 2 日	间歇灌溉，以落干为主

供试土壤的基本理化性质如下表所示。土壤有机质含量较丰富，约为 25g·kg⁻¹，土体上部质地较轻，向下质地黏。见表 5-6，为试验区土壤基本理化性质。

表 5-6　供试土壤的基本理化性质

土壤指标	碱解氮/mg·kg⁻¹	有机碳/g·kg⁻¹	总氮/g·kg⁻¹	有效磷/mg·kg⁻¹	速效钾/mg·kg⁻¹	容重/g·cm⁻³	pH 值
数值	166.25	24.21	1.21	35.21	84.41	1.12	6.41

供试生物质炭由江苏省南京市勤丰秸秆科技有限公司提供，原料为江苏省丹阳市水稻秸秆和黑龙江省哈尔滨市水稻秸秆，水稻秸秆在缺氧环境下以 15℃·min⁻¹ 的升温速度升温至 300℃、500℃、700℃制备，生物质炭施加到土壤前粉碎过 2mm 筛。图 5-20 所示为田间施加生物质炭实景。

图 5-21 所示为采气箱（静态箱）装置。田间使用时，先在田间每个小区土壤中安装固定底座。底座上有凹槽，凹槽长 3cm、宽 2cm、深度 5cm，采样时向凹槽内注水，用于水封，保证整个系统的密闭性。静态箱包含单、双向开口两种箱体，由 PVC 材料制成，规格为 50cm×50cm×50cm（早期使用单向开口箱体，当水

图 5-20　田间施加生物质炭实景

稻生长高度超过 50cm 时，增加一个同规格双向开口的箱体，将高度变为 100cm）；外围用铝箔纸将箱体覆盖，以避免阳光直射导致箱内温度升高过快，对箱内气体产生影响；箱体内部的顶上安装 12V 的小风扇和传感器，采气过程中保持开启状态，用于混匀箱内气体；传感器用于测定箱内温度。采气箱中部装有采气管，管头装有三门阀，用于针筒的气体采集，采集气体前要将采气箱安装风扇和接线并用强胶封死采气箱有可能漏气部位。

图 5-21　田间采气装置

自2016年6月20日每10d采气一次(除雨天外)，采气选择上午9∶00~11∶00。

采气之前，准备所需的实验器材。包括采集箱、注射器、气袋、温度计、移动电池、纸板、记录表、记录笔、清水等，并将所有采气箱搬运至采气箱底座附近。

采气时，将底座凹槽处导入清水再将采气箱置于底座，放置后检查是否与底座凹槽合封严密，并将槽内杂物和水稻茎叶清除，保持采气箱和凹槽严密不漏气。并将水导入凹槽，防止漏气。各块试验田同时采集气体，同时将采气箱放到采气底座上，记录时间，将温度计接入线头，等温度计显示数值稳定后，记录箱内温度。

采集开始时，首先打开采气箱内风扇，保证箱内气体充分混合，然后打开气管端部的三门阀，用500mL注射器抽取箱内气体，再将气体注射到标记过的铝箔采样袋(0.1L)中，连续抽取两次，将气管三门阀关闭。每过10min采集一次，共采集4次。采集完成后，记录箱内气体和土壤温度。将气袋收集，置于阴凉处。将采气箱卸下，搬运至原地。运回气袋，1~2天内测定温室气体(CO_2、CH_4、N_2O)含量。田间采集温室气体流程如图5-22所示。

图5-22　田间采集温室气体流程图

5.2.2　对CO_2排放的影响

(1)施加不同裂解温度生物质炭对土壤CO_2排放的影响

如图5-23所示，为水稻整个生长期稻田土壤CO_2排放变化情况。对比不同裂解温度下水稻秸秆生物质炭对土壤CO_2排放趋势，可以看出各对照组土壤CO_2排放量表现出大体一致的变化趋势。在水稻生长的分蘖期，CO_2排放量达到最大值。这是由于在分蘖期水稻生长旺盛，新陈代谢功能加快，呼吸作用旺盛，使得 CO_2 排放量增加。由图可见，CO_2 排放在 7 月 8 日之后排放量逐渐上升，在 7 月 18 日左右出现排放峰，之后波动较为剧烈，并分别在 8 月 9 日、9 月 9 日、9 月 29 日前后出现排放峰，之后逐渐下降。这可能是水稻生长分蘖期和拔节期正是水稻生长的旺盛时期，水稻呼气强度大，排放量多。而在苗期和成熟期后期，水稻呼气作用较弱。

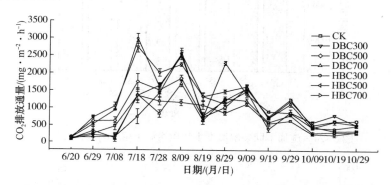

图 5-23　施加不同裂解温度生物质炭后土壤 CO_2 排放量趋势变化

施加不同裂解温度水稻秸秆生物质炭土壤 CO_2 排放量不同（图 5-24）。且随裂解温度升高，土壤 CO_2 排放量减少。与 BC0 相比，DBC300、DBC500、DBC700、HBC300、HBC500、HBC700 排放分别增加 65.91%、28.64%、21.77%、90.12%、59.96%、58.30%。一方面低温热解制备的生物质炭中易分解态碳含量高，低温热解生物质炭中不完全转化的纤维素、半纤维素等糖类物质在土壤中对土壤有机碳的降解有较大贡献，这些不稳定的物质易被土壤微生物利用，从而促进 CO_2 排放（Bruun et al，2011）。另一方面，500℃、700℃裂解的稻秆生物质炭的芳香化程度高、氢氧含量低，进入土壤后能够较好地抵御微生物的分解作用。施加哈尔滨水稻秸秆生物质炭土壤 CO_2 排放量多于施加丹阳水稻秸秆生物碳，这是很可能因为哈尔滨水稻秸秆生物质炭含碳量明显高于丹阳水稻秸秆生物质炭。随施加生物质炭裂解温度升高，土壤 CO_2 累积排放量减少，说明土壤有机碳库分解量较少，进一步说明了裂解温度高的稻秆生物质炭固碳效应更好。

（2）施加不同量稻秆生物质炭对土壤 CO_2 排放的影响

生物质炭施加量不同，稻田土壤 CO_2 排放不同（如图 5-25，图 5-26 所示）。生物质炭施加量在 0、2.8t·hm⁻²、10t·hm⁻²、20t·hm⁻² 时，土壤 CO_2 排放量逐渐增多。与 BC0 相比，DBC5002.8、DBC500、DBC50020 分别增加了 45.62%、53.25%、69.57%。

生物质炭施加到稻田土壤后，通过改变土壤的物理性质、化学成分和生物效

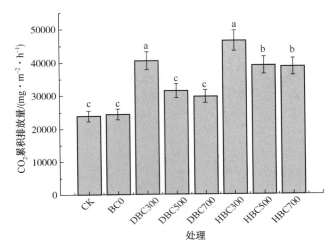

图 5-24　施加不同裂解温度生物质炭后土壤 CO_2 累积排放量

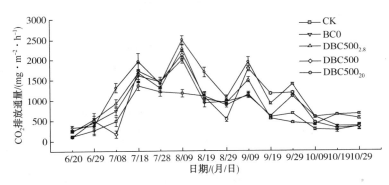

图 5-25　施加不同量生物质炭后土壤 CO_2 排放量趋势变化

应,从而影响稻田温室气体排放。生物质炭施用量、制备温度和生物质炭配施氮肥量不同,温室气体排放情况也不同。Liu Y 等研究发现,生物质炭输入降低了土壤微生物的活性,吸附土壤中的酶和有机物,从而抑制了土壤有机物的矿化作用,减少了 CO_2 排放(Liu et al.,2011)。Spokas KA 等(2009)认为生物质炭携带的物质对土壤微生物起到了毒害作用,降低微生物活性,从而促进土壤 CO_2 排放。贾俊香(2016)、郭艳亮(2015)等则分别通过盆栽和田间实验证明,施加生物质炭增加了 CO_2 的累积排放量,这与本研究结果一致。笔者认为,生物质炭施量增加之所以提高了土壤 CO_2 排放,一方面施加生物质炭增多,明显提高了稻田土壤中的碳源,为微生物提供大量的碳源和能源,增加其对土壤有机质的分解作用。另一方面生物质炭容重小、多孔隙结构,生物质炭的施加减少了土壤的容重,增加了土壤的通气性,为好氧微生物提供了利于生长繁殖的环境,促进了

CO_2产生，又抑制了厌氧微生物的活性，减少了厌氧微生物利用碳源的量，从而增加了土壤CO_2排放。另外，土壤理化性质的改善，有利于水稻的生长，增加了水稻的根长和根面积，呼吸作用加强，CO_2排放量增多。

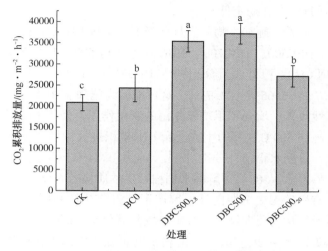

图 5-26　施加不同量生物质炭后土壤 CO_2 累积排放量

5.2.3　对 CH_4 排放的影响

（1）施加不同裂解温度生物质炭对土壤 CH_4 排放的影响

如图 5-27，施加不同裂解温度水稻秸秆生物质炭处理 CH_4 排放通量表现出大体一致的变化趋势。整个生长期 CH_4 排放出现两次排放峰（6 月 29 日和 7 月 18 日），均出现在施肥后，对此颜永毫等（2013）认为，施加氮肥后促进了土壤中铵态氮和硝态氮的浓度，增强了以硝态氮、铵态氮为生活底物的产甲烷菌的生理活动，从而增加了土壤 CH_4 排放量。最高峰出现在 6 月 29 日，最高排放量为 BC0 处理达到 101.24$mg \cdot m^{-2} \cdot h^{-1}$，此时稻田淹水，土壤处于还原环境，土壤的阳离

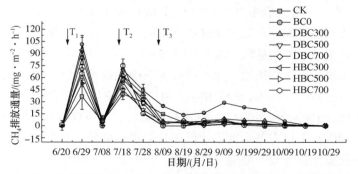

图 5-27　施加不同裂解温度秸秆生物质炭土壤 CH_4 排放量趋势变化

子交换量下降，导致产甲烷古菌的活性增加，同时抑制了甲烷氧化菌的活性，从而增加 CH_4 排放。在 8 月 9 日以后稻田进入晒田期，土壤表面迅速落干，破坏了产甲烷古菌适宜的还原环境，CH_4 排放显著下降。此后稻田土壤淹水与晒田交替，CH_4 排放通量保持在稳定低水平。

从累积排放量看，施加生物质炭显著降低了土壤 CH_4 累积排放量。与 BC0 相比，DBC300、DBC500、DBC700、HBC300、HBC500、HBC700、DBC5002.8、DBC50020 处理 CH_4 累积排放量分别减少 10.38%、21.09%、13.28%、17.82%、21.71%、18.67%、6.65%、72.91%。这可能因为施加生物质炭后，土壤容重减小，土壤通气性改善，增强了甲烷氧化菌的氧化作用，使得 CH_4 排放减少。从裂解温度来看，施加 500℃ 裂解的生物质炭 CH_4 累积排放量均比施加 300℃、700℃ 生物质炭的低，丹阳水稻秸秆分别少 11.95% 和 3.34%，哈尔滨水稻秸秆分别少 5% 和 3.9%。一方面，500℃ 裂解的水稻秸秆生物质炭芳香化程度强于 300℃ 裂解的生物质炭，有机碳无法短期内被土壤产甲烷古菌分解利用；另一方面，500℃ 裂解的生物质炭发达的孔隙结构易吸附土壤易氧化有机碳，减少土壤有机碳的矿化，CH_4 排放减少（A et al，2010）。由表 5-9 可知，施加生物质炭有效减少稻田土壤中 NH_4^+-N 粒子的流失，其中施加 500℃ 裂解生物质炭效果最明显。可以推测 500℃ 裂解生物质炭的平均孔径大于其他，可以有效吸附 NH_4^+-N，减少产甲烷菌所需的氮源，从而降低 CH_4 的排放量。此外如表 5-7 所示，与 700℃ 裂解的生物质炭相比，500℃ 裂解的生物质炭 pH 较低，而甲烷氧化菌适宜微酸性的环境，pH 过高抑制了甲烷氧化菌活性，从而促进 CH_4 排放。如表 5-8 所示，施加 500℃ 裂解的水稻秸秆生物质炭土壤产甲烷古菌丰度明显低于 300℃、700℃ 裂解的生物质炭。

施加哈尔滨水稻秸秆生物质炭比丹阳水稻秸秆生物质炭土壤 CH_4 排放量低，一方面哈尔滨水稻秸秆生物质炭孔隙结构比丹阳生物质炭发达，发达的孔隙可以吸附土壤易氧化有机碳，从而减少土壤有机碳的矿化，导致 CH_4 排放减少（A et al，2010）。另一方面，哈尔滨水稻秸秆生物质炭中碳氮元素的含量比丹阳高，哈尔滨生物质炭的表面存在更多易降解有机质，为甲烷氧化菌提供生命所需的碳源和氮源，抑制了 CH_4 的排放。此外如表 5-7 所示，丹阳水稻秸秆生物质炭 pH 明显高于哈尔滨秸秆生物质炭，而产甲烷菌在中性或稍碱性环境中活性较强，甲烷氧化菌则适宜微酸性环境，较高的 pH 值抑制了甲烷氧化菌活性，从而不利于减少 CH_4 排放（冯虎元等，2004）。如表 5-8 所示，对甲烷古菌丰度测定发现，哈尔滨秸秆生物质炭甲烷古菌丰度平均低于丹阳水稻秸秆生物质炭，这是由于生物质炭发达的孔隙结构导致土壤通气性增加，土壤氧气含量增加，抑制了土壤甲烷古菌丰度和活性。随生物质炭施加量增多，CH_4 累积排放量呈减少趋势，施加

$20t \cdot hm^{-2}$ 水稻秸秆生物质炭 CH_4 排放量最低。对生物质炭施加量和 CH_4 累积排放量做相关性分析发现，两者呈显著负相关，相关系数为 $-0.969(P<0.05)$。不同时期稻田土壤 $NH_4^+-N(mg \cdot kg^{-1})$ 含量如表5-9所示。

表5-7　不同裂解温度水稻结构生物质炭 pH 值对比

处　理	pH 值	处　理	pH 值
DBC300	9.5	HBC300	8.6
DBC500	12.3	HBC500	10.4
DBC700	12.8	HBC700	10.8

表5-8　施加不同裂解温度生物质炭土壤甲烷古菌丰度统计表

处理	BC0	BC300	BC500	BC700	HBC300	HBC500	HBC700
产甲烷古菌丰度（功能基因拷贝数）	73	71	64	65	52	28	44

表5-9　不同时期稻田土壤 $NH_4^+-N(mg \cdot kg^{-1})$ 含量

	CK	BC0	DBC300	DBC700	HBC300	HBC500	HBC700
2016.6.30	42.33	30.59	65.93	52.96	45.56	89.87	36.74
2016.8.9	15.15	21.86	28.93	44.86	25.66	64.47	62.94
2016.9.20	7.98	6.76	12.36	11.96	9.97	23.79	17.97
2016.11.7	4.3	3.29	9.98	7.18	7.28	9.68	6.78

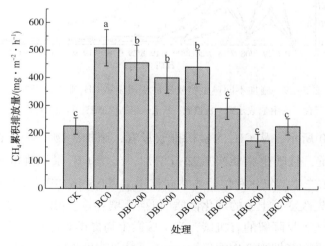

图5-28　施加不同裂解温度秸秆生物质炭土壤 CH_4 累积排放量

（2）施加不同量稻秆生物质炭对土壤 CH_4 排放的影响

如图 5-29 所示，各处理 CH_4 排放通量在水稻整个生长周期表现出大体一致的变化趋势。在 8 月 9 日之前 CH_4 排放通量波动剧烈，在此之后保持在较低水平。CH_4 排放峰出现在 6 月 29 日，最高排放量为 BC0 达到 101.23mg·m^{-2}·h^{-1}，可能是 6 月 29 日之前稻田处于淹水状态，土壤由缺氧条件转化为还原条件，促进了土壤产甲烷细菌的生长。此外，还可能与水稻高效的传输作用有关。另一方面，水稻处于生长旺盛的分蘖期，水稻高效的传输作用利于 CH_4 排放。而在 8 月 9 日以后稻田进入晒田期，田间土壤表面水迅速落干，CH_4 排放降低到最低。8 月 9 日以后，CH_4 排放量迅速下降，此时水稻进入拔节期，稻田土壤多次干湿交替破坏了产甲烷古菌的生存环境，从而降低了 CH_4 排放（汤宏等，2012），这与郭晨（2016）、王聪（2014）等实验结果一致。CH_4 排放通量在 8 月 29 日复水后有轻微的涨动，但不明显。在 6 月 29 日、7 月 18 日，CH_4 排放的高峰期，施加生物质炭处理比不施加生物质炭明显降低了 CH_4 排放通量。这可能由于生物质炭是一种外源物质，自身携带的化学物质抑制了土壤产甲烷古菌的活性（Fernandes et al，2003b）。此外生物质炭的施入增加了土壤的孔隙度，从而增加土壤中 O_2 含量，而 O_2 是限制甲烷氧化菌利用 CH_4 的重要因素（杨敏等，2013b）。

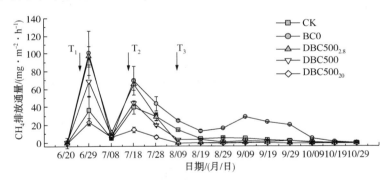

图 5-29　施加不同量生物质炭后稻田土壤 CH_4 排放趋势变化

注：图中 T_1 表示第一次追肥，T_2 表示第二次追肥，T_3 表示烤田。

如图 5-30 所示，从 CH_4 的累积排放量看，施加生物质炭显著降低了土壤 CH_4 累积排放量，且随生物质炭施加量增加，土壤 CH_4 累积排放量减少。土壤 CH_4 排放是 CH_4 产生、氧化和传输的共同作用结果（吴伟祥等，2015）。生物质炭输入土壤，首先改变了土壤的理化性质（包括土壤容重、pH、氧化还原电位等）；其次为土壤输送了易降解的有机碳，为土壤微生物提供碳源；最后生物质炭自身携带的化学物质可能抑制微生物活性（Spokas et al，2010）。本研究得出稻田施加 2.8t·hm^{-2}、10t·hm^{-2}、20t·hm^{-2} 生物质炭显著降低了 CH_4 的排放量，且 20t·

hm^{-2}降低最多。与 BC0 相比，DBC5002.8、DBC500、DBC50020CH4 累积排放量分别降低 21.09%、6.65%、72.91%。这可能是一方面 500℃热解制备的水稻秸秆生物质炭稳定性强，无法被土壤产甲烷古菌短期内分解利用；另一方面，生物质炭的巨大的比表面积和发达的孔隙结构吸附土壤易氧化有机碳，减少土壤有机碳的矿化，CH$_4$排放减少（A et al，2010）。刘玉学等（2011）研究得出秸秆生物质炭输入抑制了土壤 CH$_4$的排放，且这种抑制作用随施炭量的提高而增强。Steiner C 等（2008）研究认为含易分解成分少的惰性生物质炭会吸附土壤本底有机质，减少产甲烷菌碳底物，从而减少了 CH$_4$排放。另有研究表明，生物质炭可以利用自身吸附性降低土壤中 NH$_4^+$-N 的浓度，而氮素会增加植物根系分泌物，从而为产甲烷古菌提供更多的生活底物（丁维新等，2003）。CH$_4$产生不仅需要厌氧环境还需要有低氧化还原电位（Eh<−150mV）（丁维新等，2002）。而生物质炭可通过增加土壤氧气和有效钾含量，提高土壤氧化还原电位，使土壤条件不利于 CH$_4$生成（Van et al，2009）。本研究水稻秸秆生物质炭施入土壤后，土壤容重由 1.12g·cm^{-3}降低到 1.06g·cm^{-3}；水稻秸秆生物质炭钾含量丰富，全钾含量为 22.2g·kg^{-1}，显著提高土壤氧化还原电位。大多数产甲烷细菌生长代谢的 pH 值适应范围在 6~8 之间，最适宜值为 7 左右（Smith，1964），而甲烷氧化菌适宜微酸性的环境。本研究生物质炭 pH 值为 9.12，输入土壤后，土壤 pH 值在 7.0~8.0 之间，显著提高土壤 pH 值，利于产甲烷古菌喜偏碱性的生活特性，从而有利于 CH$_4$排放，这与 Inubushi K 等（2005）研究结果一致。但是生物质炭输入并未增加 CH$_4$的排放，本研究基于根据供试生物质炭的理化性质认为，500℃热解制备的水稻秸秆生物质炭由于自身特征，输入土壤后降低土壤容重、增加土壤的孔隙度，土壤中氧气含量增加，而氧气是促进甲烷氧化菌活性的重要因素（杨敏等，

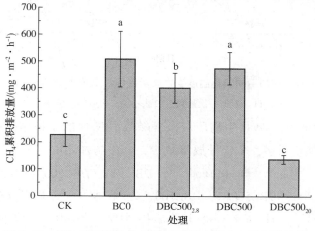

图 5-30　施加不同量生物质炭对稻田土壤 CH$_4$累积排放量

2013），从而增加了 CH_4 的利用。此外，生物质炭自身携带有部分化学物质，这些化学物质可能抑制了土壤产甲烷古菌的活性（Fernandes et al，2003）。

5.2.4 对 N_2O 排放的影响

（1）施加不同裂解温度生物质炭对土壤 N_2O 排放的影响

如图 5-31 所示，各处理 N_2O 排放通量在水稻生长期表现为大体一致的变化趋势。N_2O 排放通量出现三个排放高峰，分别出现在 7 月 18 日，排放峰出现在施肥后；第二次为 8 月 9 日，此时追肥之后并且此时正是烤田时期，土壤处于氧化环境，为氨氧化细菌提供了良好的环境，此时 BC0 处理排放量最高为 $91.15\mu g \cdot m^{-2} \cdot h^{-1}$；施加生物质炭后对照组的 N_2O 排放量明显比未施加生物质炭后低，说明施加生物质炭有效地降低了 N_2O 的排放。此外，500℃裂解的生物质炭减排效果最明显。N_2O 前两个排放高峰都是在施肥后的几天，这可能是因为施肥后使土壤 C/N 值降低，生物质炭中碳元素同化合成后剩余的氮素物质被有效转化成 N_2O 排出。氮肥的施加为 N_2O 气体的产生提供了充足的氮源，导致其排放急剧升高。在水稻成熟后期，田间水分被排干，土壤环境从厌氧的条件转变为好氧的状态，硝化作用进行强烈，导致最后几次监测排放 N_2O 气体急剧增加。除开这三个高峰时间段，田间水稻土壤的 N_2O 气体排放十分微弱。

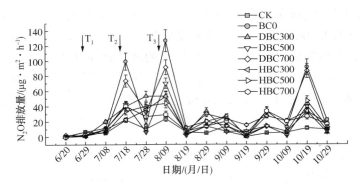

图 5-31　施加不同裂解温度生物质炭后稻田土壤 N_2O 排放趋势变化

注：图中 T1 表示第一次追肥，T2 表示第二次追肥，T3 表示烤田。

如图 5-32 所示，施加生物质炭显著降低了 N_2O 的累积排放量（$P<0.05$）且随生物质炭施加量增多，N_2O 排放量减少，其中施加 $20t \cdot hm^{-2}$ 生物质炭排放最低，为 $0.43kg \cdot hm^{-2}$。与 BC0 相比，DBC300、DBC500、DBC700、HBC300、HBC500、HBC700、$DBC500_{2.8}$、$DBC500_{20}$ 处理 N_2O 累积排放量分别减少 42.77%、53.54%、51.19%、45.34%、48.51%、48.40%、32.40%、62.90%。一方面，生物质炭的低密度和多孔隙结构特性增加了土壤的孔隙度和通气性，抑

制适应厌氧条件下氮素微生物的反硝化作用，从而减少 N_2O 排放。土壤通气性改善，含氧量提高，可使土壤中 NH_4^+-N、NO_3^--N、PO_4^{3-} 等离子被氧化，使得硝化作用和反硝化作用取得电子的供应减少，从另一方面限制了 N_2O 排放。另一方面，土壤通气性的增强还为微生物生长繁殖创造了条件（Warnock et al，2007），使得好氧微生物大量繁殖，从而导致硝化菌和反硝化菌可用氮源减少，N_2O 排放受到限制。Cavigelli（2001）认为生物质炭改善了土壤的通气环境，这改变了土壤反硝化细菌群落组成的多样性，从而影响了 N_2O 的排放。此外，水稻秸秆生物质炭的多孔性结构易吸附土壤铵态氮，从而减少硝化菌的能源底物，抑制硝化作用（颜永毫等，2013b）。700℃下两者的差异最显著，哈尔滨生物质炭的减排效果最明显。这可能是因为随着裂解温度的升高，H/C、O/C 下降，生物质炭的芳香化结构增强，在土壤中施加生物质炭可以改变微生物群落组成和调节微生物 N 含量，从而影响 N_2O 排放。

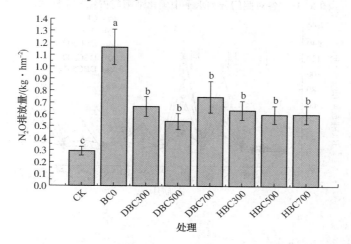

图 5-32　施加不同裂解温度生物质炭后稻田土壤 N_2O 累积排放量

　　施加 500℃裂解的生物质炭较施加 300℃、700℃裂解的生物质炭 N_2O 排放量低。一方面，与 300℃生物质炭相比，500℃裂解的生物质炭具有比较发达的孔隙结构，与 700℃裂解的生物质炭相差不大。另一方面，如图 5-33 所示，施加500℃裂解的水稻秸秆生物质炭土壤硝化细菌丰度低于施加 300℃、700℃生物质炭，这可能是导致 N_2O 排量减少的另一原因。

　　（2）施加不同量稻秆生物质炭对土壤 N_2O 排放的影响

　　如图 5-34 所示，施加生物质炭显著降低了 N_2O 的累积排放量（$P<0.05$），其中施加 20t·hm^{-2} 降低最明显。$DBC500_{2.8}$、DBC500、$DBC500_{20}$ 处理 N_2O 累积排放量分别比 BC0 处理降低了 33.81%、52.06%、66.08%。

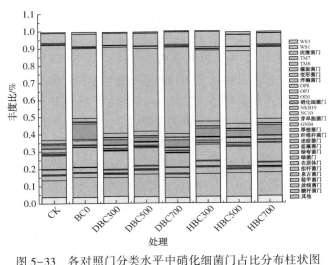

图 5-33　各对照门分类水平中硝化细菌门占比分布柱状图

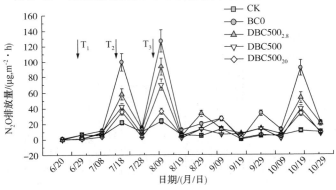

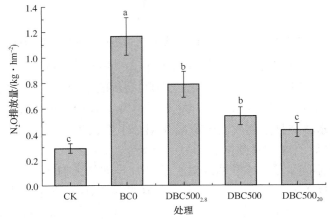

图 5-34　施加不量生物质炭对稻田土壤 N_2O 排放影响

注：图中 T_1 表示第一次追肥，T_2 表示第二次追肥，T_3 表示烤田。

从 N_2O 气体累积排放看，施加生物质炭显著降低了 N_2O 的累积排放量（$P<0.05$）且随生物质炭施加量增多，N_2O 排放量减少，其中施加 20t·hm^{-2} 生物质炭排放最低，为 0.43kg·hm^{-2}。与 BC0 相比，DBC300、DBC500、DBC700、HBC300、HBC500、HBC700、$DBC500_{2.8}$、$DBC500_{20}$ 处理 N_2O 累积排放量分别减少 42.77%、53.54%、51.19%、45.34%、48.51%、48.40%、32.40%、62.90%。

农业 N_2O 的排放主要来自土壤微生物的硝化与反硝化作用（李飞跃等，2013）。生物质炭输入土壤通过改变土壤环境影响硝化细菌和反硝化细菌的群落结构和丰度。本研究得出，施加生物质炭显著降低了稻田土壤 N_2O 的排放通量，且随生物质炭施加量增加，N_2O 排放量呈减少趋势。这与潘凤娥等（2016）人研究结果一致。生物质炭输入土壤后，增加土壤的孔隙度和通气性，抑制了适应厌氧条件下氮素微生物的反硝化作用，从而减少 N_2O 排放。生物质炭输入为微生物生长繁殖创造了条件（Warnock et al，2007），好氧微生物的大量增加，可能导致硝化菌和反硝化菌可用氮源减少，从而减少 N_2O 排放。生物质炭还可以利用自身具有的吸附性和改变土壤电子受体的供应影响土壤硝化和反硝化过程：一方面，生物质炭的多孔性结构易吸附土壤铵态氮，从而减少硝化菌的能源底物，颜永毫等（2013）认为生物质炭通过土壤氨态氮的吸附作用，减少了土壤硝化菌的能源底物，从而减少了 N_2O 排放；另一方面，生物质炭输入可能使 NO_3^-、NH_4^+、PO_4^{3-} 等被氧化离子减少，使硝化作用和反硝化作用取得电子的供应减少，减少 N_2O 排放。而生物质炭的输入土壤，提高了土壤 pH 值，而土壤 pH 值的升高对提高反硝化氧化亚氮还原酶的活性有积极作用，会催化更多 N_2O 还原（Yanai et al，2007c），对此 Butterly 等（2013）认为，秸秆生物质炭均能显著提高土壤 pH，提高了土壤硝化率，从而促进了 N_2O 排放。

本研究中，生物质炭输入显著降低了 N_2O 排放，但是生物质炭施用量与 N_2O 排放量并未达到显著相关。这可能是水稻秸秆生物质炭丰富的孔隙结构一方面为微生物提供了利于生长繁殖的场所，另一方面土壤改善了土壤的通气条件，抑制了厌氧条件下反硝化细菌的活性，从而减少 N_2O 排放。但施加 2.8t·hm^{-2}、10t·hm^{-2}、20t·hm^{-2} 生物质炭对水稻的长势影响不同，导致氮肥的利用率不同，可能是导致生物质炭施加量与 N_2O 排放量不显著相关的因素之一（张向前等，2018）。

然而，生物质炭应用对土壤温室气体排放的精确影响仍然存在争议，在许多案例研究中显得非常不稳定（Cayuela et al，2014；Lal et al，2004）。在一些研究中，土壤 CO_2、CH_4 和 N_2O 通量显著增加（Wang et al，2015；Zwieten et al，2010），但在其他研究中则显著减少或保持不变（Feng et al，2012）。例如，在用麦秸产生的生物质炭改良的稻田土壤中进行的田间试验，导致二氧化碳排放量增加了12%，但 N_2O 排放量减少了41.8%。另一个牧场的田间试验表明，生物质炭改良剂对牧场生态系统中的土壤二氧化碳和 N_2O 排放没有显著影响。因此，由于这些对土壤温室气体排放的可变影响，生物质炭缓解气候变化的效果在很大程度上是不确定的(He et al，2017)。

5.2.5　生物质炭施用对土壤综合温室效应的影响

如表5-10所示，施加不同裂解温度生物质炭均能有效降低综合温室效应。与不施加生物质炭相比，施加300℃、500℃、700℃裂解的丹阳生物质炭和哈尔滨生物质炭综合温室效应分别降低11.23%、21.96%、13.19%、18.55%、22.42%、19.46%。不同裂解温度水稻秸秆生物质炭来看，相比300℃和700℃，施加500℃裂解的水稻秸秆生物质炭稻田土壤综合温室效应最低。对比哈尔滨水稻秸秆生物质炭和丹阳水稻秸秆生物质炭得到，施加500℃裂解的哈尔滨水稻秸秆生物质炭综合温室效应最低。对比不同施加量丹阳水稻秸秆生物质炭得到，施加20t·hm^{-2}水稻秸秆生物质炭综合温室效应为3574.99CO$_{2-eq}$ kg·hm^{-2}，低于施加2.8t·hm^{-2}和10t·hm^{-2}的水稻秸秆生物质炭。

表 5-10　处理组 CH_4、N_2O 累积排放量、综合温室效应

处　理	R_{CH_4}/kg·hm^{-2}	R_{N_2O}/kg·hm^{-2}	GWP/CO$_{2-eq}$kg·hm^{-2}
CK	226.58±25.11b	0.29±0.03c	5751.32±504b
BC0	508.90±54.23a	1.16±0.12a	13069.37±799a
DBC300	456.06±22.41b	0.67±0.07b	11601.16±610b
DBC500	401.56±12.66c	0.54±0.06c	10199.92±503c
DBC700	441.3±19.32b	1.05±0.11a	11345.4±521b
HBC300	418.19±37.01a	0.64±0.07b	10645.52±860a
HBC500	398.41±33.42a	0.60±0.06b	10139.12±902a
HBC700	413.89±35.23a	0.60±0.10b	10525.96±763a
DBC500$_{2.8}$	475.07±40.02a	0.79±0.08b	12111.27±823a
DBC500$_{20}$	137.85±9.56c	0.43±0.04c	3574.99±203c

注：平均值±标准差，$n=3$，同列相同字母表示处理间差异不显著，同列不同字母表示处理间差异显著($P<0.05$)

5.3　生物质炭与土壤温室气体研究展望

生物质炭返回土壤能影响土壤温室气体排放。生物质炭返回土壤，某些生物

质炭具有改善土壤的功能(例如调节 pH 值,减少温室气体排放),但是其他生物质炭对土壤没有良好的功能。生物质炭研究人员的知识结构问题往往导致返回土壤生物质炭的功能与生物质炭制备之间存在脱节。研究人员使用生物质炭产品,对生物质炭制备的热化学过程了解甚少。来自生物质能领域的其他生物质炭制备研究人员仅专注于生产能源产品,很少关注将生物质炭返回土壤的功能。因此,生物质炭返回土壤的研究人员必须系统地考虑从生物质炭制备到生物质炭返回的生物质炭的定向功能。只有从定向功能(如生物质炭养分,生物质炭孔结构等)到生物质炭的定向制备,返回生物质炭的研究才能真正达到改良土壤的目的,有效减少土壤温室气体排放(Tan et al.,2017)。

此外,尽管生物质炭被作为潜在的固碳产品,但关于生物质炭的有益效果,特别是在生态需求方面,存在相互矛盾的报道。简而言之,必须为生物质炭的生产和质量保证制定标准指南。制定这些指南/标准有利于有导向性地生产营养丰富,无毒的生物质炭,其具有合适的 pH 值、EC 和金属含量,可广泛且可持续地应用于土壤改良和减缓温室气体排放。绿色废物也需要进行严格评估,以作为生产具有生态和经济效益的高附加值生物质炭的原料。当前,文献中没有足够的数据来得出有关生物质炭在不同土壤条件下的应用和性能的结论,特别是缺乏长期实验的公开结果,而这对于评估生物质炭应用的长期影响至关重要。因此,需要在田间进行长期的生物质炭改良研究。研究在各种条件下生物质炭表面化学和土壤物理性质的变化;土壤中必需的,微量的和有毒的营养物供应和流动;对有益土壤微生物,杂草和作物生长的数量的影响;生物质炭对土壤污染物,除草剂或农药的吸附或解吸速率及其机理,并评估土壤中吸附的生物质炭的命运和相互作用(分解/浸出/生态植物毒性);生物质炭的农艺学,温室气体减缓或封存效益的持续时间以及机制;在所有土壤类型中生物质炭的稳定性和生命周期评估;生物质炭与其他有机和/或无机材料的共同应用潜力和劣势。这些研究将有助于确定生物质炭改良剂从长远来看是否会给土壤带来一系列益处或问题,并有助于生物质炭研究能够使可持续农业成为可能(Kuppusamy et al.,2016)。重要的是要进一步优化生物质炭的使用,以最大限度地减少 CO_2 和其他温室气体向大气的排放。确定特定土壤质量所需的最佳生物质炭剂量也至关重要,以使农作物产量最大化。特别是,需要优化与生物质炭结合使用的肥料使用率,以确保最小的温室气体排放量和最大的土壤肥力。越来越多的牲畜种群产生大量肥料,这些肥料已成为当今时代导致环境和全球变暖原因之一。需要有一个适当的计划来管理牲畜粪便中的能量和生物质炭生产。同时,反应器设计者还需要开发一种用于家畜粪热解的节能、简单和便携式的反应器,该反应器使生物质炭的生产成本最小化。到目前为止,对于土壤中的炭风化率知之甚少,这对于形成表面电荷以及炭增强土壤中水分和养分的协同作用至关重要。

参 考 文 献

[1] A B L, A J L, B S P S, et al. Black carbon affects the cycling of non-black carbon in soil[J]. Organic Geochemistry, 2010, 41(2): 206-213.

[2] Ahmed R, Liu G, Yousaf B, et al. Recent advances in carbon-based renewable adsorbent for selective carbon dioxide capture and separation-A review[J]. Journal of Cleaner Production, 2019, 242.

[3] Bains P, Psarras P, Wilcox J. CO_2 capture from the industry sector[J]. Progress in Energy & Combustion Science, 2017, 63(Nov.): 146-172.

[4] Brodowski S, Amelung W, Haumaier L, et al. Morphological and chemical properties of black carbon in physical soil fractions as revealed by scanning electron microscopy and energy-dispersive X-ray spectroscopy[J]. Geoderma, 2005, 128(1-2): 129.

[5] Bruun E W, Hauggaard-Nielsen H, Ibrahim N, et al. Influence of fast pyrolysis temperature on biochar labile fraction and short-term carbon loss in a loamy soil[J]. Biomass & Bioenergy, 2011, 35(3): 1182-1189.

[6] Bruun E W, Müller-St Ver D, Ambus P, et al. Application of biochar to soil and N_2O emissions: potential effects of blending fast-pyrolysis biochar with anaerobically digested slurry[J]. European Journal of Soil Science, 2011, 62(4): 581-589.

[7] Butterly C R, Baldock J A, Tang C. The contribution of crop residues to changes in soil pH under field conditions[J]. Plant & Soil, 2013, 366(1-2): 185-198.

[8] Cao X, Ma L, Liang Y, et al. Simultaneous immobilization of lead and atrazine in contaminated soils using dairy-manure biochar[J]. Environmental Science & Technology, 2011, 45(11): 4884-4889.

[9] Cavigelli M A, Robertson G P. Role of denitrifier diversity in rates of nitrous oxide consumption in a terrestrial ecosystem[J]. Soil Biology & Biochemistry, 2001, 33(3): 310.

[10] Cayuela M L, Van Zwieten L, Singh B P, et al. Biochar's role in mitigating soil nitrous oxide emissions: A review and meta-analysis[J]. Agriculture Ecosystems & Environment, 2014, 191: 5-16.

[11] Change W G I O, Metz B, Davidson O, et al. Carbon dioxide capture and storage[M]: Cambridge University Press, 2005.

[12] Christophe, Mcglade, Paul, et al. The geographical distribution of fossil fuels unused when limiting global warming to 2°C. [J]. Nature, 2015.

[13] Clough T, Bertram J, Ray J, et al. Unweathered wood biochar impact on nitrous oxide emissions from a bovine-urine-amended pasture soil[J]. Soil Science Society of America Journal, 2010a, 74.

[14] Clough T, Bertram J, Ray J, et al. Unweathered wood biochar impact on nitrous oxide emissions from a bovine-urine-amended pasture soil[J]. Soil Science Society of America Journal, 2010b, 74.

[15] Feng Y, Xu Y, Yu Y, et al. Mechanisms of biochar decreasing methane emission from Chinese

paddy soils[J]. Soil Biology & Biochemistry, 2012, 46(none): 80-88.

[16] Fernandes M B, Brooks P. Characterization of carbonaceous combustion residues: II. Nonpolar organic compounds[J]. Chemosphere, 2003a, 53(5): 447-458.

[17] Fernandes M B, Brooks P. Characterization of carbonaceous combustion residues: II. Nonpolar organic compounds[J]. Chemosphere, 2003b, 53(5): 447-458.

[18] Frolking S, Li C, Braswell R, et al. Short- and long-term greenhouse gas and radiative forcing impacts of changing water management in Asian rice paddies[J]. Global Change Biology, 2004, 10(7): 1180-1196.

[19] Gaunt J L, Lehmann J. Energy balance and emissions associated with biochar sequestration and pyrolysis bioenergy production [J]. Environmental Science & Technology, 2008, 42 (11): 4152-4158.

[20] Gray V. Climate change 2007: The physical science basis summary for policymakers[J]. South African Geographical Journal Being A Record of the Proceedings of the South African Geographical Society, 2007, 92(1): 86-87.

[21] Gul S, Whalen J K, Thomas B W, et al. Physico-chemical properties and microbial responses in biochar-amended soils: Mechanisms and future directions[J]. Agriculture Ecosystems & Environment, 2015, 206: 46-59.

[22] G L J, C C G, Li C F, et al. Emissions of CH_4 and CO_2 from paddy fields as affected by tillage practices and crop residues in central China[J]. Paddy and Water Environment, 2016.

[23] Hammond J, Shackley S, Sohi S, et al. Prospective life cycle carbon abatement for pyrolysis biochar systems in the UK[J]. Energy Policy, 2011a, 39(5): 2646-2655.

[24] Hammond J, Shackley S, Sohi S, et al. Prospective life cycle carbon abatement for pyrolysis biochar systems in the UK[J]. Energy Policy, 2011b, 39(5): 2646-2655.

[25] He Y, Zhou X, Jiang L, et al. Effects of biochar application on soil greenhouse gas fluxes: a meta-analysis[J]. Gcb Bioenergy, 2017.

[26] Herzog T, Baumert K, Pershing J. Target: Intensity. an analysis of greenhouse gas intensity targets[M], 2006.

[27] Hu F, Chai Q, Yu A, et al. Less carbon emissions of wheat - maize intercropping under reduced tillage in arid areas[J]. Agronomy for Sustainable Development, 2015, 35(2): 701-711.

[28] Inubushi K, Otake S, Furukawa Y, et al. Factors influencing methane emission from peat soils: Comparison of tropical and temperate wetlands[J]. Nutrient Cycling in Agroecosystems, 2005, 71(1): 93-99.

[29] J G, A C. Biochar, greenhouse gas accounting and emissions trading[M]: Taylor and Francis., 2012: 317-340.

[30] Jiang C M, Yu W T, Ma Q, et al. Alleviating global warming potential by soil carbon sequestration: A multi-level straw incorporation experiment from a maize cropping system in Northeast China[J]. Soil & Tillage Research, 2017, 170: 77-84.

[31] Jung S, Park Y, Kwon E E. Strategic use of biochar for CO_2 capture and sequestration[J]. Journal of CO2 Utilization, 2019, 32: 128-139.

[32] Kaisi M M A, Yin X. Tillage and crop residue effects on soil carbon and carbon dioxide emission in corn - soybean rotations[J]. Journal of Environmental Quality, 2005, 34(2).

[33] Karhu K, Mattila T, Bergstrm I, et al. Biochar addition to agricultural soil increased CH4 uptake and water holding capacity − results from a short−term pilot field study[J]. Agriculture Ecosystems & Environment, 2011, 140(1): 309−313.

[34] Knoblauch C, Maarifat A, Pfeiffer E, et al. Degradability of black carbon and its impact on trace gas fluxes and carbon turnover in paddy soils[J]. Soil Biology & Biochemistry, 2011, 43(9): 1768−1778.

[35] Lal, R. Soil carbon sequestration impacts on global climate change and food security[J]. Science, 2004, 304(5677): 1623−1627.

[36] Lehmann J. A handful of carbon[J]. Nature, 2007, 447(7141): 143−144.

[37] Lehmann J, Gaunt J, Rondon M. Bio−char sequestration in terrestrial ecosystems − a review [J]. Mitigation & Adaptation Strategies for Global Change, 2006, 11(2): 395−419.

[38] Lehmann J, Rillig M C, Thies J, et al. Biochar effects on soil biota − A review[J]. Soil Biology and Biochemistry, 2011, 43(9): 1812−1836.

[39] Li Y, Ruan G, Jalilov A S, et al. Biochar as a renewable source for high−performance CO_2 sorbent[J]. Carbon, 2016: S1978025754.

[40] Li L Q, Zheng J W, et al. Biochar helps enhance maize productivity and reduce greenhouse gas emissions under balanced fertilization in a rainfed low fertility inceptisol[J]. Chemosphere Environmental Toxicology & Risk Assessment, 2016.

[41] Liu W J, Hong J, Ke T, et al. Mesoporous carbon stabilized mgo nanoparticles synthesized by pyrolysis of $MgCl_2$ preloaded waste biomass for highly efficient CO_2 capture[J]. Environmental Science & Technology, 2013, 47(16): 9397−9403.

[42] Liu Y, Yang M, Wu Y, et al. Reducing CH_4 and CO_2 emissions from waterlogged paddy soil with biochar[J]. Journal of Soils & Sediments, 2011, 11(6): 930−939.

[43] Matovic D. Biochar as a viable carbon sequestration option: Global and Canadian perspective[J]. Energy, 2011, 36(4): 2011−2016.

[44] Mchenry M P. Soil organic carbon, biochar, and applicable research results for increasing farm productivity under australian agricultural conditions[J]. Communications in Soil Science and Plant Analysis, 2011, 42(10).

[45] Millar, Neville, Urrea, et al. Nitrous oxide (N_2O) flux responds exponentially to nitrogen fertilizer in irrigated wheat in the Yaqui Valley, Mexico[J]. Applied Thermal Engineering Design Processes Equipment Economics, 2018.

[46] Nowrouzi M, Younesi H, Bahramifar N. Superior CO_2 capture performance on biomass−derived carbon/metal oxides nanocomposites from Persian ironwood by H_3PO_4 activation [J]. Fuel, 2018, 223(JUL. 1): 99−114.

[47] Oschatz M, Antonietti. Antonietti. A search for selectivity to enable CO_2 capture with porous adsorbents[J]. Energy & environmental science: EES, 2018.

[48] Rahman F A, Aziz M M A, Saidur R, et al. Pollution to solution: Capture and sequestration of carbon dioxide (CO_2) and its utilization as a renewable energy source for a sustainable future [J]. Renewable & Sustainable Energy Reviews, 2017, 71(MAY): 112−126.

[49] Roberts K G, Gloy B A, Joseph S, et al. Life cycle assessment of biochar systems: estimating the energetic, economic, and climate change potential [J]. Environmental Science &

Technology, 2010a, 44(2): 827-833.

[50] Roberts K G, Gloy B A, Joseph S, et al. Life cycle assessment of biochar systems: estimating the energetic, economic, and climate change potential [J]. Environmental Science & Technology, 2010b, 44(2): 827-833.

[51] Saarnio S, Heimonen K, Kettunen R. Biochar addition indirectly affects N_2O emissions via soil moisture and plant N uptake[J]. Soil Biology & Biochemistry, 2013, 58: 99-106.

[52] Shen J, Tang H, Liu J, et al. Contrasting effects of straw and straw-derived biochar amendments on greenhouse gas emissions within double rice cropping systems[J]. Agriculture, Ecosystems & Environment, 2014, 188: 264-274.

[53] Shenbagavalli S, Mahimairaja S. Characterization and effect of biochar on nitrogen and carbon dynamics in soil[J]. International Journal of Advanced Biological Research, 2012, 2: 249-255.

[54] Shi J Y, Yuan X F, Lin H R, et al. Differences in soil properties and bacterial communities between the rhizosphere and bulk soil and among different production areas of the medicinal plant fritillaria thunbergii[J]. International Journal of Molecular Sciences, 2011.

[55] Smith G. C. Rainbow and A. H. Rose, Editors, Biochemistry of Industrial Microorganisms, Academic Press, London and New York (1963), p. xix + 708. Price 7.7s[J]. Transactions of the British Mycological Society, 1964, 47(3): 464-465.

[56] Spokas K A, Baker J M, Reicosky D C. Ethylene: potential key for biochar amendment impacts [J]. Plant & Soil, 2010, 333(1-2): 443-452.

[57] Spokas K A, Koskinen W C, Baker J M, et al. Impacts of woodchip biochar additions on greenhouse gas production and sorption/degradation of two herbicides in a Minnesota soil[J]. Chemosphere, 2009a, 77(4): 574-581.

[58] Spokas K A, Koskinen W C, Baker J M, et al. Impacts of woodchip biochar additions on greenhouse gas production and sorption/degradation of two herbicides in a Minnesota soil[J]. Chemosphere, 2009b, 77(4): 574-581.

[59] Spokas K, Reicosky D C. Impacts of sixteen different biochars on soil greenhouse gas production [J]. Ann. Environ. Sci., 2009, 3.

[60] Steiner C, Das K C, Garcia M, et al. Charcoal and smoke extract stimulate the soil microbial community in a highly weathered xanthic Ferralsol[J]. Pedobiologia, 2008, 51(5-6): 366.

[61] Stewart C E, Zheng J, Botte J, et al. Co-generated fast pyrolysis biochar mitigates green-house gas emissions and increases carbon sequestration in temperate soils[J]. Global Change Biology Bioenergy, 2013, 5(2): 153-164.

[62] Tan Y, Wu D, Bol R, et al. Conservation farming practices in winter wheat - summer maize cropping reduce GHG emissions and maintain high yields[J]. Agriculture Ecosystems & Environment, 2019, 272: 266-275.

[63] Van Z L, Singh B, Joseph S, et al. Biochar and emission of non-CO_2 greenhouse gases from soil [M]: Biochar for environmental management, 2009.

[64] Verhoeven E, Six J. Biochar does not mitigate field-scale N_2O emissions in a Northern California vineyard: An assessment across two years[J]. Agriculture Ecosystems & Environment, 2014, 191: 27-38.

[65] Vinu, Ajayan, Lakhi, et al. Single step synthesis of activated bio-carbons with a high surface ar-

ea and their excellent CO_2 adsorption capacity[J]. Carbon An International Journal Sponsored by the American Carbon Society, 2017.

[66] Wang J, Man Z, Xiong Z, et al. Effects of biochar addition on N_2O and CO_2 emissions from two paddy soils[J]. Biology & Fertility of Soils, 2011, 47(8): 887-896.

[67] Wang J, Pan X, Liu Y, et al. Effects of biochar amendment in two soils on greenhouse gas emissions and crop production[J]. Plant & Soil, 2012, 360(1-2): 287-298.

[68] Wang J, Xiong Z, Kuzyakov Y. Wang Xiong Kuzyakov GCBB 2015 Biochar stability in soil meta-analysis of decomposition and priming effects[Z]. 2015.

[69] Wang T T, Cheng J, Liu X J, et al. Effect of biochar amendment on the bioavailability of pesticide chlorantraniliprole in soil to earthworm[J]. Ecotoxicology & Environmental Safety, 2012, 83: 96-101.

[70] Wang W, Akhtar K, Ren G, et al. Impact of straw management on seasonal soil carbon dioxide emissions, soil water content, and temperature in a semi-arid region of China[J]. Science of the Total Environment, 2019, 652.

[71] Warnock D D, Lehmann J, Kuyper T W, et al. Mycorrhizal responses to biochar in soil - concepts and mechanisms[J]. Plant & Soil, 2007, 300(1-2): 9-20.

[72] Weller S, Kraus D, Ayag K R P, et al. Methane and nitrous oxide emissions from rice and maize production in diversified rice cropping systems[J]. Nutrient Cycling in Agroecosystems, 2015, 101(1): 37-53.

[73] Woolf D, Amonette J E, Street-Perrott F A, et al. Sustainable biochar to mitigate global climate change[J]. Nature Communications, 2010, 1(1).

[74] Xiao B, Yu Z, Huang W, et al. Black carbon and kerogen in soils and sediments. 2. their roles in equilibrium sorption of less-polar organic pollutants[J]. Environmental Science & Technology, 2004, 38(22): 5842-5852.

[75] Shen X, Huang D Y, Ren X F, et al. Phytoavailability of Cd and Pb in crop straw biochar-amended soil is related to the heavy metal content of both biochar and soil[J]. Journal of Environmental Management, 2016.

[76] Yanai Y, Toyota K, Okazaki M. Effects of Charcoal Addition on N_2O Emissions from Soil Resulting from Rewetting Air Dried Soil in Short Term Laboratory Experiments[J]. Soil Science & Plant Nutrition, 2007a, 53(2): 181-188.

[77] Yanai Y, Toyota K, Okazaki M. Effects of charcoal addition on N_2O emissions from soil resulting from rewetting air dried soil in short term laboratory experiments[J]. Soil Science & Plant Nutrition, 2007b, 53(2): 181-188.

[78] Yanai Y, Toyota K, Okazaki M. Effects of charcoal addition on N_2O emissions from soil resulting from rewetting air dried soil in short term laboratory experiments[J]. Soil Science & Plant Nutrition, 2007c, 53(2): 181-188.

[79] Yeboah S, Zhang R, Cai L, et al. Greenhouse gas emissions in a spring wheat - field pea sequence under different tillage practices in semi-arid Northwest China[J]. Nutrient Cycling in Agroecosystems, 2016, 106(1): 77-91.

[80] Zhang A, Bian R, Hussain Q, et al. Change in net global warming potential of a rice - wheat cropping system with biochar soil amendment in a rice paddy from China[J]. Agriculture, Eco-

systems & Environment, 2013, 173: 37-45.

[81] Zhang A, Liu Y, Pan G, et al. Effect of biochar amendment on maize yield and greenhouse gas emissions from a soil organic carbon poor calcareous loamy soil from Central China Plain[J]. Plant & Soil, 2012, 351(1-2): 263-275.

[82] Zhang C, Song W, Ma Q, et al. Enhancement of CO_2 capture on biomass-based carbon from black locust by koh activation and ammonia modification[J]. Energy & Fuels, 2016, 30(5): 4181-4190.

[83] Zhang X, Zhang S, Yang H, et al. Generalized two-dimensional correlation infrared spectroscopy to reveal mechanisms of CO_2 capture in nitrogen enriched biochar[J]. Proceedings of the Combustion Institute, 2016: S1881662063.

[84] Zhao H Y, Shi L, Zhang Z Z, et al. Potassium tethered carbons with unparalleled adsorption capacity and selectivity for low-cost carbon dioxide capture from flue gas[J]. Acs Applied Materials & Interfaces, 2018.

[85] Zheng J, Stewart C E, Cotrufo M F. Biochar and nitrogen fertilizer alters soil nitrogen dynamics and greenhouse gas fluxes from two temperate soils[J]. Journal of Environmental Quality, 2012, 41(5): 1361.

[86] Zwieten L V, Kimber S, Morris S, et al. Effects of biochar from slow pyrolysis of papermill waste on agronomic performance and soil fertility[J]. Plant & Soil, 2010, 327(s1-2): 235-246.

[87] 蔡祖聪, 徐华, 马静. 稻田生态系统 CH_4 和 N_2O 排放[M]. 合肥: 中国科学技术大学出版社, 2009.

[88] 程功, 刘廷玺, 李东方等. 生物质炭和秸秆还田对干旱区玉米农田土壤温室气体通量的影响[J]. 中国生态农业学报(中英文), 2019, 027(007): 1004-1014.

[89] 丁维新, 蔡祖聪. 氮肥对土壤甲烷产生的影响[J]. 农业环境科学学报, 2003, 022(003): 380-383.

[90] 丁维新, 蔡祖聪. 土壤有机质和外源有机物对甲烷产生的影响[J]. 生态学报, 2002, (10): 102-109.

[91] 冯虎元, 程国栋, 安黎哲. 微生物介导的土壤甲烷循环及全球变化研究[J]. 冰川冻土, 2004, (4): 411-419.

[92] 郭晨, 徐正伟, 王斌等. 缓/控释尿素对稻田周年 CH_4 和 N_2O 排放的影响[J]. 应用生态学报, 2016, 27(5): 1489-1495.

[93] 韩光明, 孟军, 曹婷等. 生物质炭对菠菜根际微生物及土壤理化性质的影响[J]. 沈阳农业大学学报, 2012, 43(05): 515-520.

[94] 韩圆圆, 曹国军, 耿玉辉等. 农业废弃物还田对黑土温室气体排放及全球增温潜势的影响[J]. 华南农业大学学报, 2017, 038(005): 36-42.

[95] 郝帅帅, 顾道健, 陶进等. 秸秆还田对稻田土壤和温室气体排放的影响[J]. 中国稻米, 2016, 022(005): 6-9.

[96] 贾俊香, 熊正琴. 秸秆生物质炭对菜地 N_2O、CO_2 与 CH_4 排放及土壤化学性质的影响[J]. 生态与农村环境学报, 2016, 32(02): 283-288.

[97] 姜志翔. 生物质炭技术缓解温室气体排放的潜力评估[D]. 青岛: 中国海洋大学, 2013a.

[98] 姜志翔. 生物质炭技术缓解温室气体排放的潜力评估[D]. 青岛: 中国海洋大学, 2013b.

[99] 靳红梅, 沈明星, 王海候等. 秸秆还田模式对稻麦两熟农田麦季 CH_4 和 N_2O 排放特征的

影响[J].江苏农业学报,2017,033(2):333-339.

[100] 柯跃进,胡学玉,易卿等.水稻秸秆生物质炭对耕地土壤有机碳及其 CO_2 释放的影响[J].环境科学,2014a,035(1):93-99.

[101] 柯跃进,胡学玉,易卿等.水稻秸秆生物质炭对耕地土壤有机碳及其 CO_2 释放的影响[J].环境科学,2014b,035(001):93-99.

[102] 李飞跃,汪建飞.生物质炭对土壤 N_2O 排放特征影响的研究进展[J].土壤通报,2013,(4):243-247.

[103] 李松,李海丽,方晓波等.生物质炭输入减少稻田痕量温室气体排放[J].农业工程学报,2014,30(21):234-240.

[104] 刘玉学.生物质炭输入对土壤氮素流失及温室气体排放特性的影响[D].杭州:浙江大学,2011.

[105] 吕锦慧,武均,张军等.不同耕作措施下旱作农田土壤 CH_4、CO_2 排放特征及其影响因素[J].干旱区资源与环境,2018,32(12):26-33.

[106] 吕艳杰,于海燕,姚凡云等.秸秆还田与施氮对黑土区春玉米田产量、温室气体排放及土壤酶活性的影响[J].中国生态农业学报,2016,24(11):1456-1463.

[107] 蒙世协,刘春岩,郑循华等.小麦秸秆还田量对晋南地区裸地土壤——大气间甲烷、二氧化碳、氧化亚氮和一氧化氮交换的影响[J].气候与环境研究,2012,17(04):504-514.

[108] 牛东,潘慧,丛美娟等.氮肥运筹和秸秆还田对麦季土壤温室气体排放的影响[J].麦类作物学报,2016,36(12):1667-1673.

[109] 潘凤娥,胡俊鹏,索龙等.添加玉米秸秆及其生物质炭对砖红壤 N_2O 排放的影响[J].农业环境科学学报,2016,35(02):396-402.

[110] 裴淑玮,张圆圆,刘俊锋.施肥及秸秆还田处理下玉米季温室气体的排放[J].环境化学,2012,31(04):407-414.

[111] 秦晓波,高清竹,刘硕等.生物质炭添加对华南双季稻田碳排放强度的影响[J].农业工程学报,2015,000(5):226-234.

[112] 盛海君,牛东,张莀茜.稻秸秆还田与腐熟剂对小麦当季温室气体排放的影响[J].扬州大学学报(农业与生命科学版),2018,(2).

[113] 汤宏,吴金水,张杨珠等.水分管理和秸秆还田对稻田甲烷排放及固碳的影响研究进展[J].中国农学通报,2012,28(32).

[114] 王聪,沈健林,郑亮等.猪粪化肥配施对双季稻田 CH_4 和 N_2O 排放及其全球增温潜势的影响[J].环境科学,2014,(8):3120-3127.

[115] 王军,施雨,李子媛等.生物质炭对退化蔬菜地土壤及其修复过程中 N_2O 产排的影响[J].土壤学报,2016,53(03):713-723.

[116] 王祥菊,周炜,王子臣等.土壤耕作与秸秆还田对小麦产量及麦季温室气体排放的影响[J].扬州大学学报:农业与生命科学版,2016,37(03):101-106.

[117] 王长科,罗新正,张华.全球增温潜势和全球温变潜势对主要国家温室气体排放贡献估算的差异[J].气候变化研究进展,2013,9(1):49-54.

[118] 吴伟祥,孙雪,董达等.生物质炭土壤环境效应[M].北京:科学出版社,2015.

[119] 许欣.生物质炭与氮肥施用对稻田 CH_4 和 N_2O 排放及其相关功能微生物的影响研究[D].南京:南京农业大学,2017.

[120] 闫翠萍，张玉铭，胡春胜等.不同耕作措施下小麦－玉米轮作农田温室气体交换及其综合增温潜势[J].中国生态农业学报，2016，v. 24；No. 140(06)：14-25.

[121] 颜永毫，王丹丹，郑纪勇.生物质炭对土壤 N_2O 和 CH_4 排放影响的研究进展[J].中国农学通报，2013a，(08)：147-153.

[122] 颜永毫，王丹丹，郑纪勇.生物质炭对土壤 N_2O 和 CH_4 排放影响的研究进展[J].中国农学通报，2013b，29(08)：140-146.

[123] 杨敏，刘玉学，孙雪等.生物质炭提高稻田甲烷氧化活性[J].农业工程学报，2013a，(17)：153-159.

[124] 杨敏，刘玉学，孙雪等.生物质炭提高稻田甲烷氧化活性[J].农业工程学报，2013b，(17)：153-159.

[125] 姚玲丹，程广焕，王丽晓等.施用生物质炭对土壤微生物的影响[J].环境化学，2015，34(04)：697-704.

[126] 张阿凤，程琨，潘根兴等.秸秆生物黑炭农业应用的固碳减排计量方法学探讨[J].农业环境科学学报，2011，030(009)：1811-1815.

[127] 张国，王效科.我国保护性耕作对农田温室气体排放影响研究进展[J].农业环境科学学报，2020，39(04)：872-881.

[128] 张玉铭，胡春胜，张佳宝等.农田土壤主要温室气体(CO_2、CH_4、N_2O)的源/汇强度及其温室效应研究进展[J].中国生态农业学报，2011，19(04)：966-975.

[129] 张向前.不同裂解温度稻秆生物质炭对稻田土壤固碳减排效应影响分析[D].北京：首都师范大学，2018.

[130] 张向前，张玉虎，赵远等.不同裂解温度稻秆生物质炭对土壤 CH_4、N_2O 排放影响分析[J].土壤通报，2018.

[131] 郭艳亮，王丹丹，郑纪勇等.生物质炭添加对半干旱地区土壤温室气体排放的影响[J].环境科学，2015，36(09)：3393-3400.

[132] 胡茜.生物质炭稻田施用下土壤固碳减排效应及其对土壤微生物群落结构的影响研究[D].常州：常州大学，2019.

第6章 ▶ 生物质炭对农业生产的影响

　　进入 21 世纪，人类受"粮食、环境、能源危机"的影响日趋严重，各国政府、专家、学者等都在寻找应对这些危机的"灵丹妙药"，但收效甚微。正当其时，生物质炭以其独特的结构和理化特性、丰富的材料来源与广泛的应用价值逐渐走入人们的视野，并以"黑色黄金"之美誉为学界认可，成为热点研究领域之一。在作物生产领域，科学家从不同方向进行有益地探索，初步证明生物质炭所具有的良好结构与理化性质在改良土壤结构和理化性质、促进微生物生存繁衍、提高作物产量与品质等方面具有重要作用（Braida et al，2003；Goldberg，1985；Jr et al，2003；Kramer et al，2004；Schmidt et al，2000；陈温福等，2014）。

6.1　生物质炭与农业土壤

6.1.1　生物质炭对农业土壤肥力的影响

（1）生物质炭对农业土壤矿质养分生物有效性的影响

　　生物质炭能够提高土壤的肥力，主要在于提高土壤有效态养分含量和养分固持能力。生物质炭本身含有一定的矿质养分，添加到土壤中能够提高土壤的有效养分元素。不同原料的生物质炭矿质养分含量差异很大。生物质炭有效 P 的含量变化范围为 25 到 1400mg/kg，有效 K 的变化范围为 117 到 14000mg/kg。木本植物生物质炭通常含碳量高，而矿质元素含量低；畜禽粪便和植物秸秆含碳量低，而矿质养分含量高。生物质炭中的矿质含量顺序为：畜禽粪便>草本植物>木本植物。

　　土壤的阳离子交换量（CEC）反映土壤吸收和供给养分的能力，是土壤养分固持能力的重要衡量指标。通常，生物质炭呈负电荷，且随着 pH 值的升高负电荷数量逐渐增加，加上生物质炭具有多孔隙结构，从而具有较强的离子交换能力，尤其是 CEC，因此生物质炭施用于农业土壤将会在不同程度上提高土壤养分的生物有效性（戴中民，2017b）。生物质炭灰分中含有的水溶性矿质元素能直接提高耕地土壤中的营养元素总量和作物可利用态含量（Xu et al，2013），并且生物质炭能通过其表面酸性官能团和金属氧化物羟基化表面对矿质阳离子产生吸附与持留作用，从而有利于提高耕作土壤 CEC 值，减少营养元素的淋溶损失（Duvall et al，2014；高德才等，2014；王欣等，2015；袁金华等，2011）。生物质炭能吸附 PO_4^{3-}、NH_4^+ 和 NO_3^-，从而有效降低农田氨的挥发和 NO_3^- 的淋失（Luo et al，2019）。生物质炭可以吸附有机质所无法吸持的 P 和其他水溶性盐离子，研究发现 600℃ 的木质生物质炭可以降低淋溶液中 PO_4^{3-}、NH_4^+ 和 NO_3^- 的含量（Yao et al，2012）。核桃壳衍生生物质炭能提高土壤中有机碳，增加 Ca、K、Mn 和 P 含量，降低土壤交换性酸、S 和 Zn 含量（Novak et al，2009）。其生物质炭对土壤 CEC 的影响主要取决于土壤的类型、生物质炭的类型以及生物质炭在土壤中的作用时间。首先，生物质炭的 CEC 越大，对土壤的改良效果越明显，但生物质炭 CEC 的变化规律与热解温度和热解原料的关系并不明显。其次，生物质炭的改良效果与土壤的类型密切有关，生物质炭能显著提高酸性土壤的 CEC，尤其是砂型土壤和低有机质含量的土壤，但对石灰性土壤作用效果不明显（Zwieten et al，2010a；戴中民，2017b）。再者，随着生物质炭在土壤中作用时间的增加，生物质炭在生物和非生物的作用下氧化产生羧基官能团，导致土壤的 CEC 明显提高。这也验证了巴西亚马孙盆地将硬木木炭混入土壤能增加 50%CEC 的现象。生物质炭对养分的提升、固持和保肥功能，能有效地减少农田养分的淋失，减少化肥的施用量，提高作物的产量，并降低农田养分流失而给环境带来的污染，如水体富营养化污染。另外，生物质炭本身也可以释放出一些养分元素，生物质炭的 P、Ca 和 Mg 的释放规律具有 pH 依赖性，说明生物质炭能长期提升土壤肥力。

（2）生物质炭对农业土壤水分的影响

生物质炭施入农田后在不同程度上有利于增加土壤总孔隙度、毛管孔隙度和通气孔隙度，从而提高土壤田间持水量和有效水含量（Karhu et al，2011；Kinney et al，2012；张明月，2012）（图 6-1），这对于增加作物根系对土壤水分和水溶性矿质养分的利用效率具有重要意义。勾芒芒等（2013）在每 kg 砂壤土中分别施入 10~60g 花生壳炭，发现土壤毛管持水量增加至对照样的 1.2~1.7 倍，表明生物质炭在一定施用量范围内能够通过增加土壤毛管持水量而提高土壤有效水含量。田丹等（2013）将秸秆炭和花生壳炭分别按 5%、10% 和 15% 添加比例，施入砂土和粉砂壤土中进行水平土柱实验，结果显示，两类生物质炭处理分别使土壤水分扩散率降低了 52%~89% 和 83%~96%，从而显著提高了两类土壤的持水能力并有效控制水分入渗，其主要发生机制在于生物质炭作用下土壤孔隙度的增大使水分扩散率减小。以上研究初步表明，生物质炭在提高中国干旱和半干旱地区作物水分利用效率方面具有不可忽视的应用潜力（王欣等，2015）。

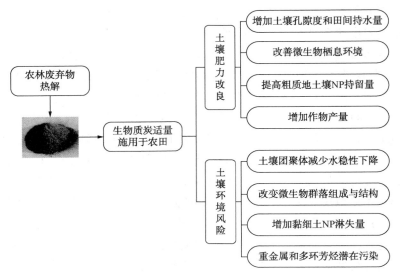

图6-1　生物质炭对土壤肥力的改良效应与重要环境风险（王欣等，2015）

生物质炭可以提高土壤的水利用率、持水量、土壤通气、土壤有机碳（SOC）含量、土壤微生物生物量和活性、酶活性以及养分保留和有效性，从而减少了肥料需求，减少了养分的淋洗。尽管许多研究表明生物质炭具有土壤改良剂的功效，但也有研究报道生物质炭施用后作物生产力下降，这可能与植物养分吸收减少或土壤碳矿化减少有关。在生物质炭改良过的土壤上，这些作物产量的相互矛盾的结果可能是由于生物质炭和土壤特性的差异所致。此外，生物质炭吸收养分引起的负启动效应（PE）也可能导致低OC的土壤中植物吸收养分的养分利用率降低（El-Naggar et al，2019）。

（3）生物质炭对酸化土壤的改良效应

自20世纪80年代至2008年间，由于铵态氮肥的大量施用及酸雨沉降导致全国6大类农业土壤pH值平均降幅达到0.13~0.80，这是我国农业土壤肥力质量快速退化的重要指征；同时，大量H^+在土壤中的富集将加剧其中重金属水溶性、迁移性和作物有效性的升高。而生物质热解过程中产生的大量无机灰分使生物质炭对于酸化土壤改良具有重要价值。例如，张祥等（2013）通过实验室盆栽实验发现，花生壳炭（1%~2%）与底肥（改良Hoagland和Arnon肥料配方）配施可缓解或消除单施化肥对酸性红壤的酸化效应，单施底肥土壤在共育9个月后pH值较对照降低了0.87，而底肥+1%生物质炭混合处理土壤pH值仅降低了0.21，底肥+2%生物质炭混合处理土壤 pH 值则提高了 0.65。类似地，Yuan 等（2010）将不同原料制备的生物质炭以 10g/kg 的比例施入土壤，在 25℃下共育 60d，发现在油菜、稻草、玉米等非豆科作物秸秆为前体制备的生物质炭处理下，土壤 pH 值增加了 0.18～0.66，而在以绿豆、花生、大豆等豆科作物茎叶为基质制备的生物质炭处理下，土壤 pH 值增加了 0.59～1.05；与此同时，绿豆茎叶基生物质炭使土壤的交换性酸度由 5.95（对照样）降低至 2.62cmol/kg，盐基饱和度较对照则增加了 30.62%。根据以上研究结果，可以初步确定生物质炭（特别是豆科作物基生物质炭）在短期内有利于缓解农业土壤酸化，控制盐基离子流失。但是，生物质炭对中国酸雨沉降区不同类型耕作土壤 pH 值的持续调控效应还需要长期定位试验的进一步跟踪监测与系统分析（王欣等，2015）。

生物质炭可以进行固碳，降低土壤的酸度，提高土壤肥力，并增加作物产量。与石灰、工业副产品和有机物料相比，生物质炭的优势在于改良的效果更加全面综合，且不用频繁施用，在提高土壤质量的情况下，还可以进行固碳，缓解温室效应。但是，当今大多数的研究主要集中在对酸化土壤的改良效果上，潜在机理还需要进一步的明确，且不同类型的酸化土壤对生物质炭的响应机制存在差异，同时不同类型的生物质炭对酸化土壤的改良机理也会有所差异。因此，各类酸化土壤中，哪种土壤类型最适合被生物质炭改良，以及哪种生物质炭的改良效果最佳，需要进一步明确（勾芒芒等，2018）。

（4）生物质炭对氮肥利用率的影响

氮肥利用率低一直是农业生产中面临的难题，而我国主要粮食作物氮肥利用率不足 1/3。如何提高氮素利用率，减少消耗和面源污染，一直是农业生产中亟待解决的关键问题。大量研究表明，添加生物质炭可减轻土壤氮素淋洗，提高土壤水分和养分利用率。同时，学者发现单纯以生物质炭代替化肥还存在一定难度，为了既发挥其自身优势，又能减少肥料投入带来的负面影响以达到作物增产增收的目的，沈阳农业大学生物质炭研究中心以生物质炭为基质制造炭基缓释肥料施入土壤中，作物增产效果明显。葛少华等（2018）研究表明，连续两年进行生物质炭（2.4t/hm²）和化肥配施，有效提高烤烟土壤中硝态氮含量，施氮量减少 15%用量后仍可提高烤烟氮素利用效率。据统计，生物质炭本身含有丰富有机碳，施用后可以增加土壤中有机质及腐殖质含量，大大改善土壤微结构，从而提高土壤肥力。随着土壤中有机碳含量增加，土壤中 C/N 相应提高，进而提高了土壤对氮素和其他养分吸持能力。有机质和腐殖质含量是土壤肥力重要指标，生物质炭吸附土壤中有机分子，通过表面催化活性促进小分子聚合从而形成土壤有机质，生物质炭可以延长有机质分解时间，从而有助于腐殖质形成，改善土壤肥力。吕一甲等（2015）研究发现，施用生物质炭肥料可有效提高耕层土壤有机质、速效磷及速效钾含量。STEINER 等（2008）研究表明，使用生物质炭结合化学改良法(氮磷钾肥料和石灰)与单用肥料相比,平均粮食产量连续四季翻一番。生物质炭与化肥配施 3a 后土壤团聚结构和数量显著增加,与单施化肥相比,团聚体数量增加 16.7%,平均质量直径增加 62.4%。聂新星等(2016)研究表明,生物质炭与化肥配施显著提高土壤 pH 值和速效磷含量,分别提高 0.03% 和 12.6%,土壤容重降低 2.0%。炭肥配施提高了土壤中细菌含量,对真菌有一定抑制作用。其配施后有效增加小麦籽粒干质量,提高率达到 16.5%。勾芒芒(2015)研究表明,生物质炭与化肥耦合施用可以提高土壤含水率,同一施肥水平下土壤中施加较高生物质炭量可以有效提高土壤的持水、保水能力;同一施炭水平下,低肥处理的土壤含水量对番茄生长具有积极的促进作用。炭肥耦合施用可增加土壤有机质含量,提高氮素利用率。在同一施炭水平下,减少化肥施用量可显著提高作物植株生长能力,增加干物质积累,提高作物产量和品质(勾芒芒等,2018)。

6.1.2 生物质炭对农田生态系统养分的影响

(1)生物质炭对农田硅和养分循环的影响

生物质炭已被推广作为土壤改良剂,可提高土壤质量和农艺生产力并减少温室气体的产生。但是,这些益处并非总能实现,其主要障碍是课题组对生物质炭影响土壤系统机制的知识有限。秸秆还田可以将养分带回土壤,从土壤储量中调动 P 和 S 等养分,减轻土壤板结,改善了微生物多样性,从而提高了土壤质量和土壤生产力(Li et al,2018)。然而,未分解的秸秆通常会阻碍根系渗透,微生物通常会在秸秆降解期间与作物争夺养分,秸秆还田常常会增加温室气体排放,并为对植物有害的侵扰生物提供有利的场所。此外,秸秆还田还使土壤更易发生有机酸积累,这常常对作物幼苗产生不利影响,并增加了重金属在作物中的迁移率。总之,由于秸秆直接返回农田的这种负面影响,非生物和生物胁迫的可能增加,将导致不可持续的农业生态系统(Li et al,2018)。

将农作物残渣衍生的生物质炭添加到农田中可作为秸秆还田的有效替代方法,其降解特性和元素组成存在显著差异。土壤中的生物质炭由于其芳香结构的凝结而可以持续存在数百年至几千年。芳香性特征增加了生物质炭中的碳含量而减少了 H 和 O,而当热解温度超过 400°C 且停留时间超过 2min 时,可降解纤维素和木质素迅速降低(Weber et al,2018)。在源自农作物残渣的生物质炭中产生比其原料中更高的 Si、P、Ca 和 Mg 浓度。由于较高的热解温度下 NH_3 和 H_2S 的挥发,生物质炭中的 N 和 S 含量有时低于其原料(Li et al,2018)。但是平均而言,生物质炭中的 N 和 S 含量要高于原料中的含量。因此,农作物残渣衍生生物质炭通常具有较高的 Si 和养分元素浓度,但分解速度比其原料慢得多。然而,由于在热解过程中，不稳定的碳水化合物和可水解的有机氮常常从固体生物质炭中流失，同时增加了芳香族和杂环结构，因此与直接秸秆还田相比，秸秆生物质炭的应用将向农田输入更少但稳定的 C 和 N(Li et al，2018)。与农作物残渣衍生的生物质炭相比，其原料中可生物利用 Si 的浓度较高，生物质炭中溶解的 Si 高于其原料中的。但是，占生物质炭中总硅重量百分比的可用和溶解的 Si 通常都比其原料中的低(Xin et al，2014)。然而，一项田间研究表明，一个以上作物季节后，土壤中的有效硅含量与施用小麦秸秆生物质炭后硅投入量正相关。此外，通过稻壳生物质炭和稻壳进入农田的 Si 量与稻草中 Si 积累的增加呈正相关。尽管生物质炭的热解过程使生物质炭中部分 Si 的生物利用度失活，但由于生物质炭中 Si 的浓度高，施用生物质炭输入的 Si 仍可长期释放出作物可利用的 Si(Li et al，2018)。长期施用生物质炭后，氮素通常可作为稳定的氮源，而且土壤中存在生物质炭可增加土壤对 N 的吸收能力，并有可能提高植物氮的利用效率。来自不同农作物残留物的生物质炭中有效 P、S、K、Ca 和 Mg 的浓度差异很大，通过直接输入生物质炭将对土壤 P、S、K、Ca 和 Mg 的有效性产生相当大的影响。在农田中添加生物质炭能增加土壤中这些养分的利用率。作物中 N 的积累较低，生物质炭的施用通常会导致 P 和 K 的增加(Li et al，2018)。

作物中 Si 的积累在缓解营养失衡压力方面发挥着广泛的作用，并协调碳水化合物和氨基酸的迁移。作物对 Si 的高吸收可以提高 N 的利用效率，延展叶片和提高茎秆对 N 的过量施用的抵抗力，并在 N 不足的情况下提高作物芽中的 N 吸收(Zi-chuan et al，2018)。但在相同的处理下，无法在不同植物物种上始终观察到施 Si 抑制过量 N 吸收的效果。作物中高的 Si 积累可以通过下调根系中的 P 转运蛋白基因，来持续抑制植物对 P 的过量吸收和芽中 P 的浓度。然而，通过上调根系有机酸的分泌和 P 转运蛋白基因，向土壤中添加 Si 可以提高低 P 土壤对植物 P 的吸收。高 Si 供应可以通过改善植物水分状况(尤其是在盐胁迫下)来提高作物对 K 的吸收，在土壤中施用 Si 对 Ca、Mg、Mn、Cu、Zn、B 和 Cl 具有相似的影响，其原因是在供不应求的情况下增加了作物对其的吸收量，但在供过于求的情况下则抑制了其吸收。因此，向农田施用生物质炭供应 Si 将对调节植物养分吸收和维持作物生长的养分稳态具有多种有益作用(Li et al，2018)。在 N 有限的生态系统中，由于增加的植物生物量积累，适量地增加土壤中的 N 含量可以增加芽中植物 Si 的吸收。然而，过量的 N 供应会降低地上生物量中植物对 Si 的吸收和 Si 浓度(Sloey et al，2017)。生物质炭中生物利用 N 是有限的，因此施用氮肥对植物硅吸收的影响有限。原则上，在某些养分有限的生态系统中，向土壤中添加最适量的养分也可以通过提高植物生物量的积累来增加植物对 Si 的吸收。由于微生物的分解，返回耕地的农作物残渣中高的 Si 积累经常导致生物量 C 和

Si 的快速损失。相比之下，在 350℃ 至 700℃ 的温度下产生的生物质炭通常显示出更高的 Si 溶解度，但 C 损失率低于其原料。可见与生物质炭相关的 Si 可以在调节养分吸收方面发挥主要作用，而与生物质炭相关的养分通常直接参与作物生物量和产量的增加(Li et al，2018)。富含硅(Si)和营养丰富的农作物残渣生物质炭如图 6-2 所示。

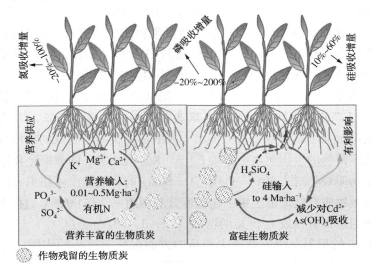

图 6-2　富含硅(Si)和营养丰富的农作物残渣生物质炭(Li et al，2018)
注：富含硅(Si)和营养丰富的农作物残渣生物质炭具有通过增加作物对硅和养分的吸收
来提高或稳定产量的潜力，同时增强系统对气候的适应力以及对不利栖息地的抵抗力。

（2）农田生态系统中生物质炭氮素迁移转化及其利用机制

N 是作物生长最重要的营养素。为了提高生物质炭 N 的植物利用率，并为高质量的富含 N 的生物质炭选择最佳的制备条件，有必要探明生物质炭返回土壤后土壤-植物-土壤微生物-大气生态系统中 N 的动态。土壤、植物、土壤微生物和大气中生物 C、N 的质量分布分别为 77.71%~99.06%，0.38%~6.91%，0.23%~6.93% 和 0.27%~8.46%；以 400℃ 生产的生物质炭栽培的植物中的氮素含量最高，约为原始麦秸的 1.66 倍，是 200℃(BC200)生产的生物质炭的 2.57 倍；此外，生物质炭返回田间减少了 N 的挥发；在土壤微生物中 N 的含量与植物吸收的 N 的含量之间存在一定的关系，即当微生物 N 含量高，则植物可以利用更多的 N，反之亦然。这两个值相互之间显示出一致的正相关(Yuan et al，2019)。

在氨氧化反应中，大部分进入植物的 NH_4^+-N 都被用来合成氨基酸，以避免氨中毒。NO_3^--N 可以直接在根系中吸收，也可以转运到地上植物通过木质部吸收。研究表明，小麦吸收 NH_4^+-N 时会分泌 H^+，吸收 NO_3^--N 时会释放 OH^- 和 HCO_3^-。

因此，小麦的氮素吸收行为也会影响根区的 pH 值、微生物群落的组成和演化。植物中的 NH_4^+-N 主要通过谷氨酰胺合酶(GS)和谷氨酸合酶(GOGAT)催化谷氨酸和谷氨酰胺的合成。合成的谷氨酸盐和谷氨酰胺作为供体，将继续合成氨基酸，并在植物的上层和地下部分之间循环和再循环，它们通过木质部转运到上部，然后通过韧皮部输送到植物的上部和下部(Yuan et al，2019)。农田生态系统转移和迁移后返回的生物质炭中吸收和利用同位素氮的机制如图 6-3 所示。

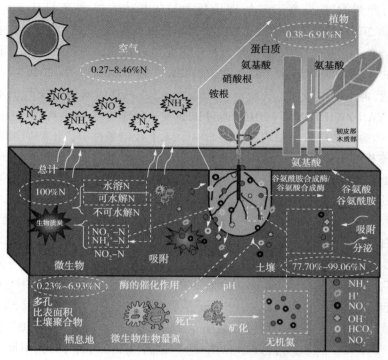

图 6-3　农田生态系统转移和迁移后返回的生物质炭中
吸收和利用同位素氮的机制(Yuan et al，2019)

6.2　生物质炭对作物产量的影响

6.2.1　生物质炭对作物产量的影响研究进展

从农业角度来说，生物质炭的潜在利用价值最终应体现在作物增产效果上面。在现代社会之前，生物质炭已经被施用到土壤中用于提高作物的产量。生物质炭对作物产量影响的报道最早可追溯到 1879 年，探险家赫伯特·史密斯在

《Nature》杂志发表文章中阐述了亚马孙河流域的黑土可使当地种植的甘蔗和烟草产量大幅度提高，因为这种黑土中含有丰富生物质炭。生物质炭因能提高燕麦、萝卜、长草等作物的产量，而被强烈推荐为土壤改良剂。生物质炭的添加能够显著增加作物的产量，且作物产量的提升效果与生物质炭的施用量、作物类型、生物质炭类型和土壤类型密切相关(Jeffery et al，2011)。UZOMA 等(2011)将牛粪生产制备生物质炭应用在砂质土壤玉米种植中，结果显示，随着生物质炭施用量增加玉米产量显著提高，但处理中施加 15t/hm² 的玉米产量比 20t/hm² 高。MAJOR 等(2010)通过 4 年研究表明，在 Colombian Savanna 土壤中施加生物质炭(0、8t/hm²、20t/hm²)后，第 1 年玉米产量无显著影响，随后影响效益显著，施入 20t/hm² 生物质炭后玉米产量可提高 140%。据 KIMETU 等(2010)研究表明，在肯尼亚贫瘠土壤中添加生物质炭(7t/hm²)，2 年内连续施用 3 次后玉米产量翻倍增长。VAN ZWIETEN 等(2010)通过试验发现，施加生物质炭(10t/hm²)后小麦、萝卜和番茄的产量增幅均已超过 50%。无土栽培条件下，生物质炭和灰岩混合(按其体积的 1%~5%)，辣椒和番茄生物量可提高 28.4%~228.9%，果实产量提高 16.1%~25.8%。近年来，国内有关施加生物质炭增加作物产量报道逐渐增多。张伟明等(2013)研究表明，以不同标准在砂壤土中施入生物质炭，水稻产量均比对照平均提高 21.98%，其中每 1kg 土加 10g 生物质炭处理水稻增幅最大。同时，在研究对大豆生长影响中，3t/hm² 和 6t/hm² 生物质炭施用量均比对照产量提高近 11%。黄超等(2011)在每 1kg 红壤土中施用 10g、50g、200g 生物质炭种植黑麦草，产量分别增加 7%、27% 和 53%。唐光木等(2011)在新疆灰漠土中添加生物质炭种植玉米，表明施入 40t/hm² 生物质炭的玉米产量提高近 50%，增产效果显著。生物质炭的施用量可为 1t/hm² 到 150t/hm²，通常来说，施用量越高，作物的产量越大。但是，过低(1~5t/hm²)和过高(>150t/hm²)的施用量对作物的产量影响不大。同时，Jeffery 等还发现不同作物对生物质炭的响应不一致，整合分析表明生物质炭对黑麦草的产量提升效果最低(负效果)，而对蜜橘、高粱等作物的增产效果最明显，提升效果高达 50%。再者，作物产量也受生物质炭类型的影响，甘蔗秸秆和水稻秸秆对作物产量提升效果最佳，可达 70% 到 120%，而污泥生物质炭则降低了作物的产量。最后，生物质炭对酸性土壤的作物增产效果远远大于碱性土壤。生物质炭对作物产量的提升效果，主要表现在以下几个方面：生物质炭含有一定的灰分，可以直接为作物提供生长所需要的养分，起到肥料的效果；生物质炭呈碱性，具有石灰效应，可以改善土壤酸度，降低铝胁迫，为作物生长提供良好的环境；生物质炭还可以增加土壤的持水能力，从而防止作物经受干旱的胁迫；生物质炭还可以与土壤中的微生物(如丛枝菌根、固氮菌等)相互作用，改良根系微生物的群落结构和功能，从而促进作物根系的生长，最终提高产量（Warnock et al，2010）。综上所述，生物质炭对作物的增产效果显著，是一个良好的土壤改良剂。但是，作物的增产机理最终还是要回归到生物质炭对土壤生物化学性质的改良效果上来，生物质炭对土壤肥力、酸度、微生物等指标的改良效果将在很大程度上决定生物质炭对作物的增产效应。耕地土壤如图6-4所示。

图6-4　耕地土壤（Agnieszka et al，2017）

　　为了验证生物质炭对作物产量的积极影响，本节提供张玉虎教授团队的两个案例，案例现场图如图6-5所示：一是以水稻为研究对象，基于盆栽试验和田间试验，待水稻成熟期后，对成熟水稻成簇的采集，确保水稻根系不被破坏，用水流冲洗出完整的水稻根系，通过测量水稻的株高、根冠比、结实率、千粒重、穗长、穗粒数等，探究不同秸秆生物质炭对水稻产量的影响（胡茜，2019）；二是通过对各对照组稻田水稻产量、水稻株高、水稻地上部分干物质的测定分析，得出不同裂解温度水稻秸秆生物质炭对水稻生长、产量方面的影响差异。通过对比施

图6-5　案例现场图

加不同量丹阳水稻秸秆生物质炭对水稻产量、水稻株高、水稻地上部分干物质重产生的影响，得出不同量丹阳水稻秸秆生物质炭对水稻生长、水稻产量方面的影响差异（张向前等，2017）。

6.2.2 案例一：不同原料和裂解温度生物质炭对水稻产量的影响研究

（1）试验设计

试验地设于江苏省丹阳市珥陵镇德木桥村（31°51′53.64″N，119°35′27.47″E），海拔6m，属于亚热带季风气候，年平均降水约为1056mm，年平均温度约为15℃。土壤类型为淹育水稻土，供试土壤的基本性质见表6-1。

表6-1 供试土壤的基本性质

有机碳/（g/kg）	pH 值	总氮/（g/kg）	总磷/（g/kg）	有效钾/（mg/kg）	有效磷/（mg/kg）	CEC/（cmol/kg）	容重/（g/cm³）
8.99	6.45	1.31	0.42	84.41	91.25	15.4	1.16

采用4种生物质炭：小麦和玉米秸秆生物质炭均通过南京勤丰秸秆科技有限公司采购，东北水稻秸秆从黑龙江省农业科学院水稻所代购，因该项目首先在东北开展，所以将该种生物质炭作为材料进行盆栽实验，丹阳水稻秸秆生物质炭利用马弗炉制备，通过预实验再委托企业加工。试验所用生物质炭均过16目（1mm）筛，其基本性质见表6-2。供试水稻种子南粳5055。

表6-2 生物质炭的基本理化性质

生物质炭种类	C/%	H/%	N/%	O/%	pH 值	灰分/%	比表面积/（m²/g）
WBC（小麦）	69.45	2.36	0.94	27.41	11.6	29.87	209.12
CBC（玉米）	70.13	2.64	1.08	26.66	11.4	31.75	206.07
NBC₃（丹阳稻）	55.7	3.26	1.40	39.62	9.5	25.83	5.81
NBC₅（丹阳稻）	74.29	2.12	0.86	22.73	12.3	30.26	216.40
NBC₇（丹阳稻）	78.73	1.33	0.35	19.59	12.8	33.72	184.80
DBC（东北稻）	68.73	2.53	0.35	29.59	12.8	33.72	184.80

注：WBC 表示小麦秸秆生物质炭；CBC 表示玉米秸秆生物质炭；NBC3 表示热解温度为 300℃的丹阳稻秆生物质炭；NBC5 表示热解温度为 500℃的丹阳稻秆生物质炭；NBC7 表示热解温度为 700℃的丹阳稻秆生物质炭；DBC 表示东北稻秆生物质炭。

室外种植于 2017 年 5 月至 2017 年 11 月在江苏省南部丹阳大田中进行，设置 7 个片区，每个片区 20m²（宽 5m×长 4m），设置 3 组平行试验，每个片区通过 0.5m 田埂隔离，即共设 7 个处理，分别为：①未施用生物质炭（CK）；②小麦秸秆生物质炭（WBC）；③玉米秸秆生物质炭（CBC）；④300℃水稻秸秆生物质炭（NBC₃）；⑤

700℃水稻秸秆生物质炭（NBC_7）；⑥500℃水稻秸秆生物质炭（NBC_5）。施肥按照当地田间管理要求施加一次基肥，追加两次肥料，所有处理统一采用常规田间管理。生物质炭施用量（$10t/hm^2$）参照以往的试验，种植前将生物质炭均匀撒入田中，翻耕土壤，30天后即可种植水稻。具体设计方案见表6-3。

盆栽种植于2017年4月至2017年10月在常州大学知行楼北侧空地进行，采用直径30cm，高30cm的圆盆，底部留有3个直径为8~10mm的小孔，以便于滤水和空气的交换，上部有深5cm，宽3cm的凹槽。试验共设5个处理，3组平行试验，分别是：①未施生物质炭（CK）；②小麦秸秆生物质炭（WBC）；③丹阳水稻秸秆生物质炭（NBC）；④东北水稻秸秆生物质炭（DBC）；⑤玉米秸秆生物质炭（CBC），每个处理3次重复，裂解温度均为500℃。肥料按照一次基肥、两次追肥施用。基肥用量$N-P_2O_5-K_2O$为1.89-1.71-0.50g，追肥1.89g。

表6-3　生物质炭和肥料用量

处理号	处理方式	施肥
CK	未添加生物质炭	
WBC	小麦秸秆生物质炭	
CBC	玉米秸秆生物质炭	各处理方式施肥量相同
NBC_3	300℃水稻秸秆生物质炭	
NBC_5	500℃水稻秸秆生物质炭	
NBC_7	700℃水稻秸秆生物质炭	

田间试验于水稻成熟收获后在每个片区内选取$1m^2$水稻，用以调查水稻株高（cm）、穗长（cm）、千粒重（g）、干重（g）和产量（kg/m^2）（通过每个片区折算得到）。盆栽试验于水稻成熟收获后将每盆水稻移出圆盆，用剪刀将穗剪下，植株沿茎基部剪下，测定株高后分别装入干净自封袋中，置于90℃烘箱杀青30min，65℃烘至恒重后称量，计算其产量。

（2）添加生物质炭对盆栽水稻形状及理论产量的影响

矿物质速率影响植物的产量和质量，P主要影响植物的生长，N缺乏会导致较低的叶绿素含量。在N和P水平下，单产保持不变。N和P处理会影响叶片植物的主要成分和矿物质积累（Chrysargyris et al，2016）。由表6-4可知，在相同的水肥管理下，施加生物质炭对水稻性状及产量有一定的促进作用。观察穗长可以发现，添加了小麦秸秆生物质炭的处理WBC、添加了水稻秸秆生物质炭的处理RBC以及添加了玉米秸秆生物质炭的处理CBC与常规施肥的CK处理的穗长相比，显著地增长了2.1cm、1.8cm以及2.1cm（$P<0.05$）。对穗粒数进行测量时发现，各处理组之间穗粒数从大到小依次为WBC>RBC>CBC>CK，穗粒数分别为

100.3 粒/穗，99.3 粒/穗，96.3 粒/穗，各处理组与 CK 对照组具有显著性的差异（$P<0.05$），且施加了生物质炭的各处理组穗粒数相差不明显。观察表格中地上部分干物质重发现，施加了生物质炭后可以显著地提高水稻地上部分的干物质重，WBC、RBC、CBC 处理组相对于对照组 CK 显著地提高了 6.04g/株、7.25g/株、8.01g/株（$P<0.05$），地上部分干物质重增产分别达到了 91.24%、109.57%、121.00%，极大地提高了水稻物质量，差异及其显著（$P<0.001$）。对水稻植株的地下部分的根系进行了测定，发现相对于对照处理组 CK，添加不同生物质炭的 WBC、RBC 以及 CBC 处理组的根干重增幅达到了 118.94%、142.48%、98.25%，根干重分别为 12.52g/株、13.87g/株、11.34g/株，而 CK 处理仅有 5.72g/株，差异性显著（$P<0.05$）。对盆栽的产量进行理论推断，从盆栽的产量去估算得到了如表 6-5 的结果，发现施加了生物质炭的处理组在理论亩产上具有显著的差异（$P<0.05$），对照组 CK 的亩产为 486.7kg，施加了不同生物质炭的 WBC、RBC、CBC 处理组的亩产分别达到了 649.11kg、591.11kg、750.22kg，说明了生物质炭对水稻是具有增产效果的。观察水稻的株高以及结实率，发现虽然施入生物质炭可以降低水稻植株的株高，但是差异性不显著，最大差异只有 3.3cm。而结实率虽然相对于对照组 CK 的 77.49% 有所提升，但显著性不明显，其中 WBC、RBC、CBC 处理组的结实率分别为 81.33%、83.67%、84.71。

表 6-4 生物质炭添加对水稻性状及产量的影响

组 别	穗长/ cm	株高/ cm	穗粒数/ （粒/穗）	结实率/ %	地上部分干 重/（g/株）	根干重/ （g/株）	理论产量/ （kg/hm²）
CK	12.3±0.6a	57.9±1.0a	76.7±6.7a	77.49±2.04a	6.62±1.45a	5.72±1.01a	7250±55.7a
WBC	14.4±0.4b	55.5±7.1a	100.3±8.7b	81.33±8.14a	12.66±1.87b	12.52±1.95b	9736±86.2c
RBC	14.1±0.8b	57.4±2.9a	99.3±4.7b	83.67±4.51a	13.87±1.62b	13.87±2.15b	8866±51.3b
CBC	14.4±0.2b	54.6±3.9a	96.3±4.7b	84.71±3.29a	14.63±0.75b	11.34±1.43b	11253±65.1d

注：图中不同的小写字母代表着不同处理间差异显著（$P<0.05$）。

研究发现，施加了生物质炭后可以显著提高玉米的产量，其中以中量添加的生物质炭增产效果最为明显，同时有效地降低了土壤容重，增加土壤持水能力（Hass et al，2012；Liang et al，2014）。利用水洗生物质炭配施化肥对水稻产量及养分吸收的研究中发现，添加竹炭和水洗竹炭可以提高 12.7% 和 15.6% 水稻秸秆产量，提高 16.7% 和 18.4% 的水稻籽粒产量。从水稻性状来看，添加生物质炭可以有效地提高水稻的穗长以及穗粒数，增加了水稻地上部分干物质重，根系更加发达为水稻的增产提高帮助（Zha et al，2014）。而研究表明，土壤中的 K 元素和水稻的抗病性有关，而作为水稻直接氮源与碳源的碱解氮和有机碳的含量对水稻的性状以及产量有着显著性的正相关($P<0.05$)(Uzoma et al，2011)。添加了生物质炭的处理组在有机碳含量以及碱解氮的含量上具有显著的提升作用，因此更有利于土壤中的水稻以及微生物的生长发育，而添加生物质炭又可以改善土壤的容重有利于根系发展，增强水稻的抗倒伏能力(Asai et al，2009；Butnan et al，2015)。

（3）添加生物质炭对大田水稻性状及理论产量的影响

表6-5　生物质炭添加对水稻性状及产量的影响

组　别	穗长/ cm	株高/ cm	穗粒数/ （粒/穗）	结实率/ %	地上部分干 重/（g/株）	根干重/ （g/株）	理论产量/ （kg/hm²）
K	14.3±0.3a	68.2±1.0a	103.7±6.7a	77.47±2.14a	6.62±1.45a	5.72±1.01a	8199±55.7a
WBC	14.5±0.4a	69.4±7.1a	93.3±8.7b	81.33±3.14a	14.34±1.17b	12.52±1.95b	9350±86.2b
RBC	13.5±0.2a	71.6±2.9a	99.3±4.7b	83.63±4.11a	15.83±1.23b	13.87±2.15b	10173±51.3c
CBC	13.6±0.2a	68.3±3.9a	87.5±4.7b	80.98±3.39a	14.63±1.05b	11.34±1.43b	9316±65.1b

注：表中不同的小写字母代表着不同处理间差异显著($P<0.05$)

通过表6-5可以看出，大田试验添加生物质炭对作物的显著性影响主要体现在地上部分干重和根干重以及理论产量($P<0.05$)。施加生物质炭可以显著地增加植物量，而且多孔的生物质炭施入土壤后可以有效改善土壤容重，增加土壤的孔隙率，提高土壤含氧量，促进植物根系发育，从而使得植物吸收更多的营养物质，提高作物产量。农田的示范作用最重要的还是与产量有关，通过上表可以看出，施加生物质炭可以显著提高作物产量，其中施加水稻秸秆生物质炭（RBC）可以显著地提高24.07%，施加小麦秸秆生物质炭（WBC）可以提高14.03%，施加玉米秸秆生物质炭（CBC）可以显著提高13.62%。而一项研究表明土壤的生物响应（植物生产力、温室气体生产、土壤微生物群落结构）不受添加不同原料（分别为1%和5%（w/w））的热解生物质炭的影响。露天燃烧的玉米秸秆（5%）和生玉米秸秆（1%和5%）的添加都改变了土壤功能。例如，添加5%的玉米秸秆燃烧后，地面植物总生物量减少了约30%，N_2O产量增加了一个数量级，土壤细菌群落结构也发生了变化。玉米秸秆改良土壤中相对丰度增加的细菌群包括与纤维素分解有关的科，植物病原体和生物质炭/木炭改良培养基。热解生物质炭代表了一种稳定的碳形态，可以抵抗微生物的矿化作用，并且对土壤生物响应的影响可以忽略不计（Meschewski et al，2019）。

当前已有研究表明生物质炭在农业土壤中的施用有利于提高多种作物产量，包括青菜、水稻、小麦、糜子、玉米、番茄、胡椒等，如表6-6所示。不同的试验条件会对作物产量带来直接影响，在利用生物质炭作为土壤改良剂之前，有必要利用方法对其进行系统比较和优化。

表 6-6 生物质炭对部分作物的改良效果(王欣等,2015)

作物名称	土壤类型	生物质炭类型	生物质炭比例	试验类型与持续时间	生物质炭的改良效果	参考文献
青菜	酸性红壤	竹炭	17600kg·hm^{-2}	大田试验一个月	产量提高约7倍,株高增加4.6cm	(钱嘉文等,2014)
水稻	水稻土	秸秆炭	22.5t·hm^{-2}	大田试验两年	第一年水稻产量增加13.5,第二年增加6.1%	(Da et al,2013)
糜子	新积土	木炭	10t·hm^{-2};20t·hm^{-2}	盆栽试验两季	分别增产66%和43%	(陈心想等,2013)
小麦	塿土	木炭	10t·hm^{-2}	盆栽试验一季	生物质增加20.6%,产量增加了28.3%	(陈心想等,2013)
春大麦	砂质壤土	木炭	20Mg·hm^{-2}	大田试验两年	总生物质增加了11%,谷物产量增加了6%；总生物质增加了11%,谷物产量增加了6%	(Sun et al,2014)
玉米	黑土	松枝木炭	0.4%、1.0%、2.0%和4.0%	盆栽试验45天	玉米株高、茎粗分别较对照增加了4.31~13.13cm和0.04~0.18cm,生物量较对照增加了16.23~55.08mg/kg	(刘世杰等,2009)
小番茄	砖红壤	污泥炭	10t·hm^{-2}	盆栽试验16周	果实数量较对照提高了63%；平均株高较对照增加了13.2cm;产量较对照增加了64%	(Hossain et al,2010)
胡椒	椰子和凝灰岩混合物	柑橘木	1%、3%	64天	每株果实产量较对照增加了约55%,175%;整个果实产量较对照增加了约78.55%、228.95%；单个果实产量较对照分别增加了约16.15%、20.79%	(Ellen et al,2010)

6.2.3 案例二：不同裂解温度和用量生物质炭对水稻产量的影响研究

（1）试验设计

选择长江下游典型双季田为试验田，分为若干小区。设计 10 组处理，每个处理重复 3 次，每个小区随机排列，小区面积为 6m×6m，小区间留 0.5m 宽隔离带并独立灌排水。生物质炭在 2016 年 6 月 6 日一次性撒施于土壤表层，翻耕 20cm，与土壤混合均匀（Li et al，2016）。

供试水稻品种为武运粳"24"。2016 年 6 月 20 日插秧，每平方米插 90 株。2016 年 6 月 7 日施加基肥，2016 年 6 月 23 日第一次追肥，2016 年 8 月 8 日第二次追肥。施肥量见表 6-8。2016 年 11 月 2 日收割，水稻生长期共 135 天，期间水分管理方式见表 6-9。

表 6-7　稻田不同裂解温度稻秆生物质炭试验设计对照组

序号	代　号	秸秆类型	裂解温度/℃	施加量/（t·hm⁻²）	施肥情况
1	CK	—	—	—	无
2	BC0	—	—	—	常规
3	DBC300	丹阳水稻秸秆	300	10	常规
4	DBC500	丹阳水稻秸秆	500	10	常规
5	DBC700	丹阳水稻秸秆	700	10	常规
6	HBC300	哈尔滨水稻秸秆	300	10	常规
7	HBC500	哈尔滨水稻秸秆	500	10	常规
8	HBC700	哈尔滨水稻秸秆	700	10	常规
9	DBC500$_{2.8}$	丹阳水稻秸秆	500	2.8	常规
10	DBC500$_{20}$	丹阳水稻秸秆	500	20	常规

注：CK 为不施加生物质炭、不施加化肥，BC0 为不施加生物质炭；2.8t 为每公顷水稻秸秆制备生物质炭量，施加 10t·hm⁻² 生物质炭参考秦晓波（秦晓波等，2015）、李松（李松等，2014）等。

表 6-8　试验田施肥量

基肥/（kg·hm⁻²）			第一次追肥/（kg·hm⁻²）	第二次追肥/（kg·hm⁻²）	
N	P₂O₅	K₂O	N	N	K₂O
72.00	79.20	72.00	54.00	55.20	45.00

表 6-9　水稻生育期水分管理信息表

生育期	时　　间	水分管理方式
幼苗期	6 月 20 日~7 月 10 日	淹水泡田
分蘖期	7 月 11 日~8 月 5 日	浅水勤灌

生育期	时　间	水分管理方式
拔节期	8 月 6 日~9 月 13 日	干湿交替，以烤田为主
出穗开花期	9 月 13 日~10 月 16 日	复水，淹水与晒田交替进行
结实成熟期	10 月 16 日~11 月 2 日	间歇灌溉，以落干为主

试验材料

试验仪器包括、天平、卡尺、烘箱等。

样品采集与测定

在水稻生长的成熟期，对水稻进行收割。收割前，计划需要测定的指标，并收集确定各指标标准的测定方法，并做成指标统计表格。后准备测定相应的器材和工具，安排具体人员。采集前，确定天气，尽量避免雨天。

水稻产量要通过计算每平方米的水稻粒重来测定。首先在各个对照组随机选择 3 个测定区，每个测定区 1m²，收割测定区内的水稻，然后对收割的水稻产粒进行称重后取平均值，最后计算产量。如图 6-6 所示。

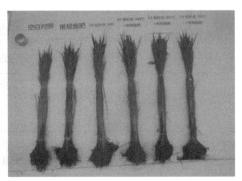

图 6-6　对照组间株高比

水稻植株的采集。采集时用铁铲将水稻根整个挖出，注意不要破坏水稻根部根须。取出后小心用水洗净根系。每个对照组采集 10 株，用于测定株高、根长、物质重等。用卡尺测定水稻株高、根长，选择各对照组有代表性的植株对比并拍照。如图 6-7 所示。

图 6-7 水稻植株根、穗、茎处理与测定

用于测定水稻干物质重。将水稻植株带回实验室风干 2~5 天，然后取出，将根部减掉，除根部的整个部分置于玻璃皿上于烘箱内烘干。至植株水分完全脱干，取出称重。如图 6-8 所示。

图 6-8 水稻产量测定

数据处理

水稻产量是指水稻稻粒单位公顷的质量。标准单位为 $kg \cdot hm^{-2}$。

计算每个对照组随机收集的 3 组单位平方米的穗数，分别记为 $S1$、$S2$、$S3$，求得平均穗数 S：

$$S = (S1 + S2 + S3)/3$$

式中 S——单位平方米水稻平均穗数，个。

通过 S 计算每公顷的穗数 $S_{总}$：

$$S_{总} = S \times 1 \times 10^4$$

每个对照组随机取 10 穗水稻，数出 10 穗水稻的平均穗粒数，记为 M，单位是个。

在实验室干燥每个对照组的部分稻谷。用天平称重，计算平均千粒重 Q，单位为 g。

则产量可由下式计算得出：

$$C = S_总 \times M \times Q \times 1 \times 10^{-7}$$

式中 C——产量，kg·hm^{-2}。

试验数据采用 Microsoft Excel 2010 软件进行数据整理，利用 Origin Pro Porable 8.5 软件作图，利用 SPSS 20.0 统计分析软件进行相关性分析，LSD 法进行显著性检验（P = 0.05）。

（2）施加不同裂解温度水稻秸秆生物质炭对水稻产量影响分析

如图 6-9 所示，为施加三个裂解温度下的水稻秸秆生物质炭水稻产量状况。

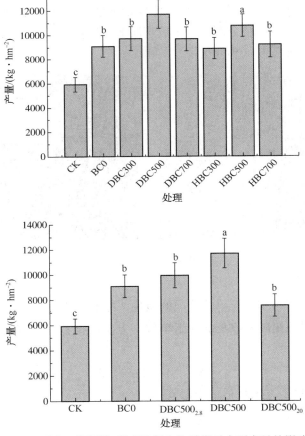

图 6-9　施加不同裂解温度秸秆生物质炭对水稻产量的影响

施加不同裂解温度和不同施加量的水稻秸秆生物质炭后水稻产量差别较大。

从裂解温度看，施加三个裂解温度的水稻秸秆生物质炭均增加了水稻产量。就丹阳水稻秸秆生物质炭，500℃裂解的水稻秸秆生物质炭产量最高，300℃、700℃裂解的生物质炭差别不大。就哈尔滨水稻秸秆生物质炭看，500℃裂解的水稻秸秆生物质炭产量较高，而300℃、700℃裂解的生物质炭差别不大。综合看，施加500℃裂解的丹阳水稻秸秆生物质炭水稻产量最高。与BC0相比，DBC300、DBC500、DBC700、HBC300、HBC500、HBC700产量分别增加6.74%、28.77%、6.28%、-2.23%、18.39%、1.19%。

从施加量看，施加10t·hm^{-2}的丹阳水稻秸秆生物质炭水稻产量最高，施加20t·hm^{-2}水稻秸秆生物质炭未起到水稻增产的作用。与BC0相比，DBC500$_{2.8}$、DBC500、DBC50020水稻产量分别增加28.77%、1.187%、-16.96%。与CK相比，DBC500处理水稻产量增加了7.4%，表明单纯施加生物质炭增产不明显。表明氮肥配施低量（2.8t·hm^{-2}、10t·hm^{-2}）水稻秸秆生物质炭显著增加了水稻产量（$P<0.05$），而配施高量（20t·hm^{-2}）生物质炭未起到增产作用。施加2.8t·hm^{-2}、10t·hm^{-2}生物质炭显著提高了水稻产量。施加不同裂解温度水稻秸秆生物质炭对水稻产量影响不同。

初步分析施加不同水稻秸秆生物质炭对水稻产量的影响发现，一方面生物质炭含有发达的孔隙结构和丰富的有机大分子，施入土壤后已形成大的团聚体，且能够通过提高土壤阳离子交换量来增加对阳离子吸附，从而可有效控制土壤NH$_4^+$-N的淋失，提高土壤的保肥能力。另一方面，由于生物质炭改善了土壤结构，有利于水稻根系的深扎和延伸，从而增加了水稻的抗倒能力，增加了产量；还有研究者认为，生物质炭输入酸性土壤提高土壤pH值，有效地改善酸性土壤的养分含量。然而，与不施加生物质炭相比，施加20t·hm^{-2}生物质炭水稻减产2.64%。这可能是生物质炭吸附较多氮素离子，使作物可利用氮素降低。可见，生物质炭输入土壤通过改变土壤孔隙度、团聚体结构、pH、NH$_4^+$-N含量等多方面因素影响水稻产量，本研究中500℃、700℃裂解的生物质炭孔隙结构发达，pH值较高，有利于提高水稻产量；而施加生物质炭量的增加会增加这些因素的作用强度。

（3）施加不同裂解温度水稻秸秆生物质炭对水稻株高影响分析

如图6-10所示，施加生物质炭后，各对照组水稻株高在54.11～76.87cm之间。与空白对照相比，水稻植株均有所增高。不同裂解温度看，施加500℃裂解的水稻秸秆生物质炭均株高明显高于施加300℃、700℃裂解的水稻秸秆生物质炭。而300℃和700℃裂解的水稻秸秆生物质炭相差不大。对比两产地水稻秸秆生物质炭，施加500℃、700℃裂解的哈尔滨水稻秸秆生物质炭水稻株高比施加丹阳水稻秸秆生物质炭略高，在某种程度上说明施加丹阳水稻秸秆生物质炭后水稻抗倒伏能力强于哈尔滨水稻秸秆生物质炭。从施加量看，与施加 2.8t·hm⁻² 水稻秸秆生物质炭相比，施加 10t·hm⁻²、20t·hm⁻² 水稻秸秆生物质炭株高分别增加了 10.70% 和 13.80%，说明株高随着生物质炭施加量的增加而增加。水稻株高是反应水稻生长的重要指标，一般情况下，水稻植株增高，产量也会相应提高，超出一定范围水稻的产量会下降。水稻植株过高不容易抗倒伏。

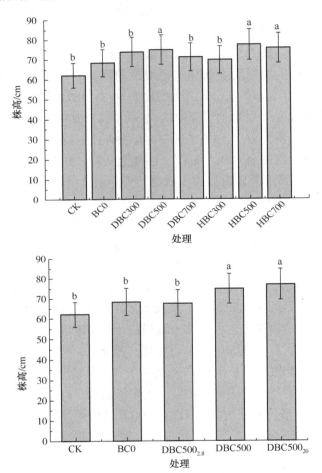

图 6-10　施加不同水稻秸秆生物质炭对水稻株高的影响

（4）施加不同裂解温度生物质炭对水稻地上部分干物质重影响分析

如图 6-11 所示，施加生物质炭可有效增加水稻植株地上部分干物质重。水稻地上部分干物质重是反应水稻植株生长力的重要指标。从裂解温度看，施加 500℃裂解温度的水稻秸秆生物质炭后水稻植株地上部分干物质重最高，

222

而 300℃ 与 700℃ 相差不大。说明施加 500℃ 裂解温度的水稻秸秆生物质炭最利于水稻植株的生长。对比两产地水稻秸秆生物质炭，施加 300℃、500℃ 裂解的哈尔滨水稻秸秆生物质炭水稻地上部分干物质重比施加丹阳水稻秸秆生物质炭高，其中 500℃ 裂解的哈尔滨水稻秸秆生物质炭地上部分干物质重最高，其次为 500℃ 裂解的丹阳水稻秸秆生物质炭。从不同施加量对比看，施加 $10t \cdot hm^{-2}$ 水稻秸秆生物质炭后地上部分干物质重最高，而施加 $20t \cdot hm^{-2}$ 水稻秸秆生物质炭后地上部分干物质重反而下降。这可能由于施加高量水稻秸秆生物质炭对土壤产生较大影响，不利于水稻植株的生长发育。这一现象与对水稻产量的影响相似。

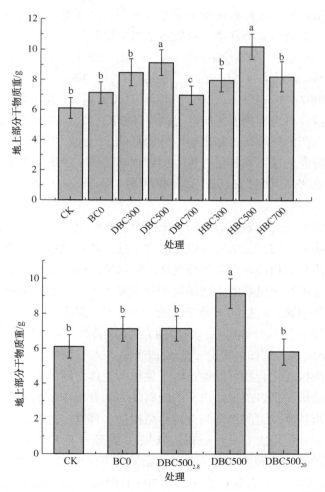

图 6-11　施加不同水稻秸秆生物质炭对水稻植株地上部分干物质重影响

6.3 生物质炭对农业土壤中农药的影响

农业面源污染是影响农业环境可持续发展的重要因素。在我国，由于化肥、农药、除草剂等化工产品长期大量不适当地使用和粗放管理导致的农业面源污染，已经严重影响到农业生产的可持续发展。虽然现在已注意到问题的严重性并提出了一些治理方法，但治理方式往往存在"成本高、难度大、收效缓及有生态风险"等不足之处，难以真正在生产实践中大面积推广应用。近年来，国内外相关研究结果表明，生物质炭对减少土壤养分流失、提高肥料利用率、削减有机污染和农药残留、抑制污染物富集、降低污染物生物有效性等方面都具有积极作用（Allen-King et al，2002；Cornelissen et al，2005；Lehmann et al，2003；McHenry，2011；Mizuta et al，2004；Song et al，2002；Steiner et al，2008；Steiner et al，2007；Yang et al，2003；邢英等，2011；周志红等，2011）。因此，生物质炭技术或许可为解决上述问题提供一条新路。农药在土壤中的吸附、解吸和降解是研究农药的环境行为和生物毒性的基础。因此，生物质炭和农药的相互作用不仅会影响农药迁移和转化过程，例如化学迁移、浸出、土壤中的生物利用度，而且还会影响植物对农药的吸收和利用（Khorram et al，2016；Liu et al，2018）。

生物质炭吸附主要有表面吸附和分配两个不同的过程。生物质炭表面上的离子和有机化合物形成的官能团形成稳定的化学键，从而引起表面吸附。生物质炭表面的理化性质和结构随热解温度而变化。生物质炭的表面吸附能力随温度的升高而增加，而分配在低温热解生物质炭中起主要作用。土壤中生物质炭对农药的吸附取决于多种因素，包括但不限于生物质炭特性（例如表面积，多孔结构和芳香性）、农药特性（例如分子尺寸，疏水性）、土壤特性（例如土壤的 pH 值，矿物质含量）和环境因素。例如，大分子农药被吸附进入生物质炭的内部多孔结构的可能性较低；而极性化合物可以通过电子供体与受体之间的相互作用而被生物质炭吸附。生物质炭对更多疏水性农药的吸附能力随着生物质炭芳香度的增加而增加，这归因于脂肪族双键的丰富和芳构化结构的多样性。此外，土壤中存在的矿物与生物质炭相互作用影响吸附-解吸过程。生物质炭是几类农药（包括除草剂、杀虫剂、杀真菌剂、灭鼠剂和除草剂）的最有效吸附剂之一（Liu et al，2018）。Wang 等（2010）发现，与 350℃ 相比，在 700℃ 时产生的松木生物质炭对土壤中的丁丁嗪的吸附能力更高，这是由于农药的吸附所致的孔隙率和表面积较高。在砂壤土上添加 5% 的木屑生物质炭（w/w），由于其 C 含量为 69%，可增加阿特拉津和乙草胺的吸附；用2%桉木屑制成的生物质炭对土壤进行改良后，对异丙隆的吸附能力是未改性土壤的5倍，这是由于生物质炭的表面积较高所致。同样，在堆肥为2%的橄榄废料生物质炭中，土壤改良剂对三唑的吸附能力是未改性土壤中三唑的吸附能力的4倍。生物质炭对吡虫啉、异丙隆和阿特拉津的吸附能力随生物质炭含量的增加(1%~20%)而增加，这归因于有机碳含量、表面积的增加以及疏水性的降低。木薯废物衍生的生物质炭显著增强了阿特拉津从土壤的吸附能力，并且吸附力随生物质炭施用量的增加而增加。此外，添加生物质炭的土壤中的分配系数高于单独的土壤，这可能是由于生物质炭的改良导致土壤有机碳含量增加和有机化合物的有利吸附(Liu et al，2018)。此外，生物质炭在提高土壤对农药的吸附能力方面显示出比某些其他类型的改良剂更高的效率。生物质炭处理比生物固体(热干燥厌氧消化的颗粒生物固体和热干燥未消化的颗粒生物固体)在增加丁丁嗪在土壤中的吸附更有效。此外，由于农药分子与溶解的有机碳之间存在竞争以占据可用的吸附位点，因此较高的溶解有机碳含量可能导致生物质炭颗粒对农药的吸附降低。研究发现土壤中的除草剂、氨基环吡草胺和灭草松几乎完全被木粒生物质炭改性的粉壤土吸收，该炭具有较高的表面积和较低的溶解有机碳含量。然而，具有较低表面积和较高溶解有机碳含量的生物质炭减少了除草剂在土壤中的吸附(Garda-Jaramillo et al，2014)。

由于生物质炭的吸附能力会影响农药在土壤中的环境行为，因此吸附到生物质炭上的农药的解吸或释放行为通常与生物质炭、农药的生物利用度以及地表和地下水的污染相关(Khorram et al，2016)。然而，吸附作用不是完全可逆的，并且并非所有吸附到生物质炭上的农药都可以被解吸，解吸比吸附困难得多，通常称为滞后现象。滞后现象是土壤农药相互作用中非常普遍的现象。可逆吸附和不可逆吸附均可在用生物质炭改良过的土壤中的农药吸附-解吸过程中同时存在，具体取决于生物质炭通过哪种方式影响过程。农药通过改良的土壤可逆吸附在生物质炭上可能有两种机制：吸附过程中吸附剂的溶胀导致微孔/大孔网络变形和农药与生物质炭成分之间的结合力弱(Liu et al，2018)。有相对较低的表面积的生物质炭对农药有较弱的吸附能力，且分子更容易从生物质炭微孔中脱离；农药对生物质炭的不可逆吸附将通过多种作用机理发生，包括表面特异性吸附、截留到微孔中以及分配为凝结结构(Liu et al，2018)。研究表明，生物质炭的改良可以导致被测农药的不可逆吸附和解吸降低，从而降低农药的溶解浓度(Garda-Jaramillo et al，2014)，在农业土壤中施用生物质炭会影响农药的持久性。在土壤中经过一段时间后，生物质炭对土壤中农药行为的影响(包括吸附、解吸和降解)可能会消失。生物质炭的老化过程由于其理化性质的变化而影响农药在土壤中的吸附解吸(Kong et al，2014)。随着土壤老化或风化，生物质炭的吸附亲和力可能会减弱。由于老化导致生物质炭比表面积的降低会对生物质炭的潜在吸附能力产生不利影响。但生物质炭改良土壤在6个月老化后的吸附能力比未改良土壤更高。但是，老化两年的生物质炭对三嗪类农药的固定作用随时间变化不大，表明生物质炭的持续利用（Jones et al, 2011; Liu et al, 2018）。

生物质炭具有将农药吸附在土壤中的能力，但是，它的吸附能力实际上并不像其他类型的吸附剂那样高，例如黏土（例如硅镁石，蒙脱石）和活性炭（Anton-Herrero et al, 2018）。因此，对生物质炭进行改性，例如增加表面积，孔隙率和/或官能团是增强其吸附能力的办法。常用方法有负载有机官能团，纳米颗粒和碱活化；在生物质炭中装入不同的矿物，例如赤铁矿、磁铁矿、零价铁、水合氧化锰、氧化钙和水钠锰矿，且加载可以在原料的整个热解过程中进行，可以将各种外源官能团嫁接到生物质炭上（Liu et al, 2018）。通过聚乙烯亚胺和壳聚糖修饰可以将氨基和羟基添加到生物质炭中，通过掺入纳米颗粒（例如 ZnS 纳米晶体）可以增加生物质炭的表面积，增强其对农药的吸附能力。在生物质炭表面添加石墨烯或用碱溶液活化也可提高生物质炭的表面积，从而提高了农药的吸附能力。此外，甲醇修饰可以明显地改变原始生物质炭的官能团和含 O 的基团性质，增强其吸附农药的能力（Jing et al, 2014）。然而，当考虑将改性生物质炭作为土壤改良剂时，尽管这些改性方法通常对农药具有更高的吸附效率，但仍需要考虑这些改性方法在土壤修复方面是否在经济上可行，此外生物质炭的添加对土壤以及土壤生物的影响也需要进一步考虑。

6.4　生物质炭对农业土壤重金属的影响

在农田土壤中，添加生物质炭通常在固定土壤中的重金属方面起重要作用，可减轻土壤温室气体的排放，增加土壤的孔隙度和持水量，并减少酸性土壤轻营养胁迫。国外研究结果表明，生物质炭可吸附土壤或水中的重金属离子如 Cd、Pb、Cu 等，减少这些重金属离子的富集，降低其生物有效性（Li et al, 2009）。在含 Cd^{2+} 水溶液中添加 $6g \cdot L^{-1}$ 用不同材料制备的生物质炭，对水溶液中 Cd^{2+} 的去除率均在90%以上。其中玉米秆炭对溶液 Pb^{2+} 的去除率达90.30%，麦秆炭和花生壳炭的去除率为52%和47%（刘莹莹等，2012）。在 Cu、Zn 污染的红壤水稻土施用生物质炭，土壤中有效态 Cu、Zn 含量明显下降，并且随着生物质炭用量的增加下降幅度增大（匡崇婷，2011）。在海南和广西3种可变电荷 Cd 污染土壤中施用稻秆炭，发现这3种土壤的 CEC 和土壤 pH 值均显著提高，土壤胶体 Zeta 电位向负值方向位移，土壤对 Cd（Ⅱ）的静电吸附量明显增加（蒋田雨等，2012）。

对污水条件下土壤复合污染(Zn、Cd、Pb、Cu)的研究表明,施用生物质炭使土壤中交换态 Zn、Cd、Pb、Cu 分别降低了 0.15% ~24.11%、1.22% ~16.09%、0.47% ~21.51%、3.05% ~77.3%,生态风险评价(TCLP)显示,施炭后生态风险均有不同程度的降低,而且随着施炭量的增加降幅增大,土壤 pH 值、有机质含量、铵态氮含量和硝态氮含量则明显提高(陈温福等,2014;许超等,2012)。

近来,由于生物质炭的吸附特性,低成本和碳储存潜力,已经扩大到将生物质炭用于稳定土壤重金属的用途。此外,尽管秸秆衍生的生物质炭和秸秆施用均显著提高了 As 的迁移率,但施用生物质炭并没有增强 As 的甲基化,而在还原条件下通过竞争性地抑制了 Si 来减少水稻籽粒中 As 的积累(Limmer et al,2018)。此外,在农田中添加生物质炭对土壤呼吸和相对不稳定的土壤碳分解的温度敏感性影响有限。总的来说,在农田中添加生物质炭不仅具有优势,而且还克服了秸秆还田带来的弊端,例如减少温室气体排放或重金属迁移(Li et al,2018)。

6.4.1 镍(Ni)

Ni 是有毒的重金属,被认为是土壤环境中的有害污染物。在受 Ni 污染的土壤上种植食用蔬菜会降低植物的质量,从而给人类和动物带来严重的健康问题。因此,对这类被 Ni 污染的土壤进行修复目前已成为研究人员的巨大挑战。相比之下,基于适当的固定化修饰剂来降低土壤中 Ni 的生物利用度,具有缓解植物致病性的作用,可以显著减少环境危害。在一项研究中(Boostani et al,2019),生物质炭和各种黏土(如膨润土、阳离子沸石、壳聚糖和凹凸棒石)以 2% 的单独剂量混合在掺有 Ni(50ppm)的土壤中可以极大地固定化 Ni,并降低其对生菜的生物利用度。此外,2% 壳聚糖处理能有效降低土壤中莴苣植物的叶和根中的生物有效性 Ni 浓度,2% 生物质炭处理有效地促进了土壤中的酶活性,并促进了水分、光合作用、生物量、生物化学和营养(微量营养素和大量营养素)以及抗氧化系统,同时在其余处理过程中减少了莴苣植物的 Ni 氧化损伤(Turan,2019)。此外,先前研究报道了两种温度(350℃ 和 550℃)和三种镍施用率(0、150 和 300mgNikg^{-1})下产生的两种植物残渣生物质炭(甘草根浆和稻壳生物质炭)对菠菜培养后钙质土壤中 Ni 的生物利用度和化学分数的影响。所有生物质炭的施用均显著降低了 Ni 处理土壤中的 Ni 生物利用率(5% ~15%)和菠菜 Ni 浓度(54% ~77%)。在 550℃ 下产生的生物质炭比在 350℃ 下产生的生物质炭在降低菠菜中的 Ni 迁移率和 Ni 吸收方面更有效,这归因于较高的 $CaCO_3$ 和较低的酸性官能团含量,从而导致土壤 pH 值显著提高。当比较在相同温度下产生的生物质炭时,稻壳生物质炭最有效地降低了 Ni 的生物利用度,这可能是由于它们的酸性官能团含量较低和纳米二氧化硅含量较高,从而导致较高的土壤 pH 值并可能促进硅酸镍和氢氧化物的形成(Boostani et al, 2019)。

6.4.2 镉(Cd)

一项研究用稻草生物质炭(BC)和水洗稻草生物质炭(W-BC)处理种植水稻(OryzasativaL.)Cd污染的土壤上,研究生物质炭对Cd毒害稻草的弱化作用的潜在机理和可能原因(Li et al, 2019)。BC纳米颗粒(nano-BC)对植物生长的正面和负面影响如图6-12所示。W-BC分别降低了孔隙水中以及根和芽中Cd的含量,分别降低了26.24%、53.23%和62.47%。相反,在BC处理的情况下,孔隙水中Cd的含量增加了50.27%,根中Cd的含量增加了2.32%,根部中的Cd含量增加了12.80%。此外,水稻芽中Cd含量与土壤中Cl^-的添加呈显著正相关($P<0.01$)。土壤中Cl^-的增加降低了土壤的pH值,增加了土壤孔隙水中溶解的有机碳,并增加了Cd^{2+}和Cl^-的配合物,从而导致了Cd^{2+}的释放,Cd从固相转变为固溶相;土壤中的氯化物增加了根部对$CdCl^+$而不是Cd^{2+}的吸收,从而导致水稻组织中Cd的增加。这表明高氯化物含量的生物质炭可以减弱其对土壤Cd的固定作用,甚至可以提高水稻对Cd的吸收(Li et al, 2019)。尽管生物质炭

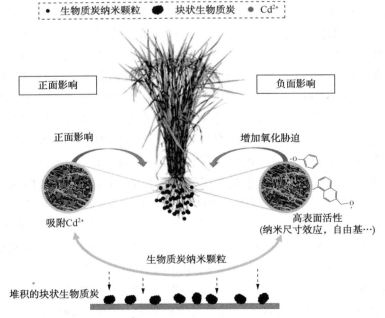

图6-12 BC纳米颗粒(nano-BC)对植物生长的正面和负面影响(Le et al, 2018)

注:相对于大量BC,纳米BC可能附着和/或沉积在根表面上,并且更大程度地抑制了植物对Cd^{2+}的吸收。同时,纳米BC的高表面反应性可能诱导对植物的氧化胁迫。

纳米颗粒（nano-BC）与根际中植物根之间的相互作用仍不清楚，但了解 BC 在植物生长和污染物生物利用度中的作用至关重要。先前研究报道了从生化变化和 Cd 吸收方面研究了在一系列温度（300～600°C）下产生的纳米 BC 对减轻 Cd^{2+} 对水稻植物的植物毒性的影响（LeYue et al，2018），就较高的生物量、根系活力、叶绿素含量和降低的 MDA 含量以及相对电导率而言，由于纳米 BC 对 Cd^{2+} 的高吸附亲和力，高温纳米 BC 比低温和散装 BC 能够更有效地减轻 Cd^{2+} 的植物毒性。此外，纳米 BC 可以影响根尖不同区域中 Cd^{2+} 的净通量。但是，与仅使用 Cd^{2+}（5.0mg/L）处理相比，纳米 BC（尤其是在较高温度下产生的 BC）显著增加了抗氧化酶活性（例如 SOD，POD 和 CAT）和可溶性蛋白质的含量，表明纳米 BC 可以诱导水稻植株的氧化胁迫。可见纳米 BC 可以大大降低 Cd^{2+} 的吸收和植物毒性，但是在生物质炭的环境和农业应用中，其潜在风险不容忽视（Le et al，2018）。

生物质炭对土壤肥力有积极作用，因此将其用作有机改良剂受到广泛关注，但是关于长期影响，尤其是对土壤污染物含量和分布的影响方面，仍然理解有限。在一项田间试验中，研究了单剂量生物质炭（25 和 50t·ha^{-1}）和重复施用（两年后）生物质炭（25+25 和 50+50t·ha^{-1}）对种植周期中土壤重金属（As、Cu、Zn、Cd，Ni）的含量和分布，以及植物（大麦、豆类）中的金属影响。结果表明森林植物衍生的生物质炭具有较低的风险，这是因为固有的金属含量低以及缺乏对作物或土壤质量的负面影响。尽管生物质炭的确引起了土壤中金属分馏的微小变化，但它并没有改变土壤或植物中金属的总浓度。即使重复使用，使用木材衍生的生物质炭也不会增加土壤中金属的浓度，并且可以安全地用于农业（Lucchini et al，2014）。

不同粒径生物质炭在减少重金属对农作物产量和土壤质量的影响已有报道。将盆装满土壤用<3、3～6 和 6～9mm 的生物质炭处理，将重金属（Cd，Pb，Ni）加标并移植番茄幼苗。与对照相比，<3mm 的生物质炭显著（$P<0.05$）提高了植物株高、鲜重和干重、果实的产量，<3mm 的颗粒在叶绿素 a、b、总叶绿素、胡萝卜素、土壤矿物质 N、AB-DTPA 可萃取物（P 和 K）、土壤有机质、pH（1.5）和 EC（1.5）方面显示出显著改善。土壤容重降低，而土壤饱和度和孔隙率增加。在重金属处理中，最大的植物、花卉高度、鲜重、干重、果实产量降低，并受到 Ni 污染，而 Pb 的危害最大。在 Ni 污染下，叶绿素 a、b、总叶绿素和胡萝卜素的减少也最大。Pb，Cd 和 Ni 污染的土壤有机质降低了，Pb 降低最多。堆积密度略有提高，孔隙率和矿物氮降低了。可见，在污染的土壤条件下，较小尺寸的生物质炭颗粒对于生物质炭潜在的农学和土壤肥力效益方面更显著有效（Zeeshan et al，2020）。

制备生物质炭的热解温度，生物质炭的 pH 值、颗粒细度、有机碳与无机物组分等，都会不同程度地影响生物质炭对重金属的吸附（陈再明等，2012；丁文川等，2011；逄雅萍等，2013）。特别是土壤 pH 值的升高，可能促使重金属离子形成碳酸盐或磷酸盐等发生沉淀，亦或增加了土壤表面某些活性位点，降低了重金属离子的活性，从而增加了对重金属离子的吸持。另一方面，生物质炭表面的官能团也有可能与具有很强亲和力的重金属离子结合形成金属配合物，从而降低重金属离子的富集程度（Cao et al，2009；KEILUWEIT et al，2009；Uchimiya et al，2010；陈温福等，2014）。

6.4.3 生物质炭对土壤农药降解的影响

土壤中农药的降解过程通常包括生物降解、水解、光解和氧化。生物降解是土壤中大多数农药（如异丙隆）的主要消散和分解途径。生物质炭是农药的有效改良剂，并由于吸附作用而减少了其在土壤中的生物降解。相比之下，添加生物质炭可能会激发微生物活性，从而高效降解农药（Qiu et al，2009）。生物质炭提高了土壤的吸附能力并减少了解吸，农药的生物降解通常会降低，这导致土壤微生物对农药利用率较低。在经过生物质炭改性的土壤中，生物质炭施用使得吸附增加，吸解较慢并且生物降解性降低。生物质炭的高吸附能力导致农药降解微生物的可能性很小。农药的降解随着土壤中生物质炭含量的增加而显著降低。农药的生物降解在很大程度上取决于土壤微生物，土壤微生物的数量和结构受土壤中生物质炭的影响（Zhu et al，2017），此外生物质炭改良土壤中农药降解增加，可归因于生物质炭中存在的养分对微生物生长的促进作用（Qiu et al，2009）。研究表明，少量增加土壤中小麦秸秆生物质炭的含量（0.1% ~1%），可增加了阿特拉津的降解，这可能是由于生物质炭增加了养分，刺激了微生物的活性，并因此增强了生物降解。此外，生物质炭可以促进植物生长，特别是根部生长，这可以增强农药的吸收和降解（Liu et al，2018）。

6.5 生物质炭应用于农业土壤的潜在风险

尽管与传统土壤改良剂相比，生物质炭具有较多优势（表6-10），但同时有大量研究表明，生物质炭对于耕作土壤结构稳定性、NP 根系可利用性、土壤微生物与动物区系多样性以及作物生长可能会产生不利影响，甚至可能成为农业可持续发展的潜在威胁。

表 6-10　生物质炭与传统土壤改良剂对比（王欣等，2015）

项　目	主要作用	应用优点	缺　点
生物质炭	改善土壤结构；调节土壤 pH 值，改良酸性土壤；保水、保肥、增肥；吸附重金属；提高作物产量	养分元素稳定；改良效果显著；原料易获得；生产成本较低；生物质良性循环	理论和技术问题尚未全面解决；其养分的释放特性及其影响因素有待研究；对耕作土壤质量和农作物产量与品质的影响缺乏大田试验和长期监测数据
草木灰	改善土壤结构；调节土壤 pH 值，改良酸性土壤；增肥、保肥；吸附重金属	造成二次污染的风险小；原料易获得；成本低廉	有机结构已破坏，养分易流失，其释放特性及影响因素有待研究；理论基础不完善
膨润土	改善土壤结构；调节土壤 pH 值，改良酸性土壤；保水保肥、增肥；吸附重金属，改良盐碱土	结构-功能可调；能高效去除持久性有机污染物；可多次重复使用；饱和吸附容量大	资源少，消耗大；有机质含量低，不宜直接使用改性要求高；回收利用困难，难以消除有机物的二次污染
石灰石	调节土壤 pH 值，改良酸性土壤；保水保肥	成本较低；易于获取	不宜大量使用，可能会改变土壤原有的理化性质和肥力
沸石	改善土壤结构；调节土壤 pH 值，改良碱性土壤，提高土壤的盐基交换量；吸附重金属	适用于大面积修复	天然沸石吸附容量低、杂质多；用量较大，修复不彻底
沼液	改善土壤结构；调节土壤 pH 值，改良碱性土壤；保水、保肥、增肥	成本低廉	重金属污染风险大（饲料添加剂）；存在水污染、土壤污染和退化的风险；有毒气体（CH_4）

6.5.1　生物质炭对土壤物理、化学和生物特性的潜在危害

叶丽丽等（2012）将 1%秸秆生物质炭施入土壤经过 55d 恒温恒湿培养，发现生物质炭并没有明显提高土壤呼吸速率和微生物活性，却对土壤颗粒的团聚产生负面作用，使土壤团聚体分别较对照土样下降了 12% ~36%，从而使土壤抗破碎能力和水稳定性下降，这可能与所加入的生物质炭粒径较大、矿化分解速率缓慢且该过程不会产生胶结物质密切相关。李文娟等（2013）通过室内土柱模拟研究，发现生物质炭对不同质地土壤中矿质元素的迁移淋溶特性影响不同：尽管生物质炭有利于促进质地较粗土壤对 NO_3^--N 的保持，却会加剧质地较为黏细土壤中 NO_3^--N 的淋失。另外，由于生物质炭处理使土壤 pH 值和氨气含量较大增加，这可能对土壤生物产生不利影响。例如，有人发现禽类粪便基生物质炭向土壤中

的加入致使蚯蚓平均成活率由对照30%降低至13.5%，特别地，当生物质炭施加比例增加至67.5t/hm²时，蚯蚓成活率降至0(王欣等，2015)。

6.5.2 生物质炭对作物生长的潜在危害

Rondon 等(2007)在考察生物质炭对豆科植物固氮效率影响的试验中发现，菜豆生物量和氮素吸收量随着土壤中生物质炭含量升高而出现显著降低，这极有可能是由于生物质炭具有较高的C/N，特别是当生物质炭中易降解的脂肪C含量较高时，生物质炭通过提供充分的代谢能量而促进土壤微生物对氮素的生物固定作用，导致氮素根系可利用性降低，进而对农作物产量产生不同程度的抑制效应。Deenik 等(2010)研究发现具有较高可挥发分的生物质炭对莴苣和玉米幼苗的生长具有严重的阻滞效应，这可初步归因于生物质炭中大量易分解态有机C所产生的激发效应使土壤微生物大量固氮，从而减少氮素的作物可利用性。类似地，Asai 等(2009)在老挝北部对早稻产量的田间试验发现，当生物质炭施用量为4t/hm²时，Apo品种水稻产量在两个试验点分别较对照降低了23.3%和10.5%，其主要原因是生物质炭降低了水稻根系对氮素的吸收。因此，系统研究生物质炭类型和用量对农作物特别是粮食作物生长的影响对于保障国家粮食安全和促进农业可持续发展是极为必要的(王欣等，2015)。

6.5.3 生物质炭可能向土壤中引入的潜在污染物

生物质原料热解制备生物质炭的过程中可使有毒有害物质如多环芳烃、As、Cd、Pb 等发生富集，从而对土壤环境健康和农作物安全产生威胁(Kuśmierz et al，2013)。例如，Shinogi 等(2003)对稻壳、甘蔗秸秆、牛粪、污泥4种原料制备的生物质炭中重金属含量的比较研究发现：牛粪、污泥基生物质炭 Cd 含量分别为 0.28 和 1.30mg/kg，Zn 含量为 17~500mg/kg，此类生物质炭在农田土壤中的施用可能会产生或加重土壤重金属污染。Kloss 等(2012)发现，秸秆、杨木、云杉木 3 种材料在 400~525℃下热解 5~10h 制备的生物质炭中都含有不同浓度多环芳烃，其中，秸秆在 525℃ 制备的生物质炭中含量最高，达到 33.7mg/kg，远远超过了 EPA 对用于土地处理的生物性固体废弃物所规定的安全限值(6mg/kg)。在生物质炭毒理性实验中，Rogovska 等(2012)使用 6 种类型生物质炭(不同材料、不同温度、不同热解程序)的水提取液对玉米发芽和幼苗早期生长的影响进行研究，发现较高温度(732~850℃)制备的生物质炭提取液培育的玉米芽长与对照(去离子水)相比，平均下降了 16%，这主要归因于高温制备的生物质炭中所含有的较高水平 PAHs 对作物幼苗生长产生毒害作用。因此，为确保农用生物质炭的安全使用，应对有机质前体和热解产物进行严格检测和筛选，以有效降低生物质炭施用于农田所造成的土壤污染风险（王欣等，2015）。

6.6 生物质炭添加农田的固碳减排生命周期评估

生命周期评价（LCA）是一种用来对产品整体环境影响进行评估的方法，Roberts 等人（ROBERTS et al，2010）认为由于其"摇篮"到"坟墓"的方法思想非常适宜用来对生物质炭生产及应用全过程的温室气体和能量平衡状况进行考察，利用该方法能够清晰显示各个生命周期阶段的温室气体排放或减排和能量投入或产出情况（姜志翔，2013）。ISO14040 标准将 LCA 的实施步骤分为目的与范围的确定、清单分析、影响评价和结果解释。其中目的和范围的确定为开展 LCA 研究提供了一个初步计划。它说明开展 LCA 的目的和意图、研究结果的可能应用领域，确定 LCA 的研究范围，保证研究的广度、深度与要求的目标一致。清单分析是量化和评价所研究的产品、工艺或活动整个生命周期阶段资源和能量使用以及环境释放的过程。生命周期影响评价为可选阶段，将清单数据进一步与环境影响联系起来，让非专业的环境管理决策者更容易理解。一般将影响评价定为一个"三步走"的模型，即分类、特征化和加权。结果解释是根据规定的目的和范围，综合考虑清单分析和影响评价的发现，从而形成结论并提出建议。近年来，生命周期评价作为一种成熟的、标准化的方法，被广泛应用于生物质炭系统的效率评价，目前已有大量文献报道。尽管这些研究的基本特征（如 ISO14040：2006 标准所述）相似，但它们在细节上有所不同，例如功能单元选择或系统边界。这些差别使得对结果进行总结变得困难甚至不可能。能够揭示任何此类规则可以减少对每个生物质炭项目进行费时且往往昂贵的生命周期评价研究的需要，从而加快此类项目的实现，同时避免潜在的有害环境影响。因此，方法论的统一将有助于结果至少部分可比，这也是大多数标准化背后的理由（Matuštík et al，2020）。

6.6.1 目标和范围的确定

功能单位（FU）是所有结果的基本参数。由于如何定义一个职能单元有许多可能性，因此比较出版物可能非常困难。基本方法可以集中于上游流例如利用的生物质量，或者下游流例如生产的生物质炭、田间种植的作物等。当生物质炭系统的主要目标是利用或管理废弃生物质时，通常选择上游功能单元。这种方法是利用污水污泥系统的特点，例如 Cao 和 Pawłowski（Cao et al，2012）将功能单位定义为每天使用 500m³ 液态污泥。类似地，一些研究使用这种方法，通过干原料物质（Clare et al，2014；Bartocci et al，2016）或绿色/湿原料（Lu et al，2018；

Ibarrola et al，2011）来定义功能单位。另一种常用的方法与下游流有关。在这里，功能单位主要被定义为所产生的大量生物质炭（Muñoz et al，2017；Llorach-Massana et al，2017），或在处理过的田地上生产的大量作物（Oldfield et al，2018；Mohammadi et al，2016）。此外，使用两种方法的组合，例如产生一定量生物质炭的原料量（Barry et al，2019）或多功能单位（Hammond et al，2011）。还有一些文献使用了不那么直接的方法，Peters 等人（2015）将功能单位定义为"一年使用的农业面积公顷"，与 Xu 等人（2018）一样。当文献集中于评估开发项目的好处时，通常会使用更多的"面向时间"的功能单位。因此，Magnus 等人（2014）将功能单位定义为"使用可可一年以上的农村家庭平均数"，Galgani 等人（2014）评估一年的项目运营。基本 LCA 特征文献汇总见表 6-11。

表 6-11　基本的 LCA 特征文献汇总（Matuštík et al，2020）

地区国家	功能单元（FU）	分配+系统边界	其他焦点	参考
比利时	1t 生物质炭	系统扩展，能源和肥料补偿，削减（肥料）+全部（在边缘土壤中种植柳树），包括热解工厂的建设	经济环境评估	（RajabiHamedani et al，2019）
比利时，西班牙，意大利，	1kg 产品+1ha/年（第二功能单元）	系统扩展，削减（原料），建筑和被忽略的杀虫剂	堆肥+堆肥生物质炭	（Oldfield et al，2018）
丹麦	1t 干燥种子（mg）（产品）	农作物种植	油菜种植情况	（Henrik et al，2019）
芬兰	1t 燕麦片	系统扩展	x	（Uusitalo et al，2019）
意大利	1t 干物质原料	系统扩展	x	（Bartocci et al，2016）
波兰	每天处理 500m³ 的液体污水污泥	系统扩展，厂房建设	厌氧消化-厌氧热解	（Cao et al，2012）
西班牙	1ha 农业区	系统扩展，热解产生热量可作为天然气替代	焦炭用于能源，生物质燃烧	（Jens et al，2015）
西班牙	1t 生物质炭产品	系统扩展，削减原料，无替代	生物质炭中的金属含量，都市农业，技术可行性	（Llorach-Massana et al，2017）

地区国家	功能单元(FU)	分配+系统边界	其他焦点	参考
英国	1t 原料	系统扩展,常规(照常营业)废物管理方案替代	废物管理可能性	(Ibarrola et al,2011)
英国	每公顷,每兆瓦时,原料,吨生物质炭,每个设施(多种FU)	财政分配(农产品),能源生产抵消,包括工厂建设,不包括燃烧产生的排放=生源	x	(Hammond et al,2011)
北美加拿大	1t 原料	未指定分配,避免化石燃料的排放	经济平衡	(Dutta et al,2014)
加拿大	1Mg 生物质炭生产	系统扩展,包括柳树种植,能源生产抵消	x	(Brassard et al,2018)
加拿大	9918kg 污泥 = 2777kg 干燥污泥 = 1000kg 生物质炭	x	经济分析	(Barry et al,2019)
美国–科罗拉多	1t 干燥生物质	系统扩展;生物质炭的木材收集排放	经济评估,集中于不同的转化方法	(Field et al,2013)
美国	使用1t 生物固体(WWTP)	包括热解厂建设	将生物质炭与污水处理厂生物固体相结合,以替代目前的 WWTP 生物固体处理	(Miller–Robbie et al,2014)
智利	1t 生物质炭	系统扩展;避免使用天然气和尿素(肥料)	x	(Muñoz et al,2017)
澳大利亚	处理1t 硬木(绿色)	系统扩展,用生物油代替工业锅炉中的重油,硬木种植园	生命周期成本(LCC),优化热解条件(温度)以获得最佳LCA 和 LCC性能	(Lu et al,2018)
中国	1 根秸秆	系统扩展,抵消避免的油耗	成本效益分析	(Clare et al,2014)

地区国家	功能单元(FU)	分配+系统边界	其他焦点	参考
中国	单位种植面积 = 公顷；生产的每公斤谷物	x	原料利用的其他方式 = 气化和燃烧	(Ji et al, 2018)
印度尼西亚	平均一年以上使用可可的乡村家庭	未指定分配，假定在利用废物生物质期间没有二氧化碳净排放	成本效益分析	(Sparrevik et al, 2013)
印度尼西亚	1kg 来自生物质的生物质炭	未指定分配，假定在利用废物生物质期间没有二氧化碳净排放	空间不同对LCA的影响	(Owsianiak et al, 2018)
印度尼西亚，澳大利亚	1t 生物质炭	系统扩展，按产量和土地利用划分的油棕生产分配	(生物质)出口的预算分析	(Robb et al, 2018)
越南	1kg 稻草生物质炭	系统扩展，包括所有农业流程，避免普通炉灶中的木材燃烧	x	(Mohammadi et al, 2016)
越南	管理 1t 水稻秸秆	系统扩展，避免秸秆露天燃烧	丰富的生物质炭	(Mohammadi et al, 2016)
加纳	一年的项目运营+废物单元	农业过程不包括 = 削减，热解工厂无能源产生	各种废物管理方案：堆肥，厌氧消化，生物质炭经济分析	(Galgani et al, 2014)
赞比亚	每年生产 1t 玉米	包括窑炉生产	x	(Sparrevik et al, 2013)
赞比亚	1kg 生物质炭的制备和利用	系统扩展-在适用的情况下避免电力生产(柴油燃料发生器燃烧木材)	x	(Smebye et al, 2017)

注：x 代表无数据或未指定。

  LCA 研究另一个重要方面是系统边界定义。尽管始终应该使用 LCA 来分析从摇篮到坟墓的系统，但是分析通常在系统开始和结束的地方有所不同。如果原料是为生物质炭生产而生长的能源作物，农业流程通常包含在系统中（Rajabi-Hamedani et al, 2019；Bartocci et al, 2016；Brassard et al, 2018）。而当原料被视为废物流时，通常不考虑生产的影响（Galgani et al，2014；Llorach-Massana et al，2017；Oldfield et al，2018）。很少有研究包括系统中的土地利用变化（Robb et al，2018；Owsianiak et al，2018），在热解厂的建设研究中也一样（Miller-Robbie et al，2014）。大多数文献使用系统扩展方法来处理测流，例如通过可用合成气和热解过程中产生的生物油产生的能量。但是，对于农村地区的项目则不是这种情况，那里除了直接供热之外，没有利用旁流（Mohammadi et al，2016；Galgani et al，2014）。一些研究也说明了生物质炭的施肥作用以及随之而来的矿质肥料用量的减少（Muñoz et al，2017；Clare et al，2014；Mohammadi et al，2016；Rajabi-Hamedani et al，2019）。同时，环境分析通常与经济分析或成本效益分析相结合。有的文献将生物质炭系统分析为几种可能的废物管理情景之一，或比较生物质炭土壤应用对能源利用的益处。

6.6.2　生命周期清单及影响因素

生命周期清单是系统的所有输入和输出进行汇总和量化的阶段。在此阶段，用于表征系统的数据质量至关重要，因为它决定了整个 LCA 的质量和有效性（Klöpffer et al，2014）。尽管通常应首选本地和系统特定的数据，但实际上几乎不可能为包括的所有过程收集此类数据（Bjørn et al，2018）。因此，LCI 数据库（例如 ecoinvent）通常用于描述背景系统过程。但也有很多文章没有用到数据库（Wernet et al，2016）。为了评估由于使用数据库中可用的通用数据而导致的不确定性的影响，Owsianiak 等人（2018）分析了空间差异对结果的影响，发现即使在某些情况下结果最多相差一个数量级，结论仍相同。一些作者仅使用实验室或现场实验和文献数据，这主要是因为他们仅关注气候变化（碳足迹）一种影响类别，LCA 的复杂性较低。

（1）原料

用于生产生物质炭的原料是影响系统有效性的变量之一。由各种原料制得的生物质炭通常在性质和产量上有不同程度的差异（Zhang et al，2018）。有些文献评估多种原料，以找到显示出最高潜在效益的原料（Hammond et al，2011），有些则评估使用一种特定原料的可行性和适当的条件（Henrik et al，2019）。一般来说，该地区容易获得的材料通常用于生产生物质炭，例如在芬兰，Uusitalo 和 Leino（2019）利用燕麦生长带来的侧流；在西班牙，Llorach-Massana 等人（2017）评估了使用城市园艺中的番茄植物残留物的可行性；在越南，Mohammadi 等人（2016）分析了从稻田废物中生产生物质炭的好处；在印度尼西亚，Robb 和 Dargusch（2018）利用了油棕废物；在赞比亚，Smebye 等人（2017）从木质灌木和农业残留物中生产生物质炭；在美国，Field 等人（2013）评估了啤酒厂废谷物的利用。

其他人则评估了"从作物到生物质炭"系统的好处，将其作为固碳的一种手段。

（2）热解条件和技术

与原料同样重要的方面是热解条件和技术的选择。有许多变量会影响热解过程的结果，即：停留时间、操作温度、加热速率等（Tripathi et al，2016）。通常，建议最高温度为450℃至600℃，以获取最高的生物质炭产量，具体取决于生物质。虽然大多数系统确实在这些温度下运行，但有些文章介绍了反应器在低至280℃运行（Robb et al，2018）。通常学者与最合适的原料一起寻找最佳的热解条件，他们改变试验条件以达到最佳结果（Lu et al.，2018）。很多学者正在寻找合适的热解技术，Ibarrola 等人（2011）比较了快速热解、慢速热解和气化三种热解技术，这种比较常用于分析亚洲或非洲农村条件下的生物质炭系统。Owsianiak 等人（2018）将原始土墩窑与略为先进的火焰幕窑、干馏窑进行比较。每篇文章对热解过程的描述程度与文章角度有关，涉及到作者关注系统的哪个阶段。

（3）生物质炭稳定性

文献中生物质炭加入土壤的用量变化很大，从 1t/ha（Sparrevik et al，2013）到30t/ha（Ibarrola et al，2011）。而土壤中生物质炭的稳定性是影响生物质炭系统碳平衡的另一个重要变量。生物质炭由不稳定的生物可利用组分（在几年内分解）和稳定的组分（假定在土壤中保留数百年甚至数千年）组成（Kuzyakov et al，2014）。稳定性随热解条件、土壤类型和原料的不同而不同。预计农作物衍生的生物质炭的分解速度要比木材衍生的生物质炭快，但据报道二者的稳定分数均超过90%（Wang et al，2016）。然而，由于影响生物质炭在土壤中稳定性的变量很多，而且还没有足够的结论，所以学者们更倾向于使用更保守的稳定值，通常为80%或更低。

（4）生物质炭对土壤的潜在影响

此外，对生物质炭系统的环境性能至关重要的另一个因素是生物质炭对土壤的潜在影响。假设生物质炭在不良和低肥力土壤中也能通过改善土壤条件、增加养分可用性、污染物吸附来增加作物产量。此外，生物质炭有望减少 CH_4、N_2O 排放和硝酸盐浸出，但是这些影响在不同的土壤类型、条件和生物质炭特性之间差异很大。然而，学者们所分析的生命周期评价都没有考虑到生物质炭对土壤中存在的污染物毒性的影响（Matuštík et al，2020）。

6.7 农作物秸秆生物质炭的生产成本

生物质炭生产企业建设是农作物秸秆生物质炭技术应用的一个重要途径，而经济效益是建设生物质炭企业必须考虑的关键因素。同时政府是环境责任的主体，农作物秸秆生物质炭施入土壤后带来的碳封存效益和农业增产效益明显，政府可以通过碳交易获得碳封存产生的经济收益，调节生物质炭生产企业和农民的收益（崔福君等，2019）。同时，农作物秸秆分布广泛，但能源密度低，运输成本高。生物质炭技术应用是否可行，与农作物秸秆收集成本、热解加工成本以及炭补偿金和农业效益持续时间等密切相关，而影响农作物秸秆收集成本的关键因素是原材料运输距离（崔福君等，2019）。

6.7.1 秸秆收集和运输

农作物秸秆无论用于生产生物质炭、成型燃料还是发电，在其经济效益分析过程中，其收集、运输都是重要些影响因素（赵希强等，2008；姜志翔，2013）。于晓东（2009）在秸秆发电燃料收加储运过程模拟分析中，通过分析不同模式下的成本变化趋势，对不同收购量及不同收购半径情况下秸秆收购，提出理想的优化模式，即集中收集和分散收集相结合模式。认为无论是单纯的集中收集加工模式还是分散的收集加工模式，从收集成本考虑，都不是理论上的最佳模式，建议应该在距离电厂几十公里范围内适当设几个收购点，同时，电厂内的料场也应该设置燃料的破碎及打包设备，便于收购电厂周边近距离的秸秆，这样可以有效降低燃料成本。马放等（2015）在秸秆能源化工程原料运输半径经济和环境评价中对原料收购半径经济评价模型、原料收购半径环境评价模型进行了评价，并提出了秸秆能源转化密度的概念，通过研究表明在哈尔滨地区建设沼气、乙醇、热电联产和成型燃料工程，运输半径分别为 37、35、22 和 4km 左右的情况下，此时工程的单位利润最大。邢爱华（2008）在生物质资源收集过程成本、能耗及环境影响分析中，建立了描述秸秆收集过程成本、能耗和污染物排放的数学模型，讨论了压缩对秸秆收集成本、能耗及环境的影响，并对收集过程的成本和能耗进行了敏感性分析，并通过数据分析获知，压缩后的运输成本占不压缩运输成本的 1/3，但同时增加了压缩成本。朱金陵等（2010）在玉米秸秆成型燃料生命周期评价中从能源消耗和环境排放出发，分析了玉米秸秆生长、运输、压缩成型及成型燃料运输、燃烧利用等过程，建立了秸秆成型燃料的生命周期能源消耗、环境排放分析模型。研究表明，秸秆运输、压缩成型、燃料运输等环节都需要消耗能源，压缩成型能耗占总能耗 95.2%，但压缩后密度提高，便于运输和储存，可以高效利用。同时生物质炭经济可行性与各国实际情况密切相关，对于发达国家（地区）和发展中国家（地区），劳动力成本、机械、运输和能源的经济成本不同，其生物质炭的经济性完全不同。因此对发达国家（地区）与其他非发达国家（地区）在农作物秸秆生产生物质炭的经济性评估方面应该分别考虑。

6.7.2 秸秆炭化工艺设备

秸秆生物质炭的炭化效率、产能及品质取决于炭化工艺设备。根据产能、样式、功能等，炭化设备可分为小型、中型、大型（多联产），固定式、组合式、可移动式，以及立式（塔式）、卧式等多种类型。国际上，欧美、澳大利亚等国家的炭化工艺设备，多适于大型农场，其产品多应用于高附加值作物，生产系统和设备较为复杂、昂贵，综合生产成本较高，并不适合我国农业国情。而在国内，经过我国专家努力，基于不同生物质种类的秸秆炭化工艺设备已经取得突破性进展。针对秸秆密度小、体积大、质量轻等特点，陈温福院士提出了"分散制炭与集中制炭"相结合的炭化技术解决方案，先后研发出低成本简易炭化炉、可移动组合式环保炭化炉、大型"炭-油-气"多联产设备等多类型、多用途制炭设备，获得了相关国家发明专利并投入市场应用。研发的低成本、可移动式炭化设备，可布置于田间地头，实施简单、机动灵活，无需电力即可炭化，适于分散型

图 6-13　一种组合式秸秆炭化
多联产设备（张伟明等，2019）

秸秆资源，形成分布式制炭网络，从而彻底打破秸秆收储运"瓶颈"问题，使大规模制炭成为可能。而大型多联产设备，则适于交通便利、秸秆资源相对集中的地区，可实现生物质炭规模化、批量化生产和炭、油、气的联产联用，显著提升秸秆综合处理效率和量级，是目前国内外少见的以秸秆处理为主、"不挑料"，可实现多类型秸秆"集中、连续、稳定"炭化生产的设备（图6-13），得到了市场高度认可（张伟明等，2019）。

值得关注的是，目前市场上的炭化设备还存在诸多乱象，"炒作概念、以次充好"等现象时有发生，普遍存在"普适性差、效率低、不能连续稳定作业"等突出问题，生产标准混乱、产品质量良莠不齐，不仅严重扰乱了市场秩序、损害了行业形象，也给使用者带来了严重经济损失。市场上一些宣称"通吃"的炭化设备，其实仅适于"果壳类"等特定生物质，难以实现秸秆类生物质的"批量、连续、稳定"炭化生产，综合生产成本较高。客观地说，目前市场上真正可投产运行，实现秸秆"连续、稳定"运行和"低本、高效、环保"的炭化设备依然很少。未来，在炭化设备的"低本高效、集成化、自动化、智能化"及油、气分离关键技术等方面还有待进行深入研究与探索（张伟明等，2019）。

6.8 农民对使用生物质炭的接受度

是否在实践中采用生物质炭最终是农民的决定，他们的意愿至关重要。一项案例研究调查了波兰农民，探究农民对采用生物质炭的观点（Agnieszka et al，2017b）。对 161 位农民进行了标准化、半结构化的采访，以评估生物质炭在实践中的社会经济潜力。发现27%的受访者声称熟悉生物质炭。具有非农业技术教育水平的受访者最熟悉"生物质炭"一词（占 36%），其次是具有较高农业教育水平的受访者（占 31%）。令人惊讶的是，在后面的受访者中，无论是在本研究的背景下还是在其他任何背景下，大多数人（69%）都不知道"生物质炭"一词。20%的受访者表示有兴趣使用生物质炭，而43%的人不愿意在农业实践中采用生物质炭（37%的"尚不知道"）。如果农民熟悉可持续农业的概念，则对生物质炭熟悉的可能性会增加16%。此外，对使用生物质炭感兴趣的农民表示，可持续农业可能会改善其农场的财务状况（52%），促使人们愿意采用的生物质炭的感知收益包括土壤质量的提高和由于增产而增加的收入，而采用生物质炭的制约因素主要与高成本有关。信息流通具有十分重要的作用，能促使农民参与研究以适应他们的需求。此外，与农民保持透明以及适当传播和介绍生物质炭采用的积极和消极方面信息也具有重要作用。此外，应鼓励那些研究生物质炭的人从事更多的跨学科研究，并超越实验室和现场研究范围。如果未将社会经济因素纳入研究，则许多创新即使是有效的创新也不会被采用（Agnieszka et al，2017b）。

另外，一项研究调查了农民对使用污泥生物质炭（sewchar）的接受度的总体结果（TatianeMedeirosMelo，2019）。在考虑使用肥料的原因时，73%的农民倾向于首先考虑农艺效益，例如提高生产力和土壤肥力，共有27%的受访者没有提到环境效益。但是，当农民被直接问到选择肥料的农艺，环境和经济标准的重要性时，大多数人倾向于选择环境标准为最重要。2001 年，研究组在进行新泽西州果蔬农民的关于污水污泥在农业中的应用的采访时，大多数农民在讨论使用污水污泥的利弊时往往倾向于首先考虑对他们的土地和农作物的影响，在农业方面，只有在直接向农民询问环境和风险时才讨论环境和风险。因此，有关生物质炭使用宣传的教育策略应首先解决农民的直接利益，例如生产力和土壤肥力之后，可以讨论环境问题。关于污泥生物质炭来源的知识，有56%的受访者回答说他们知道污水污泥是由人类排泄物构成的，但其中大多数（56%）从未听说过热液碳化。尽管如此，大多数受访者（51%）仍将该生物质炭用作食用和非食用植物土壤改良剂。在巴拉那州，有87%的农民使用生物固体作为土壤改良剂，相反，许多农民

（48%）不会将生物质炭用于商业用途和个人消费作物。该结果表明了农民的不确定性，这表明补充研究对于确定与使用生物质炭的土地上种植的农作物有关的消费者偏好非常重要。一些作者表明，信任是比知识水平更重要的消费者支持土地应用方法的因素。然而一项研究发现，访调员并不认为污水污泥管理实体是非常值得信赖的。废水处理厂的可靠性非常重要，因为从污水污泥副产物生产碳氢化合物需要一个受监控的供应网络，以确保可持续管理的原料来应对与污水污泥副产物的农业回收有关的风险。

此外年龄是与使用生物质炭作为土壤改良剂有关的的最决定性变量。年龄小于 42 岁的受访者更倾向于使用生物质炭作为土壤改良剂。随着教育水平的提高，农民更有可能使用 Sewchar 作为土壤改良剂，可见对农民的教育在选择肥料方面起着至关重要的作用。因此，对知识转移的投资至关重要。变量运费和化肥价格是与不使用 Sewchar 作为土壤改良剂有关的最决定性变量。那些不使用 Sewchar 并将肥料价格放在首位的受访者，也将运费价格放在首位。不使用 Sewchar 的农民认为环境和农艺标准是非常重要的标准。不会将 Sewchar 用作土壤改良剂的农民认为生产率是选择肥料的非常重要的标准，同时还认为土壤的肥沃性和使用残留物作为原料非常重要。同样，土壤肥力的重要性也与当地化肥生产的重要性相关。农民也认为环境标准对于选择肥料非常重要。不想将 Sewchar 用作土壤改良剂并选择当地化肥的农民，还认为减少温室气体（GHG）排放和残留物作为原料是非常重要的标准（TatianeMedeirosMelo，2019）。

在选择肥料作为土壤改良剂方面，使用 Sewchar 的受访者对经济和农艺标准的重视程度与不使用 Sewchar 的受访者相似。愿意使用 Sewchar 并认为肥料价格重要性最多的受访者，也认为运费价格重要性最高。至于农艺标准，受访者将重要性的最高值也归因于土壤的土壤肥力和生产力，经济。尽管 Sewchar 满足了这些标准，但那些不使用 Sewchar 的农民认为环境和农艺标准作为土壤改良剂的非常重要。选择肥料时考虑经济标准是很容易理解的。Sewchar 使用废弃的生物质作为原料，与矿物肥料相比，Sewchar 的价格可能更低。Sewchar 的这一优势可能会引起农民的兴趣，因为他们认为选择肥料时的经济标准非常重要（TatianeMedeirosMelo，2019）。

从环境角度看，Sewchar 可能减少肥料需求并稳定有机碳，为减少和处理生物固体提供了可持续发展的方式。据报道，HTCsewchar 更适合于改善土壤养分，而热解 Sewchars 对于提高长期碳固存性更好（Breulmann et al，2017）。热解 Sewchar 可减少 N_2O 排放，是降低温室气体浓度的潜在有利替代方案，考虑到全球人为产生的 N_2O 排放量约 60% 来自农业，这是因为氮肥的大量使用。至于选择肥料的农艺标准，与矿物肥料相当，Sewchar 还可以提高各种作物的产量。此外，据报道，在连续第三个生长季节中，添加化肥并不能帮助维持作物产量。将可再生资源和当地资源用作 Sewchar 系统的投入物，也可能有助于当地贫困社区的经济发展（TatianeMedeirosMelo，2019）。目前，发展中国家的小农户依靠矿物肥料补贴计划。总而言之，使用污水污泥作为土壤改良剂的经济，社会环境和农艺成果相结合，有望促进农业的可持续发展，因此符合选择农民肥料的标准。总体结果还表明，在受访者不使用 Sewchar 作为土壤改良剂的原因中，有49%是由于虚假信息，其次是令人反感(39%)和不熟悉(12%)。一种替代方法是向农民提供有关作为土壤改良剂的 Sewchar 的经济、农艺和环境优势的信息。但是，提供信息并不能改变他们的看法或行为。还可以在进一步研究中通过明确 Sewchar 的优势以解决 Sewchar 的未知问题(TatianeMedeirosMelo，2019)。探索性数据分析结果如图 6-14 所示。

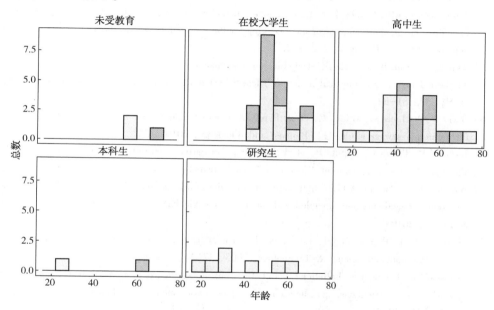

图 6-14　探索性数据分析（EDA）的结果（TatianeMedeirosMelo，2019）

注：涉及教育和调查的被调查者的年龄之间的关系，

该调查的使用或不使用 Sewchar 生物质炭作为土壤改良剂。

现代农业的发展已不仅仅是单纯满足在资源刚性约束条件下追求单位产出最大化的单一性发展模式，而是逐渐注重资源、环境与人文的和谐发展，互利共赢，从而实现经济效益、社会效益和生态效益的最大化。毫无疑问，生物质炭技术从其兴起、发展、形成，一直到付诸实践；从理论探索、技术创新、产业发展，一直到产品的推广应用，都充分体现了这一核心理念。

生物质炭技术很有可能从根本上解决大量农林废弃物的高效资源化利用问

题，同时避免因焚烧秸秆产生的环境污染，有效地解决生物质随意丢弃、堆放造成的农村"脏、乱、差"等人居环境劣化问题，促进人与自然、社会与环境的和谐发展（陈温福等，2013）。

参 考 文 献

[1] Agnieszka L, Jolanta K, Maciej K, et al. Willingness to adopt biochar in agriculture：the producer's perspective[J]. Sustainability, 2017a, 9(4)：655.

[2] Agnieszka L, Jolanta K, Maciej K, et al. Willingness to adopt biochar in agriculture：the producer's perspective[J]. Sustainability, 2017b, 9(4)：655.

[3] Allen-King R M, Grathwohl P, Ball W P. New modeling paradigms for the sorption of hydrophobic organic chemicals to heterogeneous carbonaceous matter in soils, sediments, and rocks[J]. Advances in Water Resources, 2002, 25(8-12)：985-1016.

[4] Anton-Herrero R, Garcia-Delgado C, Alonso-Izquierdo M, et al. Comparative adsorption of tetracyclines on biochars and stevensite：Looking for the most effective adsorbent[J]. Applied Clay Science, 2018, 160(aug.)：162-172.

[5] Asai H, Samson B, Haefele S, et al. Biochar amendment techniques for upland rice production in Northern Laos：1. Soil physical properties, leaf SPAD and grain yield[J]. Field Crops Research, 2009, 111：81-84.

[6] Barry D, Barbiero C, Briens C, et al. Pyrolysis as an economical and ecological treatment option for municipal sewage sludge[J]. Biomass and Bioenergy, 2019, 122.

[7] Bartocci P, Bidini G, Saputo P, et al. Biochar pellet carbon footprint[J], 2016, 50：217-222.

[8] Bjørn A, Moltesen A, Laurent A, et al. Life Cycle Inventory Analysis, 2018：117-165.

[9] Boostani H R, Hardie A G, Najafi-Ghiri M. Chemical fractions and bioavailability of nickel in a Ni-treated calcareous soil amended with plant residue biochars[J]. Archives of Agronomy and Soil ence, 2019.

[10] BAraida W J, Pignatello J J, Lu Y, et al. Sorption hysteresis of benzene in charcoal particles [J]. Environmental Science & Technology, 2003, 37(2)：409-417.

[11] Brassard P, Godbout S, Pelletier F, et al. Pyrolysis of switchgrass in an auger reactor for biochar production：A greenhouse gas and energy impacts assessment[J]. Biomass and Bioenergy, 2018, 116：99-105.

[12] Breulmann M, Van Afferden M, Mueller R A, et al. Process conditions of pyrolysis and hydrothermal carbonization affect the potential of sewage sludge for soil carbon sequestration and amelioration[J]. Journal of Analytical & Applied Pyrolysis, 2017, 124(mar.)：256-265.

[13] Butnan S, Deenik J, Toomsan B, et al. Biochar characteristics and application rates affecting corn growth and properties of soils contrasting in texture and mineralogy[J]. Geoderma, 2015, s 237 – 238：105-116.

[14] Cao X, Ma L, Gao B, et al. Dairy-manure derived biochar effectively sorbs lead and atrazine [J]. Environmental Science & Technology, 2009, 43(9)：3285-3291.

[15] Cao Y, Pawłowski A. Life cycle assessment of two emerging sewage sludge-to-energy systems：Evaluating energy and greenhouse gas emissions implications[J]. Bioresource technology, 2012,

127C: 81-91.

[16] Chrysargyris A, Panayiotou C, Tzortzakis N. Nitrogen and phosphorus levels affected plant growth, essential oil composition and antioxidant status of lavender plant (Lavandula angustifolia Mill.)[J]. Industrial Crops & Products, 2016: S243576505.

[17] Clare A, Shackley S, Joseph S, et al. Competing uses for China's straw: The economic and carbon abatement potential of biochar[J]. GCB Bioenergy, 2014.

[18] Cornelissen G, Gustafsson R, Bucheli T D, et al. Extensive sorption of organic compounds to black carbon, coal, and kerogen in sediments and soils:? mechanisms and consequences for distribution, bioaccumulation, and biodegradation [J]. Environmental Science & Technology, 2005, 39(18): 6881-6895.

[19] Da D, Min Y, Cheng W, et al. Responses of methane emissions and rice yield to applications of biochar and straw in a paddy field[J]. Journal of Soils & Sediments, 2013, 13(8): 1450-1460.

[20] Deenik J L, Tai M C, Uehara G, et al. Charcoal volatile matter content influences plant growth and soil nitrogen transformations[J]. Soil Science Society of America Journal, 2010, 74(4).

[21] Dutta B, Raghavan V. A life cycle assessment of environmental and economic balance of biochar systems in Quebec[J]. International Journal of Energy and Environmental Engineering, 2014, 5 (2): 106.

[22] Duvall, M., Sohi, et al. Biochar-root interactions are mediated by biochar nutrient content and impacts on soil nutrient availability. [J]. European Journal of Soil Science, 2014.

[23] Ellen, R., Graber, et al. Biochar impact on development and productivity of pepper and tomato grown in fertigated soilless media[J]. Plant & Soil, 2010.

[24] El-Naggar A, El-Naggar A H, Shaheen S M, et al. Biochar composition-dependent impacts on soil nutrient release, carbon mineralization, and potential environmental risk: A review[J]. Journal of Environmental Management, 2019.

[25] Field J L, Keske C M H, Birch G L, et al. Distributed biochar and bioenergy coproduction: a regionally specific case study of environmental benefits and economic impacts[J]. Global Change Biology Bioenergy, 2013, 5(2): 177-191.

[26] Galgani P, Voet E, Korevaar G. Composting, anaerobic digestion and biochar production in Ghana. Environmental - economic assessment in the context of voluntary carbon markets[J]. Waste management (New York, N. Y.), 2014, 34.

[27] Garda-Jaramillo M, Cox L, Cornejo J, et al. Effect of soil organic amendments on the behavior of bentazone and tricyclazole[J]. Science of the Total Environment, 2014, 466-467(jan. 1): 906-913.

[28] Goldberg. Black carbon in the environment[M]. NewYork: John Wiley & Sons, 1985.

[29] Hass A, Gonzalez J M, Lima I M, et al. Chicken manure biochar as liming and nutrient source for acid appalachian soil[J]. Journal of Environmental Quality, 2012, 41(4): 1096.

[30] Hammond J, Shackley S, Sohi S, et al. Prospective life cycle carbon abatement for pyrolysis biochar systems in the UK[J]. Energy Policy, 2011, 39(5): 2646-2655.

[31] Henrik, Thers, Njakou S, et al. Biochar potentially mitigates greenhouse gas emissions from cultivation of oilseed rape for biodiesel. [J]. The Science of the total environment, 2019.

[32] Hossain M K, Strezov V, Chan K Y, et al. Agronomic properties of wastewater sludge biochar

and bioavailability of metals in production of cherry tomato (Lycopersicon esculentum) [J].
Chemosphere, 2010, 78(9): 1167-1171.

[33] Ibarrola R, Shackley S, Hammond J. Pyrolysis biochar systems for recovering biodegradable materials: A life cycle carbon assessment[J]. Waste management (New York, N. Y.), 2011, 32: 859-868.

[34] Jeffery S, Verheijen F G A, Velde M V D, et al. A quantitative review of the effects of biochar application to soils on crop productivity using meta-analysis[J]. Agriculture Ecosystems & Environment, 2011, 144(1): 175-187.

[35] Jens, F., Peters, et al. Biomass pyrolysis for biochar or energy applications? a life cycle assessment[J]. Environmental Science & Technology, 2015.

[36] Ji C, Cheng K, Nayak D, et al. Environmental and economic assessment of crop residue competitive utilization for biochar, briquette fuel and combined heat and power generation[J]. Journal of Cleaner Production, 2018, 192(AUG. 10): 916-923.

[37] Jing X R, Wang Y Y, Liu W J, et al. Enhanced adsorption performance of tetracycline in aqueous solutions by methanol-modified biochar[J]. Chemical Engineering Journal, 2014, 248: 168-174.

[38] Jones D L, Edwards-Jones G, Murphy D V. Biochar mediated alterations in herbicide breakdown and leaching in soil[J]. Soil Biology & Biochemistry, 2011, 43(4): 804-813.

[39] Jr M, Grønli M. The Art, Science, and technology of charcoal production[J]. Industrial & Engineering Chemistry Research, 2003, 42: 1619-1640.

[40] Karhu K, Mattila T, Bergstrm I, et al. Biochar addition to agricultural soil increased CH_4 uptake and water holding capacity – results from a short-term pilot field study[J]. Agriculture Ecosystems & Environment, 2011, 140(1): 309-313.

[41] Keiluweit M, Kleber M. Molecular-level interactions in soils and sediments: the role of aromatic π-systems[J]. Environmental Science & Technology, 2009, 43(10): 3421-3429.

[42] Khorram M S, Zheng Y, Lin D, et al. Dissipation of fomesafen in biochar-amended soil and its availability to corn (Zea mays L.) and earthworm (Eisenia fetida)[J]. Journal of Soils & Sediments, 2016, 16(10): 2439-2448.

[43] Kimetu J M, Lehmann J. Stability and stabilisation of biochar and green manure in soil with different organic carbon contents[J]. Soil Research, 2010, 48(7): 577.

[44] Kinney T J, Masiello C A, Dugan B, et al. Hydrologic properties of biochars produced at different temperatures[J]. Biomass & Bioenergy, 2012, 41(none): 34-43.

[45] Kloss S, Zehetner F, Dellantonio A, et al. Characterization of slow pyrolysis biochars: effects of feedstocks and pyrolysis temperature on biochar properties[J]. Journal of Environmental Quality, 2012, 41.

[46] Klöpffer W, Grahl B. Life cycle assessment (lca): a guide to best practice[J]. Life Cycle Assessment (LCA): A Guide to Best Practice, 2014: 1-396.

[47] Kong L L, Liu W T, Zhou Q X. Biochar: An effective amendment for remediating contaminated soil[J]. Reviews of Environmental Contamination & Toxicology, 2014, 228: 83-99.

[48] Kramer R W, Kujawinski E B, Hatcher P G. Identification of black carbon derived structures in a volcanic ash soil humic acid by fourier transform ion cyclotron resonance mass spectrometry[J].

Environ. sci. technol, 2004, 38(12): 3387-3395.

[49] Kuśmierz M, Oleszczuk P. Biochar production increases the polycyclic aromatic hydrocarbon content in surrounding soils and potential cancer risk[J]. Environmental science and pollution research international, 2013, 21.

[50] Kuzyakov Y, Bogomolova I, Glaser B. Biochar stability in soil: Decomposition during eight years and transformation as assessed by compound-specific 14C analysis[J]. Soil Biology and Biochemistry, 2014, 70: 229-236.

[51] Le Yue, Lian F, Han Y, et al. The effect of biochar nanoparticles on rice plant growth and the uptake of heavy metals: Implications for agronomic benefits and potential risk[J]. Science of the Total Environment, 2018, 656.

[52] Lehmann J, Jr J P D S, Steiner C, et al. Nutrient availability and leaching in an archaeological Anthrosol and a Ferralsol of the Central Amazon basin: fertilizer, manure and charcoal amendments[J]. Plant & Soil, 2003, 249(2): 343-357.

[53] Li H, Li Z, Khaliq M A, et al. Chlorine weaken the immobilization of Cd in soil-rice systems by biochar[J]. Chemosphere, 2019, 235.

[54] Li H, Wu W, Liu Y, et al. Reduction of nitrogen loss and Cu and Zn mobility during sludge composting with bamboo charcoal amendment[J]. Environmental Science & Pollution Research, 2009, 16(1): 1-9.

[55] Li Z, Song Z, Singh B P, et al. The impact of crop residue biochars on silicon and nutrient cycles in croplands[J]. ence of The Total Environment, 2018a, 659.

[56] Li Z, Song Z, Singh B P, et al. The impact of crop residue biochars on silicon and nutrient cycles in croplands[J]. ence of The Total Environment, 2018b, 659.

[57] Li, Simeng, Barreto, et al. Nitrogen retention of biochar derived from different feedstocks at variable pyrolysis temperatures[J]. Journal of Analytical & Applied Pyrolysis, 2018.

[58] Li, Yongfu, Hu, et al. Effects of biochar application in forest ecosystems on soil properties and greenhouse gas emissions: a review[J]. Journal of Soil & Sediments, 2018.

[59] Liang F, Li G, Lin Q, et al. Crop yield and soil properties in the first 3 years after biochar application to a calcareous soil[J]. Journal of Integrative Agriculture, 2014, 13: 525-532.

[60] Liesch A, Weyers S, Gaskin J, et al. Impact of two different biochars on earthworm growth and survival[J]. Ann. Environ. Sci., 2010, 4.

[61] Limmer M A, Mann J, Amaral D C, et al. Silicon-rich amendments in rice paddies: Effects on arsenic uptake and biogeochemistry [J]. Science of the Total Environment, 2018, 624 (MAY15): 1360-1368.

[62] Liu Y, Lonappan L, Brar S K, et al. Impact of biochar amendment in agricultural soils on the sorption, desorption, and degradation of pesticides: A review[J]. Science of the Total Environment, 2018, 645(DEC. 15): 60-70.

[63] Llorach-Massana P, Lopez-Capel E, Peña J, et al. Technical feasibility and carbon footprint of biochar co-production with tomato plant residue[J]. Waste Management, 2017, 67.

[64] Lu H, Hanandeh A. Life cycle perspective of bio-oil and biochar production from hardwood biomass: what is the optimum mix and what to do with it? [J]. Journal of Cleaner Production, 2018, 212.

[65] Lucchini P, Quilliam R S, Deluca T H, et al. Does biochar application alter heavy metal dynamics in agricultural soil? [J]. Agriculture Ecosystems & Environment, 2014, 184: 149-157.

[66] Luo L, Wang G, Shi G, et al. The characterization of biochars derived from rice straw and swine manure, and their potential and risk in N and P removal from water [J]. Journal of Environmental Management, 2019, 245: 1-7.

[67] Major J, Rondon M, Molina D, et al. Maize yield and nutrition during 4 years after biochar application to a Colombian savanna oxisol[J]. Plant & Soil, 2010, 333(s1-2): 117-128.

[68] Magnus, Sparrevik, Henrik, et al. Environmental and socioeconomic impacts of utilizing waste for biochar in rural areas in indonesia-a systems perspective[J]. Environmental Science & Technology Es & T, 2014.

[69] Matuštík J, Hnátková T, Kocí V. Life Cycle Assessment of biochar-to-soil systems: A review [J]. Journal of Cleaner Production, 2020, 259: 120998.

[70] Miller-Robbie L, Ulrich B, Ramey D, et al. Life cycle energy and greenhouse gas assessment of the co-production of biosolids and biochar for land application [J]. Journal of Cleaner Production, 2014, 91.

[71] Mohammadi A, Cowie A, Anh M, et al. Biochar use for climate-change mitigation in rice cropping systems[J]. Journal of Cleaner Production, 2016, 116: 61-70.

[72] Mohammadi A, Cowie A, Mai T L A, et al. Quantifying the Greenhouse Gas Reduction Benefits of Utilising Straw Biochar and Enriched Biochar[J]. Energy Procedia, 2016, 97: 254-261.

[73] Muñoz E, Curaqueo G, Cea M, et al. Environmental hotspots in the life cycle of a biochar-soil system[J]. Journal of Cleaner Production, 2017, 158.

[74] Mchenry M P. Soil organic carbon, biochar, and applicable research results for increasing farm productivity under australian agricultural conditions[J]. Communications in Soil Science and Plant Analysis, 2011, 42(10).

[75] Meschewski E, Holm N, Sharma B K, et al. Pyrolysis biochar has negligible effects on soil greenhouse gas production, microbial communities, plant germination, and initial seedling growth[J]. Chemosphere, 2019, 228: 565-576.

[76] Mizuta K, Matsumoto T, Hatate Y, et al. Removal of nitrate-nitrogen from drinking water using bamboo powder charcoal[J]. Bioresource Technology, 2004, 95(3): 255-257.

[77] Novak J M, Busscher W J, Laird D L, et al. Impact of biochar amendment on fertility of a southeastern coastal plain soil[J]. Soil Science, 2009, 174(2): 105-112.

[78] Oldfield T, Sikirica N, Mondini C, et al. Biochar, compost and biochar-compost blend as options to recover nutrients and sequester carbon [J]. Journal of Environmental Management, 2018, 218.

[79] Owsianiak M, Cornelissen G, Hale S, et al. Influence of spatial differentiation in impact assessment for LCA-based decision support: Implementation of biochar technology in Indonesia[J]. Journal of Cleaner Production, 2018, 200.

[80] Qiu, Y., Pang, et al. Competitive biodegradation of dichlobenil and atrazine coexisting in soil amended with a char and citrate[J]. Environmental Pollution London Then Barking, 2009.

[81] Rajabi Hamedani S, Kuppens T, Malina R, et al. Life cycle assessment and environmental valuation of biochar production: two case studies in belgium[J]. Energies, 2019, 12.

248

[82] Robb S, Dargusch P. A financial analysis and life-cycle carbon emissions assessment of oil palm waste biochar exports from Indonesia for use in Australian broad-acre agriculture[J]. Carbon Management, 2018, 9: 1-10.

[83] Roberts K G, Gloy B A, Joseph S, et al. Life cycle assessment of biochar systems: estimating the energetic, economic, and climate change potential [J]. Environmental Science & Technology, 2010, 44(2): 827-833.

[84] Rogovska N, Laird D, Cruse R M, et al. Germination tests for assessing biochar quality[J]. Journal of Environmental Quality, 2012, 41(4): 1014.

[85] Rondon M A, Lehmann J, Ramírez J, et al. Biological nitrogen fixation by common beans (phaseolus vulgaris l.) increases with bio-char additions[J]. Biology & Fertility of Soils, 2007, 43(6): 699-708.

[86] Schmidt M W I, Noack A G. Black carbon in soils and sediments: Analysis, distribution, implications, and current challenges[J]. Global Biogeochemical Cycles, 2000, 14.

[87] Shinogi Y, Yoshida H, Koizumi T, et al. Basic characteristics of low-temperature carbon products from waste sludge[J]. Advances in Environmental Research, 2003, 7(3): 661-665.

[88] Sloey T M, Hester M W. Impact of nitrogen and importance of silicon on mechanical stem strength in Schoenoplectus acutus and Schoenoplectus californicus: applications for restoration [J]. Wetlands Ecology & Management, 2017.

[89] Smebye A B, Sparrevik M, Schmidt H P, et al. Life-cycle assessment of biochar production systems in tropical rural areas: Comparing flame curtain kilns to other production methods[J]. Biomass and Bioenergy, 2017, 101(Jun.): 35-43.

[90] Song J, Peng P A, Huang W. Black carbon and kerogen in soils and sediments. 1. quantification and characterization[J]. Environ. sci. technol, 2002, 36(18): 3960-3967.

[91] Sparrevik M, Field J L, Martinsen V, et al. Life cycle assessment to evaluate the environmental impact of biochar implementation in conservation agriculture in zambia [J]. Environmental Science & Technology, 2013, 47(3): 1206-1215.

[92] Steiner C, Glaser B, Geraldes Teixeira W, et al. Nitrogen retention and plant uptake on a highly weathered central Amazonian Ferralsol amended with compost and charcoal[J]. Journal of Plant Nutrition & Soil Science, 2008, 171(6): 893-899.

[93] Steiner C, Teixeira W G, Lehmann J, et al. Long term effects of manure, charcoal and mineral fertilization on crop production and fertility on a highly weathered Central Amazonian upland soil [J]. Plant & Soil, 2007, 291(1-2): 275-290.

[94] Sun Z, Bruun E W, Arthur E, et al. Effect of biochar on aerobic processes, enzyme activity, and crop yields in two sandy loam soils[J]. Biology & Fertility of Soils, 2014, 50(7).

[95] Tatiane Medeiros Melo M B E S. Management of biosolids-derived hydrochar (Sewchar): Effect on plant germination, and farmers' acceptance. [J]. Journal of environmental management, 2019.

[96] Tripathi M, Sahu J N, Ganesan P. Effect of process parameters on production of biochar from biomass waste through pyrolysis: A review[J]. Renewable & Sustainable Energy Reviews, 2016, 55: 467-481.

[97] Turan V. Confident performance of chitosan and pistachio shell biochar on reducing Ni bioavail-

ability in soil and plant plus improved the soil enzymatic activities, antioxidant defense system and nutritional quality of lettuce [J]. Ecotoxicology and Environmental Safety, 2019, 183: 109594.

[98] Uchimiya M, Lima R M, Klasson R T, et al. Contaminant immobilization and nutrient release by biochar soil amendment: Roles of natural organic matter [J]. Chemosphere, 2010, 80(8): 935-940.

[99] Uusitalo V, Leino M. Neutralizing global warming impacts of crop production using biochar from side flows and buffer zones: A case study of oat production in the boreal climate zone[J]. Journal of Cleaner Production, 2019, 227(AUG. 1): 48-57.

[100] Uzoma K, Inoue M, Heninstoa A, et al. Effect of cow manure biochar on maize productivity under sandy soil condition[J]. Soil Use and Management, 2011, 27: 205-212.

[101] Wang H, Lin K, Hou Z, et al. Sorption of the herbicide terbuthylazine in two New Zealand forest soils amended with biosolids and biochars[J]. Journal of Soils & Sediments, 2010, 10(2): 283-289.

[102] Wang J, Xiong Z, Kuzyakov Y. Biochar stability in soil: meta-analysis of decomposition and priming effects[J]. GCB Bioenergy, 2016.

[103] Warnock D D, Mummey D L, Mcbride B, et al. Influences of non-herbaceous biochar on arbuscular mycorrhizal fungal abundances in roots and soils: Results from growth-chamber and field experiments[J]. Applied Soil Ecology, 2010, 46(3): 456.

[104] Weber K, Quicker P. Properties of biochar[J]. Fuel, 2018, 217(APR. 1): 240-261.

[105] Wernet G, Bauer C, Steubing B, et al. The ecoinvent database version 3 (Part I): Overview and methodology[J]. The International Journal of Life Cycle Assessment, 2016, 21: 1-13.

[106] Xiangrui X, Kun C, Hua W, et al. Greenhouse gas mitigation potential in crop production with biochar soil amendment - a carbon footprint assessment for cross-site field experiments from China[J]. Gcb Bioenergy, 2018.

[107] Xiao X, Chen B, Zhu L. Transformation, Morphology, and Dissolution of Silicon and Carbon in Rice Straw-Derived Biochars under Different Pyrolytic Temperatures[J]. Environmental Science & Technology Es & T, 2014.

[108] Xu G, Wei L L, Sun J N, et al. What is more important for enhancing nutrient bioavailability with biochar application into a sandy soil: Direct or indirect mechanism? [J]. Ecological Engineering, 2013, 52: 119-124.

[109] Yang Y, Sheng G. Enhanced pesticide sorption by soils containing particulate matter from crop residue burns[J]. Environmental Science & Technology, 2003, 37(16): 3635-3639.

[110] Yao Y, Gao B, Zhang M, et al. Effect of biochar amendment on sorption and leaching of nitrate, ammonium, and phosphate in a sandy soil [J]. Chemosphere, 2012, 89(11): 1467-1471.

[111] Yuan J H, Xu R K. The amelioration effects of low temperature biochar generated from nine crop residues on an acidic Ultisol[J]. Soil Use & Management, 2010, 27(1): 110-115.

[112] Yuan S, Huang Q, Tan Z. Study of the mechanism of migration and transformation of biochar-n and its utilization by plants in farmland ecosystems[J]. ACS Sustainable Chemistry & Engineering, 2019, 2019(XXXX).

[113] Zeeshan M, Ahmad W, Hussain F, et al. Phytostabalization of the heavy metals in the soil with biochar applications, the impact on chlorophyll, carotene, soil fertility and tomato crop yield [J]. Journal of Cleaner Production, 2020: 120318.

[114] Zhao X, Wang J W, Xu H J, et al. Effects of crop-straw biochar on crop growth and soil fertility over a wheat-millet rotation in soils of China[J]. Soil Use & Management, 2014, 30(3): 311-319.

[115] Zhang C, Liu L, Zhao M, et al. The environmental characteristics and applications of biochar [J]. Environmental Science and Pollution Research, 2018.

[116] Zhu X, Chen B, Zhu L, et al. Effects and mechanisms of biochar-microbe interactions in soil improvement and pollution remediation: A review[J]. Environmental Pollution, 2017, 227: 98-115.

[117] Zi-Chuan L I, Zhao-Liang S, Xiao-Min Y, et al. Impacts of silicon on biogeochemical cycles of carbon and nutrients in croplands[J]. 农业科学学报(英文版), 2018, 017(010): 2182-2195.

[118] Zwieten L V, Kimber S, Morris S, et al. Effects of biochar from slow pyrolysis of papermill waste on agronomic performance and soil fertility[J]. Plant & Soil, 2010a, 327(s1-2): 235-246.

[119] Zwieten L V, Kimber S, Morris S, et al. Effects of biochar from slow pyrolysis of papermill waste on agronomic performance and soil fertility[J]. Plant & Soil, 2010b, 327(s1-2): 235-246.

[120] 陈温福, 张伟明, 孟军. 生物质炭与农业环境研究回顾与展望[J]. 农业环境科学学报, 2014, 33(05): 821-828.

[121] 陈温福, 张伟明, 孟军. 农用生物质炭研究进展与前景[J]. 中国农业科学, 2013, 046 (16): 3324-3333.

[122] 陈心想, 何绪生, 耿增超等. 生物质炭对不同土壤化学性质、小麦和糜子产量的影响 [J]. 生态学报, 2013, (20): 113-121.

[123] 陈再明, 万还, 徐义亮等. 水稻秸秆生物碳对重金属 Pb^2+的吸附作用及影响因素[J]. 环境科学学报, 2012, 32(4): 769-776.

[124] 崔福君, 陈丕炜, 郑浩等. 基于生物质炭技术的农作物秸秆收购半径与收集站设置的数学模型[J]. 中国海洋大学学报: 自然科学版, 2019, 49(02): 109-116.

[125] 崔福君, 郑浩, 陈丕伟等. 农作物秸秆生物质炭技术的经济、固碳和农业效益分析——以威海地区为例[J]. 中国海洋大学学报(自然科学版), 2019, (12).

[126] 戴中民. 生物质炭对酸化土壤的改良效应与生物化学机理研究[D]. 杭州: 浙江大学, 2017.

[127] 丁文川, 朱庆祥, 曾晓岚等. Biochars From Different Pyrolytic Temperature Amending Lead and Cadmium Contaminated Soil% 不同热解温度生物质炭改良铅和镉污染土壤的研究[J]. 科技导报, 2011, 029(014): 22-25.

[128] 高德才, 张蕾, 刘强等. 旱地土壤施用生物质炭减少土壤氮损失及提高氮素利用率[J]. 农业工程学报, 2014, 000(006): 54-61.

[129] 葛少华, 丁松爽, 杨永锋等. 生物质炭与化肥氮配施对土壤氮素及烤烟利用的影响[J]. 中国烟草学报, 2018, 024(2): 84-92.

［130］勾芒芒. 生物质炭节水保肥机理与作物水炭肥耦合效应研究［D］. 呼和浩特：内蒙古农业大学，2015.

［131］勾芒芒，屈忠义. 土壤中施用生物质炭对番茄根系特征及产量的影响［J］. 生态环境学报，2013，22（08）：1348-1352.

［132］勾芒芒，屈忠义，王凡等. 生物质炭施用对农业生产与环境效应影响研究进展分析［J］. 农业机械学报，2018，49（07）：1-12.

［133］黄超，刘丽君，章明奎. 生物质炭对红壤性质和黑麦草生长的影响［J］. 浙江大学学报（农业与生命科学版），2011，037（004）：439-445.

［134］姜志翔. 生物质炭技术缓解温室气体排放的潜力评估［D］. 青岛：中国海洋大学，2013.

［135］蒋田雨，姜军，徐仁扣等. 稻草生物质炭对 3 种可变电荷土壤吸附 Cd（Ⅱ）的影响［J］. 农业环境科学学报，2012，（06）：65-71.

［136］匡崇婷. 生物质炭对红壤水稻土有机碳分解和重金属形态的影响［D］. 南京：南京农业大学，2011.

［137］李文娟，颜永毫，郑纪勇等. 生物质炭对黄土高原不同质地土壤中 NO_3-N 运移特征的影响［J］. 水土保持研究，2013，20（5）：60-68.

［138］刘世杰，窦森. 黑碳对玉米生长和土壤养分吸收与淋失的影响［J］. 水土保持学报，2009，023（1）：79-82.

［139］刘莹莹，秦海芝，李恋卿等. 不同作物原料热裂解生物质炭对溶液中 Cd^{2+} 和 Pb^{2+} 的吸附特性［J］. 生态环境学报，2012，21（1）：146-152.

［140］吕一甲，屈忠义. 生物质炭肥料对河套灌区耕层土壤肥力及含水率影响的研究［J］. 节水灌溉，2015，000（3）：18-21.

［141］马放，张晓先，王立. 秸秆能源化工程原料运输半径经济和环境评价［J］. 哈尔滨工业大学学报，2015，47（8）：48-53.

［142］聂新星，李志国，张润花等. 生物质炭及其与化肥配施对灰潮土土壤理化性质、微生物数量和冬小麦产量的影响［J］. 中国农学通报，2016，032（009）：27-32.

［143］逄雅萍，爽黄，杨金忠等. 生物碳促进水稻土镉吸附并阻滞水分运移［J］. 农业工程学报，2013，29（11）：107-114.

［144］钱嘉文，宿贤超，徐丹等. 生物质炭对土壤理化性质及作物生长的影响［J］. 现代农业，2014，（1）.

［145］唐光木，葛春辉，徐万里等. 施用生物黑炭对新疆灰漠土肥力与玉米生长的影响［J］. 农业环境科学学报，2011，（09）：107-112.

［146］田丹，屈忠义，勾芒芒等. 生物质炭对不同质地土壤水分扩散率的影响及机理分析［J］. 土壤通报，2013，44（06）：1374-1378.

［147］王欣，尹带霞，张风等. 生物质炭对土壤肥力与环境质量的影响机制与风险解析［J］. 农业工程学报，2015，31（4）：248-257.

［148］邢爱华，刘罡. 生物质资源收集过程成本、能耗及环境影响分析［J］. 过程工程学报，2008，8（2）.

［149］邢英，李心清，王兵等. 生物质炭对黄壤中氮淋溶影响：室内土柱模拟［J］. 生态学杂志，2011，30（11）：2483-2488.

［150］许超，林晓滨，吴启堂等. 淹水条件下生物质炭对污染土壤重金属有效性及养分含量的影响［J］. 水土保持学报，2012，026（006）：194-198.

252

[151] 叶丽丽，王翠红，周虎等. 添加生物质黑炭对红壤结构稳定性的影响[J]. 土壤，2012，44(01)：62-66.

[152] 于晓东，樊峰鸣. 秸秆发电燃料收加储运过程模拟分析[J]. 农业工程学报，2009，025(010)：215-219.

[153] 袁金华，徐仁扣. 生物质炭的性质及其对土壤环境功能影响的研究进展[J]. 生态环境学报，2011，(04)：189-195.

[154] 张明月. 生物质炭对土壤性质及作物生长的影响研究[D]. 泰安：山东农业大学，2012.

[155] 张伟明，陈温福，孟军等. 东北地区秸秆生物质炭利用潜力、产业模式及发展战略研究[J]. 中国农业科学，2019，52(14).

[156] 张伟明，孟军，王嘉宇等. 生物质炭对水稻根系形态与生理特性及产量的影响[J]. 作物学报，2013，(08)：120-126.

[157] 张祥，王典，朱盼等. 生物质炭对酸性红壤改良及枳砧纽荷尔脐橙苗生长的影响[J]. 中国南方果树，2013，42(6).

[158] 赵希强，马春元，王涛等. 生物质秸秆预处理工艺及经济性分析[J]. 电站系统工程，2008，(02)：30-33.

[159] 周志红，李心清，邢英等. 生物质炭对土壤氮素淋失的抑制作用[J]. 地球与环境，2011，(02)：145-151.

[160] 朱金陵，王志伟，师新广等. 玉米秸秆成型燃料生命周期评价[J]. 农业工程学报，2010，26(6)：262-266.